热激活建筑能源系统集成设计与应用

杨 洋　陈萨如拉　著

Integration Design and Application
of Thermo-activated Building
Energy System

U0258662

化学工业出版社
·北京·

内容简介

本书共8章，首先围绕能源概况与建筑能耗现状及趋势和节能建筑发展现状及趋势进行了讨论；随后从不同维度针对建筑围护结构保温隔热方法与技术的参数和特点进行了分析和对比，针对现有工作的不足和局限之处提出了新的激活建筑能源系统，探讨了被动式热激活建筑能源系统在非透光建筑围护结构中的集成设计和应用、被动式热激活建筑能源系统能量传输特性，采用仿真模拟手段研究了被动式热激活复合墙体的热工性能，分析了被动式热激活复合墙体不确定性和敏感性；最后展望了热激活建筑能源系统未来的发展方向。

本书具有较强的创新性和实用性，可供从事暖通系统设计和设备研发、低碳建筑设计与建筑节能、超低能耗和零能耗住宅施工和运维、低品位与可再生能源高效利用等工作的相关研发人员、设计人员、工程人员参考，也可供高等学校土木工程、能源工程、环境工程及相关专业师生参阅，还可为从事碳减排与碳中和等相关政策制定的政府人员和企业决策人员提供技术和数据参考。

图书在版编目（CIP）数据

热激活建筑能源系统集成设计与应用/杨洋，陈萨如拉著. —北京：化学工业出版社，2022.3
ISBN 978-7-122-40584-5

Ⅰ.①热⋯　Ⅱ.①杨⋯　②陈⋯　Ⅲ.①建筑-能源管理-系统设计　Ⅳ.①TU18

中国版本图书馆CIP数据核字（2022）第013322号

责任编辑：刘　婧　刘兴春　　　　　　　　装帧设计：史利平
责任校对：宋　玮

出版发行：化学工业出版社(北京市东城区青年湖南街13号　邮政编码100011)
印　　装：北京虎彩文化传播有限公司
787mm×1092mm　1/16　印张15　字数380千字　2023年1月北京第1版第1次印刷

购书咨询：010-64518888　　　　　　　　　　售后服务：010-64518899
网　　址：http://www.cip.com.cn
凡购买本书，如有缺损质量问题，本社销售中心负责调换。

定　　价：128.00元　　　　　　　　　　　　　版权所有　违者必究

作为建筑的基本节点和构成单元，围护结构始终是制约低能耗建筑设计和建筑节能工作的薄弱环节。本书从突出围护结构能量属性的角度入手，将适于建筑利用的低品位能源与建筑构件耦合形成低能动的一体化节能与供能系统，提出了被动式热激活建筑系统（Passive Thermo-activated Building System，PTABS）及其应用形式。同时，围绕"建筑集成用回路热管的启动和能量传输特性"与"被动式热激活复合墙体热特性及其影响因素耦合作用机制"两个关键科学问题对 PTABS 开展了系统性应用基础研究，并借助集成设计、实验检测、仿真模拟和性能评价等研究手段获得了 PTABS 的集成设计方法、主要性能参数、总体优化策略和成套相应数据等。

首先，本书深入调研了当前建筑保温隔热方法和技术的研究现状，并从不同维度阐述了围护结构负荷形成及现有研究的不足。在此基础上，围绕一体化及模块化集成设计与应用对 PTABS 的运行机制、应用范围和控制策略等进行了全面阐述。

其次，本书设计并搭建了 PTABS 能量传输特性实验检测系统，实测结果表明：PTABS 在不同工况下均可成功启动并维持运行，而冷凝段热阻在总热阻中占比最大（约占 58.4% ～ 94.4%），因此冷凝段是制约 PTABS 能量传输效率的主要瓶颈；不同工况下 PTABS 的最佳充液率并非固定值，PTABS 应用于保温隔热和中性情景时可适当降低充液率以获得更高的启动速度，而应用于辅助供能或直接供能情景时可适当提高充液率以获得较低的注热热阻；复合墙体中注入热量近似呈线性变化趋势，因此 PTABS 具备长期稳定的注热能力并实现不同预期设计目的；蒸发器安装位置和角度对 PTABS 的能量传输特性有着重要影响，工质重力在正 / 反向启动与运行过程中的作用完全不同。

再次，本书基于瞬态传热模型展开了复合墙体热工性能模拟，研究表明：由注入能量所形成的虚拟温度界面可有效阻遏甚至完全阻断室内外热环境间的热量传递；随着冷源温度下降或热源温度上升，PTABS 的注能能力随之增强，复合墙体负荷降幅也随之增大并超过 100%，同时内表面温度也逐渐接近并在冬季超过（在夏季低于）室内温度，围护结构负荷和热舒适性综合提升效果显著；在注入能量影响下，复合墙体外表面冷 / 热损失有所上升，但额外损失仅占注入能量的约 10%。

最后，基于复合墙体热特性的不确定性和全局敏感性分析方法及评价体系，本书探索了 3 类共 12 种输入参数对 3 类 /6 种热特性输出结果的影响规律及其交互作用机制，结果表明：不同应用情景下的复合墙体热特性显著性影响因素基本一致，而嵌管直径、朝向、嵌管层热容、嵌管热导率和辐射热吸收系数在 PTABS 的设计、建造与运行中可适当予以忽略；热源温度和室内设定温度是影响复合墙体热特性最为关键的两个因素，二者在除外表面冷 / 热损失的其他指标中存在显著的相互制约关系；直接型 PTABS 可不受注热 / 冷时长限制，而间接型 PTABS 或 TABS 需综合考虑负荷改善和泵耗情况，最低注热 / 冷时长的推荐值为冬季 6 h 或夏季 8 h；适当提升嵌管层热导率有利于注入能量扩散和热堆积现象缓解，过大则会导致外表面冷 / 热损失增大，适宜范围为 0.5 ～ 2.75 W/（m·℃）；气候区对复合墙体负荷的不确定性影响大幅降低，也不再是影响内表面热舒适性的主要因素；从能量密度指标看，嵌管间距优选区间为 100 ～ 250 mm；若复合墙体仅应用于夏季隔热情景，嵌管层可适当靠近墙体内表面设置，否则应优先考虑嵌管位置对冬季热特性的影响，而不同集成方式并不会对夏季热特性产生明显影响。

综上所述，本书的研究结果支撑了被动式热激活建筑围护结构技术在降低建筑能耗和改善室内热舒适性方面的巨大潜力，拓展并丰富了现有低能耗建筑技术方向和体系，同时也为被动式热激活建筑系统在实际应用中的设计与应用奠定了坚实的理论方法和基础。

本书共 8 章，其中第 1 ～第 5 章由杨洋编著；第 6 ～第 8 章由陈萨如拉和杨洋共同编著。

限于编著时间及水平，书中不足与疏漏之处在所难免，敬请读者批评指正。

杨洋

2021 年 9 月

目录

第1章

绪论

1

第2章

建筑围护结构
保温隔热方法与技术

5

第5章

**被动式热激活
复合墙体热工性能**

107

第6章

**被动式热激活
复合墙体不确定性和
敏感性分析方法**

137

第7章

被动式热激活复合墙体
热特性全局敏感性分析

159

第8章

研究展望与新型热激活
建筑能源系统节能应用

215

附录

主要符号及缩略语

227

绪论

1.1 建筑能耗现状及趋势

能源是支撑现代社会全面发展的基石，图 1-1 中显示了自 1965 年至 2019 年全球一次能源消耗总量及其变化趋势[1]。可以看出：全球能源消费总量在这一期间持续增长，2019 年全球一次能源消耗总量已达 583.9 EJ，这一数据约是 1965 年的 3.8 倍。表 1-1 中则显示了 2019 年全球一次能源消耗中各种能源消耗量及其占比[1]。可以看出：虽然非化石能源消耗占比相对上一年度有所提升，但传统化石能源在能源结构中的比重仍达到了惊人的 84.3%，远高于非化石能源。

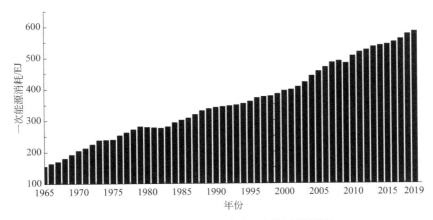

图 1-1　1965 ～ 2019 年间全球一次能源消耗总量

表 1-1　2019 年全球一次能源消耗中各种能源消耗量及贡献 [1]

能源类型	消耗量 /EJ	消耗量较上年变化 /EJ	占比 /%	占比较上年变化 /%
石油	193.0	1.6	33.1	−0.2
天然气	141.5	2.8	24.2	0.2
煤炭	157.9	−0.9	27.0	−0.5
可再生能源	29.0	3.2	5.0	0.5
水能	37.6	0.3	6.4	0
核能	24.9	0.8	4.3	0.1
总计	583.9	7.7	100	100

　　众所周知，传统化石能源存在资源总量有限以及环境破坏严重等诸多先天弊端。其中，化石能源因其不可再生特性预计将在 21 世纪末面临全面短缺甚至完全枯竭的问题。自第一次工业革命以来，因人类生产活动尤其是与能源相关的活动导致的全球温升幅度已达 1.0℃，并且上升幅度仍在持续增大 [2]。2018 年 10 月在韩国仁川举行的联合国政府间气候变化专门委员会（IPCC）第 48 次全会公开发布了《全球升温 1.5℃特别报告》[3]，报告显示：全球升温已经对人类生产生活和自然生态系统产生了广泛而深入的影响，如果按照当前能源强度进行预测，全球温升在 2030～2052 年间将达到 1.5℃，这已远超过去 200 年间全球温升幅度。由上可知，如果未来不能在能源消费持续增长的过程中妥善地解决化石能源占比过大的问题，全球冰川融化、海平面上升、沙漠扩张等诸多环境问题将加速恶化，甚至引发大规模气候贫困和气候战争等人道主义问题。

　　近年来，世界各国尤其是发展中国家的城镇化率得到了显著提升，建筑部门在三大能源消费和碳排放部门中的占比也在稳步提升并且驱动作用愈发显著 [4]。清华大学建筑节能研究中心于 2020 年 3 月发布的《中国建筑节能年度发展研究报告》[5] 显示：2018 年，中国建筑能耗总量为 10.9 亿吨标煤，约占全国能源消费比重的 24%；同期，我国建筑碳排放总量为 21 亿吨，约占全国碳排放总量的 20%。而这其中约 60% 的建筑能耗和碳排放是在满足建筑供热、制冷和生活热水等需求过程中产生的。国际能源署（IEA）于 2017 年 10 月发布的《Energy Efficiency 2017》[6] 显示：城市能耗占全球能耗的比重将在 2030 年年底达到 75%，而建筑部门能耗和碳排放也将分别达到全球能耗和碳排放的 40% 和 36%。

　　目前全球大部分国家和地区的建筑能耗仍在逐年增加。国家统计局于 2020 年初发布的《2019 年国民经济和社会发展统计公报》[7] 显示：中国人口城镇化率于 2019 年首次突破 60%。考虑到发达国家的人口城镇化率大多在 80% 以上，未来我国仍将经历较长时间的人口城镇化快速发展阶段。摩根士丹利于 2019 年 11 月发布的《中国城市化 2.0：超级都市圈》[8] 中预测：中国人口城镇化率将在 2030 年达到约 75%。APEC 能源研究中心（APERC）于 2019 年 5 月发布的《APEC Energy and Supply Outlook》[9] 显示，中国人均建筑终端用能将在 2040 年达到 0.71t 当量油，相比 2013 年数据上升幅度达到了 73.2%。到 2040 年，韩国的建筑终端能耗预计还将增加 31%，俄罗斯预计将增加 20%，印度则被广泛认为将是建筑终端能耗增长速度潜力最大的经济体，预计其将以年 2.7% 的增长速度快速上升，而这一数据是同期全球平均水平的约 2 倍 [10]。

1.2 节能建筑发展现状及趋势

面对全球性能源短缺和环境恶化的长期挑战，建筑部门可以从"开源"和"节流"两个方面进行积极应对。从能源需求角度看，要大力控制建筑能耗总量和增量，在新建建筑中要大力推广低能耗建筑并逐步增加其所占比例，同时对存量巨大的既有建筑进行适宜性节能更新改造。从能源供给角度看，要充分挖掘和利用建筑可资利用的低品位能源和可再生能源来替代传统化石能源消费，通过不断的理论研究和技术研发逐步降低化石能源在建筑能源供给中所占比例。

图1-2基本概括了我国节能建筑的既往发展及未来趋势。当前，我国新建建筑已基本实现三步节能目标，北京、天津和河北等地也在积极实施四步以及以上节能政策。2017年2月，住建部在《建筑节能与绿色建筑发展"十三五"规划》[14]中指出：要积极开展超低能耗建筑、近零能耗建筑建设示范，引领标准提升进程，在具备条件的园区、街区推动超低能耗建筑集中连片建设，到2020年要建设超低能耗、近零能耗建筑示范项目1000万平方米以上。2019年1月，《近零能耗技术标准》[12]正式发布并于同年9月实施，该标准对于推动我国节能建筑发展起到了重要引导作用，有助于推动降低我国建筑用能水平、提高建筑能效以及可再生能源在建筑中的应用。该标准中还首次界定了超低能耗建筑（ultra-low energy buildings，ULEBs）、近零能耗建筑（nearly-zero energy buildings，NZEBs）和零能耗建筑（zero energy buildings，ZEBs）等概念，并且还明确了相关约束性建筑能耗控制指标。

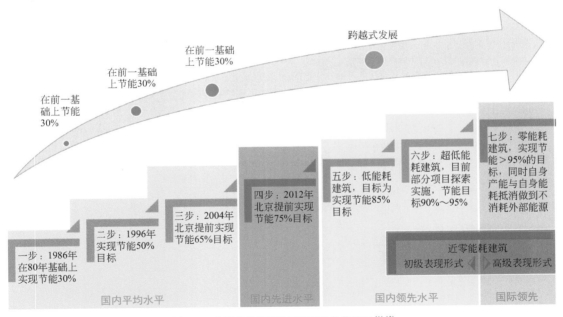

图1-2 我国节能建筑发展历程及趋势概况[11-13]

虽然我国当前的建筑节能工作取得了积极进展，但与发达国家和地区还存在较大差距。欧盟早已于2002年通过了建筑能效指令（Energy Performance of Buildings Directive，EPBD），并于2010年对其进行了修订，到2020年所有新建建筑基本实现零能耗[15]；北欧国家丹麦规定住宅建筑的年供暖和制冷需求在2020年之后应低于20kW·h/（m²·a）；美国则要求到 2030 年零能耗建筑达到技术和经济可行 [11]。在我国实现 "2060 碳中和" 的过程中，零能耗建筑无疑是建筑部门中长期需完成的目标，而近零能耗建筑则是建筑节能 30%、50% 和 65% 三步走策略和上述零能耗建筑目标的有效衔接。无论是低能耗建筑、超低能耗建筑、近零能耗建筑还是零能耗建筑，它们都属于我国为实现中长期建筑能效而提出的各阶段的具体形式。

参考文献

[1] Bernard L. Statistical Review of World Energy 2020 [R]. London: BP P.L.C, 2020.

[2] Li Q, Dong W, Jones P, et al. Continental scale surface air temperature variations: experience derived from the Chinese region[J]. Earth-Science Reviews, 2020, 200:102998.

[3] Intergovernmental Panel on Climate Change (IPCC). Special Report on Global Warming of 1.5 ℃ [M]. UK: Cambridge University Press, 2018.

[4] Kammen D, Sunter D. City-integrated renewable energy for urban sustainability [J].Science, 2016, 352(6288):922-928.

[5] 清华大学建筑节能研究中心. 2020 中国建筑节能年度发展研究报告 [M]. 北京：中国建筑工业出版社, 2020.

[6] International Energy Agency (IEA). Energy efficiency 2017[R]. Paris: IEA, 2017.

[7] 国家统计局. 2019 年国民经济和社会发展统计公报 [EB/OL]. (http://ww w.gov.cn/xinwen/2020-02/28/content_5484361.htm). 2020-02-28.

[8] Morgan Stanley. China's Urbanization 2.0: Super Metropolitan Area[R]. New York: Morgan Stanley, 2020.

[9] Asia-Pacific Energy Research Center. APEC Energy Demand and Supply Outlook (7th Edition)[R]. Tokyo: APERC, 2019.

[10] Lawrence A, Thollander P, Andrei M, et al. Specific energy consumption/use (SEC) in energy management for improving energy efficiency in industry: meaning, usage and differences[J]. Energies, 2019, 12(2):247.

[11] Liu Z, Liu Y, He B, et al. Application and suitability analysis of the key technologies in nearly zero energy buildings in China[J]. Renewable and Sustainable Energy Reviews, 2019, 101:329-345.

[12] GB/T 51350—2019. 近零能耗建筑技术标准 [S]. 北京：中国建筑工业出版社, 2019.

[13] 住房和城乡建设部. 关于印发被动式超低能耗绿色建筑技术导则（居住建筑）的通知 [EB/OL]. (http://www.mohurd.gov.cn/wjfb/201511/t20151 113_225 589.html). 2015-11-10.

[14] 住房和城乡建设部. 关于印发建筑节能与绿色建筑发展 "十三五" 规划的通知 [EB/OL]. (http://www.mohurd.gov.cn/wjfb/201703/t20170314_230978.html).2017-03-01.

[15] Li Y, Chen L. A study on database of modular façade retrofitting building envelope[J]. Energy and Buildings, 2020, 214:329-345.

第2章

建筑围护结构
保温隔热方法与技术

　　围护结构作为室内外环境的物理分割界面，在影响建筑能耗和建筑热环境方面起着关键作用。而墙体围护结构作为建筑的基本构件之一，始终是开展建筑节能工作关注的焦点和重点。提高建筑外墙围护结构的保温隔热性能，降低建筑外墙的冷热渗透对于不同气候区的建筑节能工作具有重要意义。根据技术原理的不同，当前建筑保温隔热技术主要分为两类[1]：无源保温隔热技术和有源保温隔热技术。其中，无源保温隔热技术以围护结构尤其是保温层的热导率（K 值）为控制参数，包括无源静态保温隔热技术（K 值恒定）和无源动态保温隔热技术（K 值可变）。有源保温隔热技术则以形成围护结构冷 / 热负荷的传热温差（ΔT 值）为控制参数，它是利用低品位或可再生能源实现建筑保温隔热的一种新兴技术。

2.1　无源静态保温隔热技术

　　在墙体内 / 外表面或墙体内部安装 K 值恒定的保温材料是改善建筑热环境和降低建筑能耗最为常见的方法，无源静态保温隔热技术（static thermal insulation，STI）即对利用 K 值恒定的保温隔热材料实现建筑节能的技术泛称。这里的"静态"主要是指保温材料能够在其生命周期内维持自身热物性参数尤其是 K 值稳定。针对 STI 技术的研究及其应用早已展开，目前国内外也已开发出数以千计 K 值越来越低的保温材料和多样化的保温产品。根据静态保温材料的物理或化学成分并结合 Abujdayil 等[2]和 Kumar 等[3]的研究，本书将常见的静态保温材料和产品划分为以下三类，即传统类型、高性能类型和可持续类型，如图 2-1 所示。

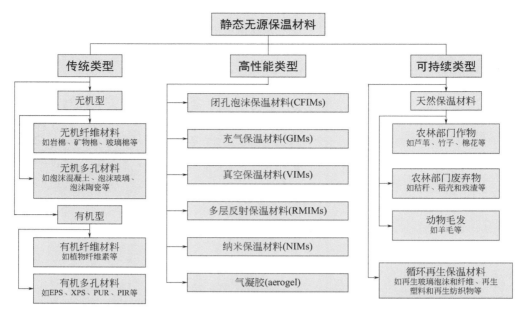

图 2-1 常见静态无源保温材料和产品分类

当前，传统类型的保温材料可分为有机型和无机型两类。其中，无机型传统保温材料的常见形式有岩棉、玻璃棉和矿物棉等无机纤维材料以及泡沫混凝土、泡沫玻璃和泡沫陶瓷等无机多孔材料。有机型传统保温材料的常见形式则有棉花、木屑和木质纤维素等有机纤维材料以及模塑聚苯乙烯（EPS）、挤塑聚苯乙烯（XPS）和聚氨酯（PU 或 PUR）、聚异氰脲酸酯（PIR）等有机多孔材料。同时，新兴的高性能建筑静态保温材料主要包括：闭孔泡沫保温材料（closed-cell foam insulation materials，CFIMs），充气保温材料（gas-filled insulation materials，GIMs），真空保温材料（vacuum insulation materials，VIMs），多层反射保温材料（reflective multi-foiled insulation materials，RMIMs），纳米保温材料（nano insulation materials，NIMs）和气凝胶（aerogel），如图 2-2 所示。此外，可持续类型的静态保温隔热材料通常具有较低的隐含能和隐含碳特性，在生产阶段对生态环境的影响最小，但使用其作为保温材料的建筑在整个生命周期内的能耗可能会高于使用其他类型保温材料的建筑。可持续类型的保温材料可以进一步划分为两种：

① 来自农林部门的作物和废弃物或动物皮毛等的天然保温材料，如秸秆、竹子和羊毛等；

② 循环再生保温材料，如再生玻璃泡沫和纤维、再生塑料和再生纺织物等。

表 2-1 中列出了常见静态保温材料和产品的主要参数指标。可以看出，随着传统保温产品的不断改进以及高性能保温产品的不断发展，静态无源保温材料的热导率在逐渐降低。数十年来，这一发展趋势的直接影响就是使得满足特定建筑热工参数限制所需的保温层厚度得到大幅下降，同时也使得满足更高热工参数要求的建筑所需保温层厚度并未明显上升。然而，在选择合适的静态保温材料时，除了需要考虑热导率这一直接性能指标外，还需考虑性能指标背后的生态环保指标。理论上，建筑全生命周期消耗的能源分为运行能源和隐含能源（又称内含能源），这里隐含能源是指在保温材料全生命周期不同阶段所涉及的除运行能耗之外的其他全部能耗。类似的，同期建筑的碳排放也分为运行碳排放和隐含碳排放（又称内含碳排放），这里隐含碳排放是指在保温材料全生命周期不同阶段所涉及的除运行碳排放之外的其他全部碳排放。目前，隐含能源和隐含碳排放已成为建筑保温材料研究中较为常用的两个环境影响评价指标。

表 2-1 无源 STI 技术中常见保温材料及产品相关参数（部分）

分类	名称	密度 /(kg/m³)	比热容 /[kJ/(kg·℃)]	热导率 /[mW/(m·℃)]	耐火等级	蒸汽扩散阻力因子	成本 /(美元/m³)	隐含能源	隐含碳排放
	玻璃棉[7,8]	10~100	0.8~1	30~50	A₁-A₂-B	1~1.3	9.3~14.7	14.0~30.8*	1.2*
	岩棉[7,9]	40~200	0.8~1	33~45	A₁-A₂	1~1.3	12~20	16.8*/53.1*	1.1*/2.8**
	渣棉[10]	50	0.7	30~40	—	0.5	—	—	—
	泡沫玻璃[8-10]	100~200	0.2	38~55	A₁	∞	46~62	20.6~27*	/0.2**
	膨胀珍珠岩[8]	32~176	0.2~1	40~60	A₁	2~3.5	38~42	67.3**	4**
传统类型	蛭石[8-10]	64~130	0.8~1.1	40~64	A₁	3~5	—	7.2*	—
	酚醛泡沫[8-10]	40~160	1.3~1.4	18~24	B-C	35	23	13~159*	4.2~7.2*
	纤维素[7,8]	30~200	1.3~1.7	37~50	B-C-E	1.7~3	25.6~44.7	26*/19.4~21**	0.82*/0.7~3.7*
	EPS[8]	15~50	1.3	29~41	E	20~200	8.6~17	80.8~127*/127.3*	6.3~7.3*/5.1*
	XPS[7]	30~55	1.5~1.7	25~37	E	80~200	18~23	72.8~105*/127.3*	7.6*/13.2**
	PU/PUR[7]	30~160	1.3~1.5	20~35	D-F	50~100	24.9	74~140.4*/99.6**	5.9*/6.5**
	PIR[8-10]	30~45	1.4~1.5	18~28	B	55~150	20~24	69.8*	5.5*
	CFIMs[7]	16~88	0.7~0.8	25~48	—	—	—	—	—
	GIMs[10]	—	—	10~40	—	高	214	—	—
高性能类型	VIMs[10]	160~230	0.8	2~8	A₁/C	340000	90~172	149~226*	6.2~11.1*
	RMIMs[8-10]	160~180	—	约40	F	500	250	—	—
	NIMs[8-10]	230	1	4~15	C	5	3000	1.4~2.7*	—
	aerogel[8]	70~180	1	13~22	A₁-C	2~5.5	61~214	53.9*	4.3*
	再生棉[8]	18~45	1.6	38~44	E	1~2	19.32	27.1*/242**	1.3*/12.5**
可持续类型	玻璃纤维[9]	100~450	0.8~1	31~50	A₁	高	—	167.7*	9.6**
	玄武岩纤维[7]	165~187	—	31~32	A₁	2	27~30	—	—

注：" * "指隐含能源和隐含碳排放单位分别为 MJ/kg 和 kgCO₂/kg；" ** "指隐含能源和隐含碳排放单位分别为 MJ/f.u. 和 kgCO₂/f.u.（f.u. 为 function unit，指单位功能体积，后同）。耐火等级一列为《建筑材料及其制品燃烧性能分级》（GB 8624—2006）规定的等级。

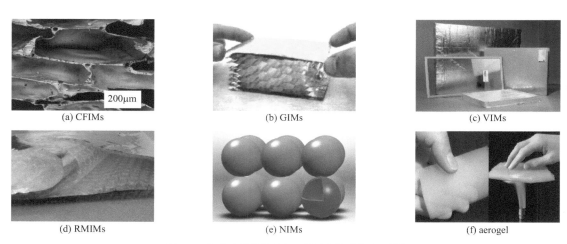

图 2-2　部分高性能静态保温材料实物或构造图 [2,3]

由于当前节能建筑中大量应用了静态保温材料，建筑自身的运行能耗和碳排放大多都已低于其隐含能源和隐含碳排放，因此隐含能源和隐含碳排放成为了选择合理建筑保温材料时需要考虑的额外重要因素 [4]。相关研究数据 [5] 表明：普通家庭使用的建筑材料约含有 1000 GJ 隐含能源，大致相当于该家庭 15 年正常使用期间的运行能耗。从表 2-1 中还可看出，表中所列大部分高性能保温材料以及所有来自石油化工产品衍生物的保温材料（如 EPS、XPS、PU/PUR 和 PIR）在其生产阶段的能耗高达 50MJ/kg 以上，这也导致了超过 4.3kgCO₂/kg 的碳排放（按每千克材料产生 CO_2 计）。虽然高性能保温材料中的 NIMs 具有较低的隐含能源和隐含碳排放数值，但其生产成本目前极高，难以在短时间内大规模推广应用。另外，可持续类型的保温材料/产品也具有较高的隐含能源和隐含碳排放。

总而言之，静态保温材料的应用和发展面临着一些突出问题。一方面，人们很难在短时间内显著降低高性能保温材料或产品自身的综合成本和生产能耗，而且廉价实用和安全可靠的优质产品也在市场难觅；另一方面，高性能保温材料的广泛应用也并不意味着建筑能耗的确定性下降，尤其是对于一些太阳辐射利用率较高的建筑（如具有大量玻璃或不利朝向）或内部负荷较高的建筑（如办公建筑），这些建筑夏季的热舒适性可能会很差或者导致需要更高的建筑能耗来维持可接受的建筑热环境；此外大多数静态保温材料或产品的使用寿命要低于同期建成的建筑寿命，因此后期通常还要经历维护和更换等反复过程 [6]。

2.2　无源动态保温隔热技术

2.2.1　技术简介

相较于无源 STI 技术中 K 值几乎恒定不变，无源动态保温隔热技术（dynamic thermal insulation，DTI）可根据室外或室内瞬态边界变化（如气候和居住者要求）可逆地调整其热工参数以实现最大限度减少建筑能耗的目的，因此无源 DTI 技术是一种 K 值可变的保温隔热技术 [11]。无源 DTI 技术的提出受到了恒温动物应对气候和环境变化的表皮行为方式启发，最早的无源 DTI 技术原型可追溯至 20 世纪 70 年代 [12]，其核心思路就是在不同场景下有选择地进行热量传递控制，使建筑围护结构可以根据需求起到保温隔热或散热功能。通过对围护结构内部动态保温层或区域进行调控，无源 DTI 技术可以在"绝热需求"下抑制围护结构中的热量传递以及在"散热需求"下强化围护结构中的热量传递，并且围护结构热阻值（R 值）在不同应用场景间可以连续及可逆变化，从而达到围护结构主动适应室内外热环境变化和控制要求变化的目的。无源 DTI 技术相比无源 STI 技术可以显著降低目标建筑为保持室内热舒适性的全年能耗，尤其是在那些采暖和制冷能耗均较大的建筑中应用无源 DTI 技术效果会更加明显。与此同时，随着近几十年来各种所需传感器和执行器价格的不断降低以及在精度和可靠性方面所取得的巨大进步，无源 DTI 技术在建筑领域中获得了前所未有的发展机遇 [11]。

无源 DTI 围护结构中的热量传递和转化一般会受到载体密度、位置（包括宏观和微观）和能量状态等变化中的一种或几种影响。因此，根据上述影响因素的不同进一步将无源 DTI 技术划分为以下四种：基于载体密度变化的无源 DTI 技术、基于载体位置变化的无源 DTI 技术、基于悬浮颗粒迁移的无源 DTI 技术和基于载体相态变化的无源 DTI 技术。以下将分别对上述四种无源 DTI 技术的国内外研究工作进行综述，部分无源 DTI 技术的信息及技术参数参见表 2-2。

2.2.2　基于载体密度变化的无源 DTI 技术

对于封闭空间内流体热量传递过程，其传热速率主要受到内部微观粒子热运动的影响，而控制微观粒子热运动的方法之一就是改变局部密度或整体密度。根据载体类型的不同，基于密度变化的无源 DTI 技术可分为改变固体密度和改变流体密度两种。然而，由于改变固体密度的代价通常十分高昂，因此前者主要应用在空间探索和超低温等军用或特殊应用场景 [13]。对于改变液体密度的无源 DTI 技术，目前在建筑领域中具有应用潜力的主要是基于主动式真空保温板（active vacuum insulation panel，AVIP）的无源 DTI 技术和基于液体对流二极管（fluid convective diode，FCD）的无源 DTI 技术两种。

（1）基于 AVIP 的无源 DTI 技术

对部分现有 VIP 板中的气体进行可逆加压或减压是改变载体整体密度的一种常见方法。基于 AVIP 的无源 DTI 技术一般包括一个具有高度气密性的封闭腔体以及一个可以控制封闭腔体内部气体压力的"泵"，如图 2-3 所示。

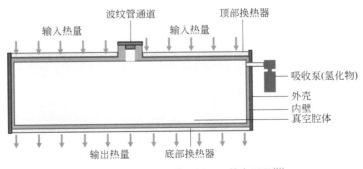

图 2-3　基于 AVIP 的无源 DTI 技术原理 [11]

Xenophou[12] 早在 1971 年即提出了一种适合在昼夜温差和季节差异明显地区应用的新型建筑温控系统，该系统由内外侧面板、内部隔板以及真空度控制系统构成，并通过控制墙体内部空间真空度来控制穿过墙体的热流，如图 2-4 所示。

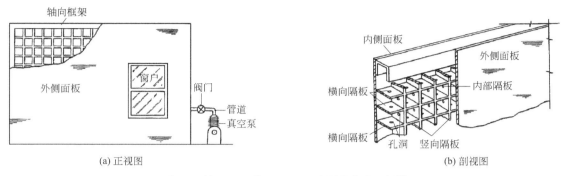

(a) 正视图　　　　　　　　　　　　　　　　　　(b) 剖视图

图 2-4　基于 AVIP 的无源 DTI 围护结构构造示意 [12]

在此基础上，Muir 和 Overend[14] 提出了另一种适用于建筑应用的 AVIP 技术，在内部压力为 14mbar（1bar=10⁵Pa，下同）时，K 值为 140 mW/(m·℃)，在压力降至 2mbar 时，K 值最低可达 6.4 mW/(m·℃)。近来，Berge 等 [15] 通过在真空腔内部填充气相二氧化硅或气凝胶等多孔材料对 AVIP 的 K 值进行了优化，实测结果表明：当内部压力为 1 ～ 100kPa 时，AVIP 的 K 值与压力呈线性关系，并且填充气相二氧化硅的 AVIP 的 K 值变化因子（最大值与最小值之比）可达 3。同时，针对瑞典一栋办公建筑的模拟结果显示：当建筑制冷与供热能耗之比在 3∶1 时，采用变化因子为 3 的 AVIP 可将建筑能耗需求降低约 20%。Park 等 [16] 以一栋住宅建筑作为研究对象对美国不同气候区建筑应用 AVIP 并采用两步控制策略（即高/低 R 值阶跃切换）的节能潜力进行了模拟评估。结果表明：采用简单的两步控制策略改变住宅建筑外墙热阻可有效降低不同气候区的供暖和制冷负荷，当高/低 R 值为（2.5m²·℃/W）/(0.5m²·℃/W）时，所研究三个气候区条件下的建筑年制冷能耗可降 15%～39%，温和气候区条件下年供热能耗平均降低 10%，不过实际节能效果还取决于建筑的窗墙比和内部得热情况。

需要指出的是，上述"泵"不仅可以是传统意义上的机械式真空泵，也可以是物理吸附泵或化学吸收泵[11]，而吸附泵或吸收泵无需高品位电能驱动即可完成对封闭空腔内气体压力的调控，这些跨学科技术的应用也可以极大地拓展基于 AVIP 的无源 DTI 技术的可选和应用范围。Benson 等 [17] 通过控制金属氢化物的温度实现了可逆吸收/解吸氢气从而控制通过 AVIP 的传热速率，系统中氢气压力可在 1×10⁻⁶ ～ 1Torr（1Torr=133Pa，下同）范围变化，U 值上限［约 9.6W/(m²·℃)］出现在内部充满氢气时，而 U 值下限［约 1.0W/(m²·℃)］则与具体的绝缘设计有关，如绝缘厚度、内部支撑和辐射屏蔽等。Horn 等 [18] 提出了一种利用吸附/脱附控制腔体热量传递能力的 AVIP 并将其应用在了冬季建筑上。结果显示，这种外侧附加 AVIP 和玻璃的复合墙体有效得热量可达 141kW·h/(a·m²)，但这是以白天 AVIP 持续处于导热激活状态的高运行能耗代价获取的。为减少 AVIP 长时间处于导热状态所需的激活能耗（5W/m²），研究人员针对不同运行控制策略如温差阈值、辐射阈值和间歇运行对激活能耗以及热性能的影响进行了研究，模拟结果表明：当得热量降幅控制在 10% 时，应用温差或辐射强度阈值的控制策略可将所需激活时长从 1100h 降至 500h，所需激活能耗降幅达 45.5%；而在应用不同的间歇运行控制策略后，得热量最大下降幅度仅为 5%。实际上，上述两种非机械驱动方式触发

DTI 调节过程所需温度也因各自所需结合能水平的不同而有所不同。其中，物理吸附的摩尔解吸能低于 40kJ/mol，而化学吸收的摩尔解吸能在 80 ～ 800kJ/mol 之间[19]。因此，对于采用物理吸附或化学吸收作为容积压力控制的无源 DTI 技术方案，需要科学地计算所需注入的气体和吸附/吸收材料用量，以确保吸附（吸收）和释放气体所需的解吸能量与控制响应（即排空时间/加压时间）之间平衡。

（2）基于 FCD 的无源 DTI 技术

除了上述基于 AVIP 整体密度变化的无源 DTI 技术外，Buckley[20] 和 Jones[21] 先后提出了另一种基于局部流体密度变化的无源 DTI 技术，即单向液体对流二极管（uni-directional fluid convective diode，UFCD）。UFCD 主要由一个或多个具有特殊几何形状的细长水箱构成，水箱底部（或外侧水箱）起到太阳能集热器作用，而水箱上部（或内侧水箱）起到蓄热器作用[22]。冬季晴天，UFCD 利用吸收的太阳辐射引发内部自然对流、传热和蓄热等过程，最终实现利用太阳能改善建筑围护结构的能量特性；在夜间或阴天，UFCD 底部（或外侧水箱）水温低于上部（或内侧水箱）水温，水箱内部对流强度大幅下降，水箱上部蓄存热量以及建筑内部热量不会发生大规模的反向传递。然而，受驱动机制和结构限制，基于 UFCD 的无源 DTI 技术仅适用在中低层建筑的南墙上，并且需要在夏季对集热部分进行遮盖以防止过多热量进入室内。为了更好地与建筑集成并提升热效率，Kolodziej 等[23] 利用偏移通道连接上下水箱并在波兰格利维茨对安装有 4 个 UFCD 模块的测试建筑（覆盖率 6%）进行了长达 3 年的实测。结果表明：相较于参照建筑，实验建筑可节省 37% 的供热能耗，相当于 UFCD 可提供 700MJ/（a·m²）的热量，并且在供热初期或末期使用 UFCD 还可有效缩短集中供热时间。为减少上升和下降流体间的热交换损失，Chun 等[24] 在偏移通道内增加了导流板 [图 2-5(a)]，随后又进一步在上部水箱紧贴侧壁的位置额外设置了一块绝热性能良好的旋转隔板[25]，并通过隔板位置的调控改变参与自然对流的流体体积，当隔板从原来位置倾斜 45°时，UFCD 的热容最多可减少 50%。

鉴于前述几种 UFCD 存在结构复杂、成本高昂并且仅适用于冬季供热等弊端，Fang 和 Xia[26] 提出了一种结构更加简单且成本相对低廉的双向流体对流热二极管（bi-directional liquid convective diode，BFCD），既可用于冬季的被动太阳能加热，也可用于夏季的被动冷却，如图 2-5(b) 所示。冬季晴天隔板左侧水温高于右侧时，左侧热水向上流动并自动推开叶片进入右侧，形成自然对流循环；冬季阴天或夜间左侧水温低于右侧时，叶片受到反向力推动而关闭，自然对流循环随即中断。而夏季夜间隔板左侧水温低于右侧时，右侧热水向上流动并自动打开叶片进入左侧，形成自然对流循环；夏季白天隔板左侧水温高于右侧时，叶片受到反向力作用而关闭，自然对流循环随即中断。进一步研究结果表明：BFCD 相比 UFCD 具有更好的供热性能，当二者外侧同时覆盖单层玻璃（无夜间保温）时可提供 140% 的额外供热量，而当二者外侧同时覆盖双层玻璃（无夜间保温）时可提供 70% 的额外供热量。Chun 等[25] 对其提出的 UFCD [图 2-5(a)] 进行了结构改造，并将相邻水箱的上下水箱设计成互相连通形式，而管道交叉处则通过四通换向结构连接，以此实现双向导热功能。同时，Chun 等[25] 还提出了一种更加复杂的 BFCD，其由安装在集热板和散热板之间的两个矩形环组成，矩形管道通过焊接水平布置在板上并通过软管连通，双向导热和绝热的切换则是通过两块板的上下移动以及流动阻断实现，测试结果表明：五种不同工质对应的热导率范围为 0.10 ～ 0.67W/（m·℃）。前述 UFCD 和 BFCD 均属于液体型 FCD，Pflug 等[27,28] 则提出了一种利用空气对流替换液体对流的 BFCD 技术 [图 2-5(c)]，该 BFCD 本身是一个内部带有一个或多个隔热板的封闭空腔，并通过控制隔热板在腔体中的位置促进（隔板位于中间）或抑制（隔板位于上部）腔体内自然对流

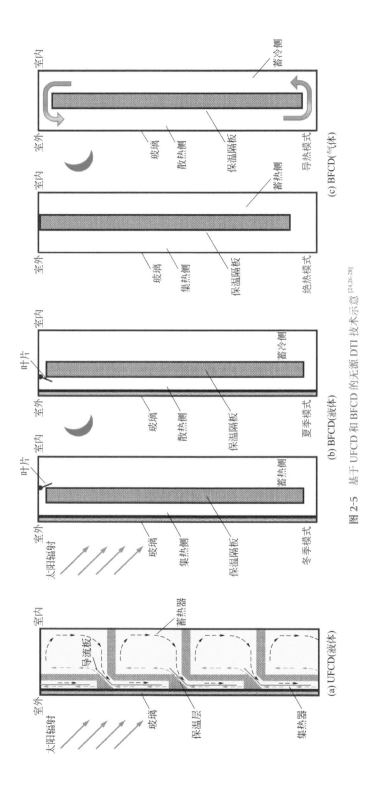

图 2-5 基于 UFCD 和 BFCD 的无源 DTI 技术示意[24,26-28]

进而实现绝热和导热状态的可逆切换，结果显示：透光型和非透光型围护结构的 U 值变化范围分别为 0.1 ～ 1.6W/（m² · ℃）[27] 和 0.2 ～ 2.0W/（m² · ℃）[28]。

2.2.3 基于载体位置变化的无源 DTI 技术

控制传热载体的位置是无源 DTI 技术中较为常见的一种，其技术思路是对围护结构保温层进行结构重构以创造或移除热量传导路径，从而促进或抑制围护结构的热量传递[11]，根据传热载体不同又可分为基于固体和基于流体两种。

（1）基于固体载体位置变化的无源 DTI 技术

通常，固体热传导的热阻要显著大于流体热传导的热阻，因此在合理选择和应用相应材料后，基于固体位置变化的无源 DTI 技术可快速实现自身整体传热速率的数量级变化。目前，该技术已被广泛用于包括建筑领域[29-34] 在内的众多科学和工程领域的热管理，例如航空航天[35]、低温保存[36] 和生物医药[37] 等。固体载体位置变化主要是指两个固体表面的接触和分离，这也是实现载体位置变化的最简单设计。固体表面的接触和分离使得构件内部的传热可以在纯固体导热和流体热传导（含导热和对流）之间进行可逆切换，因此该技术通常又被称为"机械热开关"（thermal switch，TS），如图 2-6 所示。TS 主要由三部分组成，包括两个独立的光滑固体表面，一个用于使两个固体表面可反复进行接触或脱离的执行器以及一个封闭或半封闭空腔。

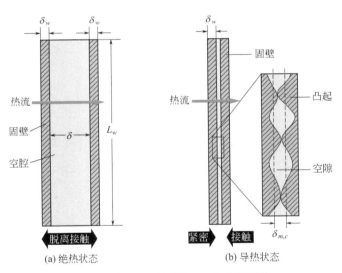

图 2-6 基于 TS 的无源 DTI 技术原理[11]

研究人员目前已开发出多种适用于不同场景的 TS，它们的主要区别在于固体表面间的可逆脱离与接触方式。Sunada 等[35] 针对火星探测车电池的昼夜热控提出了一种基于相变材料（石蜡）热胀冷缩驱动的 TS，该 TS 被安装在电池组件和外部散热器之间用于调节电池温度。当石蜡冻结收缩时，接触表面在复位弹簧作用下随即脱离接触，实现了依靠被动手段消除夜间电池热量散失路径的目的。在接触状态（即导热状态）下，K 值约为 1.2W/（m · ℃），而在脱离接触状态（即绝热状态）下，K 值要小于 18mW/（m · ℃），因此该 TS 的变化因子在预定温度控制范围内约为 66.7。Roach 等 [36] 在低温冷却器应用场景中利用了波纹管中液体的加压膨胀来控制金属间的断开和接触。Cho 等 [37] 提出的 TS 接触界面间沉积有液态金属微液滴阵列，并针对接触界面间空腔内充注不同压力气体下的 TS 开关比进行了研究，结果表明：液态金属微液滴阵列的沉积可有效降低接触状态下的固体表面接触热阻，该 TS 的开关比可以从大气压力下的 24±7 提高到 0.67 mbar 时的 74±22。Slater 等 [38] 在轨道卫星应用场景中使用了静电执行器来激活"热阀"内部固体表面间的机械接触。Hyman[39] 利用形状记忆合金的膨胀 / 收缩来控制固体表面的接触，并在需要脱离时利用回位弹簧将二者分开。

在建筑应用场景中，Chun 等 [25] 最先基于仿生学原理提出了一种在轻质建筑上应用"人造仿生毛皮"进行动态保温隔热的技术概念。通过对毛皮层厚度、毛皮纤维、毛皮纤维角度以及单位面积纤维数量等设计参数进行优化后，"仿生毛皮层"的当量 K 值可降至 55mW/（m•℃）。同时，仿真结果还显示，"仿生毛皮层"可降低多达 50% 的夏季冷负荷和至少 50% 的冬季热负荷。Burdajewicz 等 [30] 开发了一种基于外墙百叶板位置变化的无源 DTI 技术（图 2-7）并在奥地利维也纳进行了实测。冬季白天，百叶板开启有利于建筑对太阳辐射的利用；冬季夜间，百叶板关闭后可以有效降低建筑热损失，此时墙体 K 值为 180mW/（m•℃）。总体而言，该技术复杂程度较低、可实施性相对较高，并且在有效降低冬季建筑供热能耗的同时不会导致夏季建筑制冷能耗的上升。

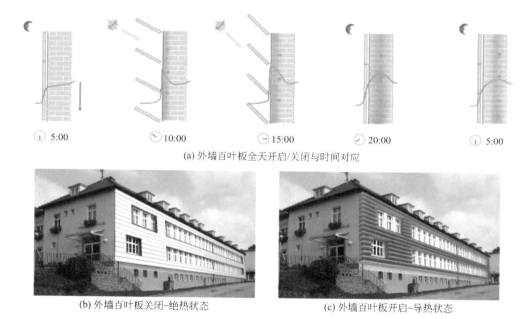

(a) 外墙百叶板全天开启/关闭与时间对应

(b) 外墙百叶板关闭-绝热状态　　　(c) 外墙百叶板开启-导热状态

图 2-7　基于外墙百叶板位置变化的无源 DTI 技术示意 [30]

随后，Kimber 等 [31,32] 提出了一种基于多层聚合物薄膜结构"折叠"的无源 DTI 概念，通过对多层聚合物薄膜间的空气层可逆充气和抽气可使该结构在导热和隔热状态间切换。结果表明：该结构最小 R 值为 0.12m²•℃/W，夏季和冬季最大 R 值分别为 3.2m²•℃/W 和 3.7m²•℃/W，开关比对应为夏季 27.5 和冬季 31.5。然而，该技术距离实际应用还有较多挑战：对于切换驱动机制，研究人员认为除了可利用机械驱动方式外还可将多层聚合物薄膜结构与建筑通风空调系统（heating ventilation and air conditioning，HVAC）耦合以解决其压缩和充气问题，但前者需要额外能耗并会增加围护结构复杂性；由于上述结构处于压缩状态时会在外立面上形成一系列"凹坑"，因此会对建筑立面的美学效果产生不利影响。在气体型 BFCD 基础上，Pflug 等[33] 将其中的刚性隔板替换成柔性可卷放薄膜从而提出了一种新型无源 DTI 构件。当柔性薄膜卷起时，构件处于导热状态，反之处于绝热状态，U 值范围为 $0.35 \sim 2.7\text{W}/(\text{m}^2 \cdot ℃)$。Dabbagh 和 Krarti[34] 试制了一种利用致动器同步控制墙体内多个隔板旋转从而改变围护结构 R 值的无源 DTI 样机（图 2-8），该样机可通过改变平行排布的隔板角度来控制墙体内部的自然对流强度，当隔板阵列角度在 $0 \sim 90°$ 之间变动时，R 值范围为 $0.4 \sim 2.3\text{m}^2 \cdot ℃/\text{W}$。

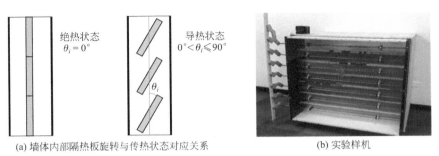

(a) 墙体内部隔热板旋转与传热状态对应关系　　　　(b) 实验样机

图 2-8 基于腔体内部隔板位置变化的无源 DTI 技术示意[34]

（2）基于流体载体位置变化的无源 DTI 技术

对于基于流体载体位置变化的无源 DTI 技术，Al-Nimr 等[40] 首先借助两种具有不同导热能力并均具有较高热膨胀系数的流体在绝热和导热场景下交替填充腔体的方式实现了这一技术构想。在上述腔体构件中，两种流体被一个可左右移动的低发射率薄板隔开，并各自通过一根细管与对应流体储罐相连通。两种流体中可选择一种 K 值较低的气体（如氩气、氮气等惰性气体）和一种 K 值较高的液体（如水），而驱动方式也可根据实际情况灵活选择热驱动或机械驱动。在一种全被动设计的实施例中（图 2-9），研究人员选择了一种相变工质作为工作流体，技术原理为：绝热状态下，低位储液罐中工质发生相变，蒸发产生的蒸气推动活塞向左侧移动，此时腔体构件中充满汽态工质，K 值为 $25\text{mW}/(\text{m} \cdot ℃)$；导热状态下，高位储液罐中工质相变蒸发，罐下部液体借助蒸气膨胀推动活塞向右侧移动，此时腔体构件中充满液态工质，K 值为 $640\text{mW}/(\text{m} \cdot ℃)$。

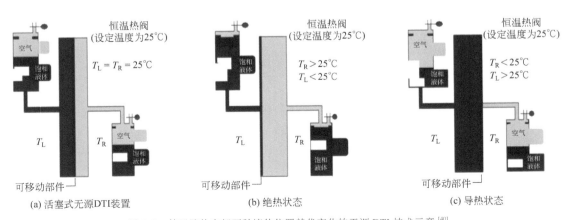

(a) 活塞式无源DTI装置　　　　　　(b) 绝热状态　　　　　　　(c) 导热状态

图 2-9 基于腔体内部两种流体位置替代变化的无源 DTI 技术示意[40]

在建筑应用场景中，Koenders 等[41] 提出了一种基于强制对流换热的低能耗建筑用闭式回路型无源 DTI 系统，如图 2-10 所示。该围护结构空腔内隔板前后设有空气流道并用铝箔密封，气流流动则通过两个低压风机控制。研究结果表明：通过控制风机启停，围护结构 U 值可在 $0.2 \sim 1.6 \mathrm{W}/（\mathrm{m}^2 \cdot ℃）$ 内变化，U 值变化因子可达 8 以上；同时，在里斯本、赫尔辛基、阿姆斯特丹和斯图加特等欧洲典型城市气候条件下，若允许建筑一天内存在 $10\% \sim 28\%$ 的热不适时间，则应用该技术的建筑可以不再依赖主动冷却系统。需要注意的是，虽然该技术在结构上类似 Pflug 等[33] 提出的气体型 BFCD，但二者在分类上不同是因为前者的流体位置变化是受机械强制驱动而发生的而并非由于流体密度改变而发生的。

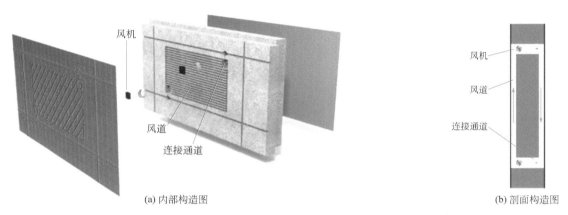

（a）内部构造图   （b）剖面构造图

图 2-10 基于腔体内部单一流体位置循环变化的无源 DTI 技术示意[41]

目前，除了针对载体位置变化的驱动机制进行持续优化以降低驱动能耗外，基于载体位置变化的无源 DTI 技术的性能改善工作主要集中于绝热/导热能力的改善方面，主要有以下两个方向：

① 导热状态，减小内部传热热阻以及界面接触热阻；

② 绝热状态，减少工作腔内部对流热损失和/或渗透损失（固体载体位置变化类型），以及应用导热能力更低的流体载体（流体载体位置变化类型）。

导热状态下，为有效降低界面间接触热阻，可对接触表面进行"抛光"以减少接触表面粗糙度，或在接触表面填充软金属涂层或弹性体层以及涂抹流体基界面材料，如导热油脂或具有高热导率的流体；同时，为减少腔体内部传热热阻（主要指流体载体位置变化类型），应尽量用流体载体充满腔体，避免未得到填充的空腔部分影响整个构件的传热性能。绝热状态下，可通过减小部分技术中空腔内间隙厚度以控制内部对流换热从而抑制热量传递[31,32]，也可将将间隙抽真空到分子区使得气体平均自由程与两个固体表面之间的间隙相当，从而进一步降低传热[37]。

2.2.4 基于悬浮颗粒迁移的无源 DTI 技术

类似基于载体位置宏观变化的无源 DTI 技术，载体位置的变化也可发生在微观尺度上，如聚乙烯纳米纤维重新定向、液晶重新排列、纳米尺度悬浮液聚并以及 DNA 序列拓扑转变[11]。通过在流体载体中引入不溶性固体导热颗粒并借助外部作用力对颗粒聚集行为进行微观尺度的位置调控也可实现流体载体传热速率的动态调节，该技术也被称为基于悬浮颗粒迁移的无源 DTI 技术。微观尺度上流体载体组成成分的位置调控主要是指基底流体中纳米颗粒的连通性和空间分布变化，而调控过程则可受到外部重力场、磁场和温度场的单一或叠加影响[42]。例如，当磁场作为外部驱动时，流体中悬浮的磁铁矿纳米粒子可以排列成链状结构，而当外部磁场被移除时，悬浮颗粒又恢复至初始无序状态，从而引起当量 K 值的阶跃变化[43]。通常，均匀分布的纳米流体当量 K 值是两相热导率、体积分数和空间分布的函数。在纳米流体中，微观传热机制也有助于改善两相混合物中的传热[11]，例如：颗粒 - 液体界面上的微对流，纳米颗粒之间的弹道相互作用，以及纳米颗粒的聚集效应。其中，聚集效应（即粒子的连通性及其空间分布）是最重要的作用机制，它可以产生具有高内部热导率的局部填充团簇，并且显著提升通过纳米流体的整体传热速率。

悬浮颗粒装置（suspended particle device，SPD）早已于 1930 年被提出，但长期被应用于光学显示领域[44]，直到近十年基于 SPD 的无源 DTI 技术才逐渐得到关注，因此其在非透光围护结构中的应用还较少。实际上，透光围护结构的热工要求相比非透光墙体更多，不仅需要减少通过自身的热损失，同时还需要控制进入室内的太阳辐射得热。随着科技的不断发展，悬浮颗粒的长期稳定性、循环耐久性、颗粒沉降 / 团聚以及大尺寸玻璃间距控制等一系列技术问题得到了有效缓解。早前，日本富华一栋示范钢厂大楼已成功安装 50 组由美国 RFI 公司生产的类似智能窗户[44]。Shaik 等[45]也针对类似智能窗的光学特性和节能潜力进行了研究，但这些智能窗户主要被用于调控窗户的光学特性而非热学特性。2015 年，Ghosh 等[46]成功将基于 SPD 的无源 DTI 技术应用在了透光围护结构中并用于控制窗户的室内外传热、太阳得热、透光和眩光等过程，研究人员还进行了一系列有关热特性[47]、电特性[48]和光特性[49]的理论和实验研究。如图 2-11 所示，SPD 由前后两层玻璃以及悬浮在有机流体或胶体中的针状碘化物颗粒（直径小于 200nm）构成，并且使用普通交流电源或太阳能光伏产生的电场作为外部驱动力。在施加电场情况下，悬浮粒子排列整齐，SPD 处于导热状态并允许大部分光线通过；在移除电场情况下，粒子发生随机旋转，此时 SPD 处于绝热状态并可阻挡大部分入射光线。研究结果表明：通过控制电源的切断可以在 100 ～ 200ms 的响应时间内快速使 SPD 的透射率从 0.1% 变化到 60%[50]。为解决单一 SPD 的 U 值较高 [5.9W/（m² · ℃）] 以及将其应用于严寒气候区的技术问题，Ghosh 等[51]将 SPD 分别与双层玻璃和真空玻璃进行耦合使用。实测结果表明：SPD 与双层玻璃耦合使用后 U 值可降至 1.9W/（m² · ℃），而与真空玻璃耦合后 U 值日变化范围为 1.00 ～ 1.15W/（m²·℃），太阳得热系数和透明度变化范围分别为 0.05 ～ 0.27 和 2% ～ 38%；与单一 SPD 相比该技术可减少 83% 的围护结构热损失。

对于基于悬浮颗粒迁移的无源 DTI 技术改进，最直接方法是增加流体中悬浮颗粒的体积分数或增加纳米流体导热和绝热状态下的热导率比率。需要注意的是，受库仑斥力和范德华引力的竞争影响，较高悬浮颗粒体积分数会增加颗粒聚集、沉淀和相分离的风险[52]。当体积分数增加到一定阈值以上时，排斥力将不足以将悬浮颗粒分散开，这将导致颗粒聚集并最终沉淀。因此，为提高纳米流体稳定性，可引入额外静电斥力或空间斥力来增强颗粒间的排斥作用，包括添加表面活性剂、进行酸化处理或应用超声波振动[52]。例如，通过将高热导率的碳纳米管（carbon nanotube，CNT）浸入自组织液晶中[53]，并对液晶和 CNT 混合物进行重新定向，可大幅提高纳米流体的热导率比率。这里的 CNT 本身是一种具有高导热能力和大纵横比的新型纳米材料，导热能力通常要高出铜一个数量级，而纵横比数量级也可达 10⁷。同时，液晶分子也可以作为表面活性剂将悬垂的碳纳米管彼此分离，从而产生更高的排斥能力和流体稳定性。

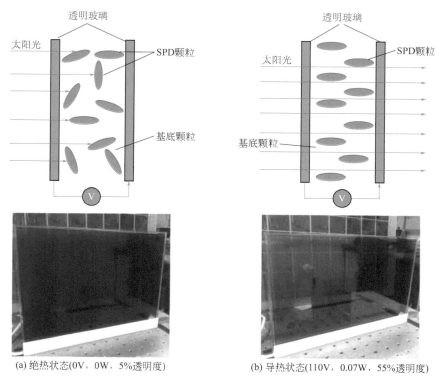

(a) 绝热状态(0V，0W，5%透明度)　　　　(b) 导热状态(110V，0.07W，55%透明度)

图 2-11　基于 SPD 的无源 DTI 智能窗户技术原理与实物图 [46-51]

2.2.5　基于载体相态变化的无源 DTI 技术

无源 DTI 技术也可借助具备在特定温度或压力条件下发生能量状态转变（如固态、液态和气态三相间）的载体实现。基于载体相态变化的无源 DTI 技术可分为两种，即基于热管的无源 DTI 技术（气液相变）和基于相变材料（phase change materials，PCMs）的无源 DTI 技术（固液相变）。其中，前者可借助工质蒸发冷凝循环传递远比单相导热和自然对流更多的能量，当量 K 值可达铜和银等金属的 10^3 倍以上[54]。而后者由于 PCM 固液两态下热导率相差较小[55]，因此在建筑节能中主要是利用其高热容特性改变围护结构热质（非热阻）和等温运行能力减少围护结构温度波动。本书更侧重从改变围护结构 U 值的角度来综述，因此基于 PCM 的无源 DTI 技术（固液相变）在此不做探讨。

实际上，基于热管的无源 DTI 技术也属于热二极管的一种，主要思路是通过间歇性中断蒸发冷凝循环使围护结构在导热状态（依靠蒸发冷凝过程传输热量）和绝热状态（依靠单相导热和自然对流传输热量）之间可逆切换。这一切换通常会导致热管传热速率发生数个数量级的显著变化，这类热管也被称为可变热导率热管（variable conductance heat pipe，VCHP）。典型的 VCHP 包含四个基本组成部分：循环工质，具备在工作温度下发生气液相变的能力；密闭容器，由蒸发器、冷凝器和绝热段组成；吸液芯，用于将冷凝液泵送返回蒸发器；控制系统，根据需要对蒸发冷凝循环进行可逆中断。基于 VCHP 的无源 DTI 技术依赖于温差驱动，当蒸发和冷凝两端存在温差时，工质会在蒸发器内部蒸发相变并依靠两端形成的压力梯度（即相变压头）驱使蒸气流至冷凝器。而当蒸气在冷凝器内部冷凝并释放潜热后，液态工质随即依靠吸液芯中的毛细压头驱动返回蒸发器。此外，VCHP 导热状态和绝热状态的可逆切换可通过以下三种方式实现：利用不凝性气体或液态工质占用部分冷凝区域；控制液态工质流动，阻止其返回蒸发区域；控制气态工质流动，阻止其进入冷凝区域。

Varga 等[56] 较早提出一种基于热二级板的无源 DTI 技术并对其在葡萄牙制冷季进行了实际应用和夜间降温测试。测试中使用的热二级板由 Thermacore Europe 公司制造，9 根直径为 12.7mm 的铜 / 水热管 [当量 K 值为 90kW/（m·℃）] 两端分别焊接到 2 块面积为 1.0m² 的铝板上，中间填充有岩棉保温材料。结果表明：绝热状态下，热二级板的当量 K 值为 70mW/（m·℃）；导热状态下，受到热管蒸发冷凝循环的影响，热二级板的当量 K 值可上升 3 ~ 5 倍，具体数值则取决于蒸发和冷凝两端温差。2014 年，Zhang 等[57] 提出了热管植入式墙体（wall implanted with heat pipes，WIHP），在冬季可将热量传递到建筑物内（南墙控阀开启、北墙控阀关闭），而在夏季则可将热量传递到建筑物外（南墙控阀关闭、北墙控阀开启），如图 2-12（a）所示。对其传热性能进行理论分析、实验测试和优化研究后，结果表明：天津地区气象条件下，应用 WIHP 的南墙热损失减少 14.5%[57]，北墙散热能力达 50.7kW/m²，约为普通墙体的 46 倍[58]，室内热环境得到明显改善。随后，研究人员研究了 WIHP 在我国不同气候区冬季条件下的适用性[59]，结果表明：南墙应用 WIHP 的有效工作时间最长，能有效降低建筑采暖能耗，可在北方大部分地区推广；同时，由于围护结构的蓄热作用，西墙应用 WIHP 的有效工作时间仅为南墙的 1/2，平均工作温度则与南墙基本相同。由于热管热导率与 WIHP 的节能潜力密切相关，研究人员在冬季工况下又对其进行了参数优化，结果表明：WIHP 的当量 U 值与热管直径近似成线性关系，在结构允许情况下宜选用较大管径，蒸发段与热管的长度比最佳范围为 67% ~ 80%，最大当量 U 值为 1.24W/（m²·℃）；热管充液率对 WIHP 的当量 U 值影响较为显著，最佳充液率范围为 30% ~ 40%。此外，考虑到两相闭式热虹吸管内部存在逆向气液流动，随着蒸气和液体间相对速度的增加，气液界面上的黏性剪切将阻止液体流回蒸发段从而导致干燥极限，Zhang 等[60,61] 提出了基于两相热虹吸回路的 WIHP [图 2-12（b）]。结果表明：H 型 WIHP 的平均当量 U 值为 1.12W/（m²·℃），相比 Z 型提升约 7.7%；天津地区应用 H 型 WIHP 的建筑节能率为 12.7%，相比 Z 型提升约 13.4%。

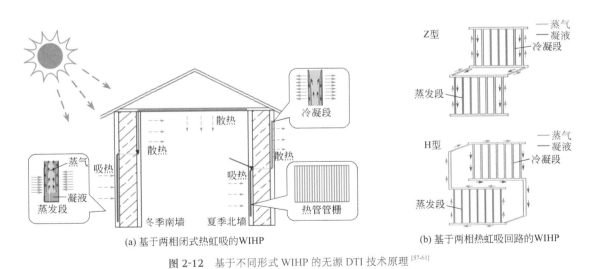

(a) 基于两相闭式热虹吸的WIHP　　　　　　(b) 基于两相热虹吸回路的WIHP

图 2-12　基于不同形式 WIHP 的无源 DTI 技术原理[57-61]

如图 2-13（a）所示，不论是 Z 型还是 H 型 WIHP，热管截面积相对于整个围护结构表面积的比例仍较小。因此，基于热管的无源 DTI 技术在建筑围护结构中应用的主要限制并非来自热管自身热性能的限制（如毛细、声速、夹带和沸腾极限），而是如何将它们有效地整合到建筑围护结构中。平板热管在无源 DTI 技术中的应用很可能解决上述圆柱形热管在建筑中面临的问题。Ooijen 等[62]提出一种环形平板热管并将蒸发冷凝回路整合到围护结构中[图 2-13(b)]而非将一系列 VCHP 嵌入围护结构中，使整个表面的传热率均匀分布。Wang 和 Peterson[63]设计了一种厚度为 2.52mm 的平板热管[图 2-13(c)]，其独特之处在于内部焊有多条平行金属丝支撑结构，可以截留冷凝液和充当毛细泵。由于传统热管中的中断控制技术很难应用到平板热管中，目前文献中关于可变导热平板热管的报道还很少。最近，Pugsley 等[64]提出了一种可用于建筑热控的可控热导率平板热管原型，并称之为平面型气液热二极管（PLVTD），如图 2-14所示。导热模式下，较热一侧的腔壁（蒸发器）与液体工质接触而相变蒸气，随后蒸气转移到较冷一侧的腔壁（冷凝器），并在那里释放潜热并生成冷凝液，完成热质循环。绝热模式下，两侧腔壁均不接触液态工质，因此腔体内部不会发生相变循环，而空腔腔体本身则充当绝缘体。实验数据表明：绝热模式下，PLVTD 的 U 值范围为 1.7～12W/（m·℃），而导热模式下，PLVTD 的 U 值范围为 50～800W/（m·℃）。PLVTD 的可变热导特性则是通过控制蒸发侧腔壁润湿程度实现的，而润湿程度则可通过各种主动（如泵送降膜或喷雾）或被动（如毛细芯）技术完成，从而最终可根据需要改变其传热速率。此外，其他一些主动调控技术为中断平板热管内部的相变循环提供了潜在替代方案，如流体振动以及脉动和电磁磁场等[11]。

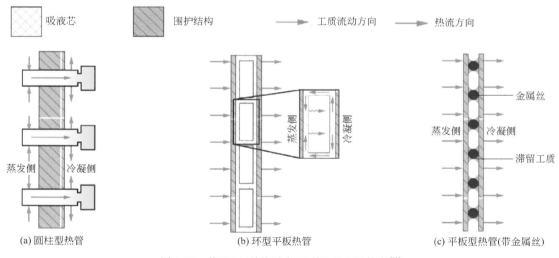

图 2-13　基于不同结构形式 HP 的无源 DTI 技术[11]

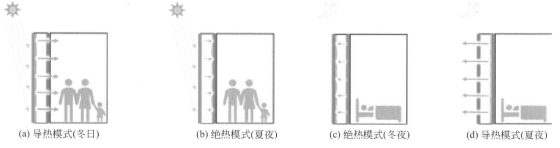

图 2-14　基于可变导热平板热管的无源 DTI 技术原理示意[70]

表2-2　无源DTI技术的相关信息总结及技术参数（部分）

类型	调控参数	技术/产品名称	技术特点	构件K值 /[mW/(m·℃)] 最小值	构件K值 最大值	墙体U值 /[W/(m²·℃)] 最小值	墙体U值 最大值	构件R值 /(m²·℃)/W 最小值	构件R值 最大值	应用场合及性能提升	开关比	调控方法	响应速度	参考文献研究者
密度变化	整体密度	AVIP	内部仅含结构支撑	N/A	N/A	N/A	N/A	N/A	N/A	建筑，N/A	N/A	真空泵	N/A	Xenophou[12]
		AVIP	内部仅含结构支撑	6.4~	140	^0.18	^0.79	0.2	4.4	多领域，N/A	21.9	真空泵	N/A	Muir 等[14]
		AVIP	内部仅含结构支撑	10	50	^0.28#	^0.64#	0.5	2.5	建筑，39%(CE)/10%(HE)	5	真空泵	N/A	Park 等[16]
		AVIP	内填多孔介质（SiO₂）	7	19	^0.21#	^0.42#	1.3*	3.6*	建筑，20%(HE&CE)	2.7	真空泵	40min	Berge 等[15]
		AVIP	内填多孔介质（aerogel）	11	17	^0.30#	^0.39#	1.5*	2.3*	建筑，20%(HE&CE)	1.5	真空泵	N/A	Berge 等[15]
		AVIP	内含金属氢化物H₂	22~	1000~	^0.51#	^0.93#	0.02*	0.92*	多领域，N/A	45.4	吸附/脱附	2 h	Benson 等[17]
		AVIP	内含金属氢化物和H₂	3	170	^0.11#	^0.83#	0.15*	8.3*	建筑，540 MJ/(a·m²)(HG)	56.7	吸附/脱附	较快	Horn 等[18]
	局部密度	UFCD	上下水箱直接连接	N/A	N/A	N/A	N/A	N/A	N/A	建筑，可达65%(TE)	N/A	自然对流	N/A	Jones[121]
		UFCD	上下水箱偏移连接	N/A	N/A	N/A	N/A	N/A	N/A	建筑，37%(HE)	N/A	自然对流	N/A	Kolodziej 等[23]
		UFCD	上下水箱偏移连接+导流	N/A	N/A	N/A	N/A	N/A	N/A	建筑，540MJ/(a·m²)(HG)	N/A	自然对流	N/A	Chun[25]
		BFCD	内外热交换板+上下流道	N/A	N/A	N/A	N/A	N/A	N/A	建筑，热容可调：0~50%	N/A	自然对流+阀门	快	Buckley[20]
		BFCD	玻璃+集热水腔+内置隔板	N/A	N/A	N/A	N/A	N/A	N/A	建筑，0.65 MJ/(d·m²)(HG)	N/A	自然对流+叶片	快	Fang 等[26]
		BFCD	上下水箱通过四通阀连接	N/A	N/A	N/A	N/A	N/A	N/A	建筑，70%或140%(HG)	N/A	自然对流+阀门	快	Chun[25]
		BFCD	墙体内嵌环形单向热虹吸回路	N/A	N/A	N/A	N/A	N/A	N/A	建筑，N/A	N/A	自然对流+阀门	快	Chun[25]
		BFCD	非透明空气腔+内置隔板	19	257	0.2	2.0	0.35^	4.85^	建筑，40%(HG)	13.5	自然对流+隔板	快	Pflug 等[28]
		BFCD	透明空气腔+内置隔板	9	189	0.1	1.6	0.48^	9.85^	建筑，29.6%(CE)	21	自然对流+隔板	快	Pflug 等[27]

类型	调控参数	技术/产品名称	技术特点	构件K值 /[mW/(m·℃)]		墙体U值 /[W/(m²·℃)]		构件R值 /[(m²·℃)/W]		应用场合及性能提升	开关比	调控方法	响应速度	参考文献研究者
				最小值	最大值	最小值	最大值	最小值	最大值					
宏观位置变化	固体位置变化	热开关	机械接触式	18	1200	N/A	N/A	0.04	2.8	火星车, N/A	66.7	石蜡热胀冷缩	2h	Sunada 等[35]
		热开关	机械接触式	N/A	N/A	N/A	N/A	N/A	N/A	超低温场景, N/A	N/A	波纹管+液体	较快	Roach 等[36]
		热开关	机械接触式	N/A	N/A	N/A	N/A	N/A	N/A	卫星,温差变化40℃	N/A	静电执行器	5min	Slater 等[38]
		热开关	接触面含镓金属液滴	N/A	N/A	N/A	N/A	N/A	N/A	微型热机, N/A	>50	MEMS	0.1s	Cho 等[37]
		仿生立面	外立面附加仿生皮毛层	55	N/A	N/A	N/A	N/A	1.8	建筑, >/<50%	N/A	N/A	快	Webb 等[29]
		百叶外立面	外立面附加百叶板	0	42☆	^0.94#	^1.1*	0	0.60*	建筑, 22%/64%	N/A	电动控制	快	Burdajewicz 等[30]
		智能保温墙	内含多可压缩聚合物膜	44	1153	^0.28*	^3.57	0.13	3.42	建筑, N/A	26.2	空调风机/其他	快	Kimber 等[31]
		可移动保温	内含多层可卷收PET隔膜	35	431	0.35	2.7	0.22^	2.70^	建筑, 0~30%(HE&CE)	12.3	卷收系统	快	Pflug 等[33]
		可移动保温	内含多个可旋转隔板	147	1833	0.43	2.3	0.18~	2.24~	建筑, 构件热阻可降50%	12.5	电动控制	快	Dabbagh 等[34]
微观位置变化	流体位置	智能保温	热导率不同流体交替填充腔体	25	640#	^0.87#	^5.26#	0.04*	1.0*	建筑, N/A	25.6	温度控制相变	较快	Al-Nimr 等[40]
		CLDTI	空腔隔板前后设有连通流道	31	356#	0.19	1.66	0.45^	5.11^	建筑, 16%~22%(HE), 等	11.5	风机驱动循环	快	Koenders 等[41]
		磁纳米流体	流体中添加纳基 Fe₃O₄	1400	3200	N/A	N/A	N/A	N/A	多领域, N/A	2.3	磁场强度和方向	快	Shima 等[43]
	微观粒子方向	PDLC薄膜	0.4mm薄膜附在6mm玻璃上	N/A	N/A	N/A	N/A	N/A	N/A	建筑, 19美元/(a·m²)(Tt)	N/A	电场强度和开关	快	Shaik 等[45]
		SPD真空玻璃	SPD玻璃附加真空玻璃	N/A	N/A	0.5	3.4	N/A	N/A	建筑, 0.05~0.27(SHGC)	N/A	0~110V直流电	快	Ghosh 等[46]
		SPD玻璃	SPD玻璃, 透光率5~55%	500*	595*	5.0	5.2	4.85^	5.11^	建筑, 367MJ/(D·m²) 0.05~0.38(SHGC)	1.2	0~110V直流电	快	Ghosh 等[47]
		SPD真空玻璃	SPD玻璃附加真空玻璃	N/A	N/A	1.0	1.16	N/A	N/A	建筑, N/A	N/A	0~110V直流电	快	Ghosh 等[51]
		PDLC薄膜	0.4mm薄膜夹在4mm玻璃间	1.6	2.0	2.79	2.44	0.20	0.25	建筑, 0.63~0.68(SHGC)	1.25	20V直流电	快	Ghosh 等[66]
		SPD真空玻璃	SPD玻璃位于真空玻璃间	N/A	N/A	N/A	N/A	N/A	N/A	建筑, 0.31~0.58(SHGC)	N/A	0~110V直流电	快	Ghosh 等[67]
		SPD玻璃	SPD玻璃内含多壁碳纳米管	400	1200	3.6	4.2	0.02*	0.06*	N/A, N/A	3	N/A	快	Wu 等[68]

类型	调控参数		技术/产品名称	技术特点	构件 K 值 /[mW/(m·°C)]		墙体 U 值 /[W/(m²·°C)]		构件 R 值 /[(m²·°C)/W]		应用场合及性能提升	开关比	调控方法	响应速度	参考文献 研究者
					最小值	最大值	最小值	最大值	最小值	最大值					
相态变化	圆形热管		热二级板	热二级板内嵌 Z 型 TPCT	62	360	0.57	2.33	0.28	1.61	建筑，0.31～0.58(SHGC)	6	温差驱动	N/A	Varga 等[56]
			WIHP	墙体直接内嵌单根 Z 型 TPCT	245	395	0.65	0.99	0.86^	1.39^	建筑，14%～44%(HIR)	1.61	温差驱动＋阀	N/A	Zhang 等[57]
			WIHP	墙体内嵌 Z 型并联 TPCT	245	531	0.65	1.27	0.64^	1.39^	建筑，13%～25%(HIR)	2.17	温差驱动＋阀	N/A	Zhang 等[60]
			WIHP	墙体内嵌 H 型并联 TPTL	245	567	0.65	1.33	0.60^	1.39^	建筑，8%～32%(HIR)	2.31	温差驱动＋阀	N/A	Zhang 等[61]
	平板热管		FHP	矩形腔体内焊接多条金属丝	N/A	N/A	N/A	N/A	N/A	N/A	N/A，N/A	N/A	N/A	N/A	Wang 等[63]
			PLVTD	矩形腔体带腔壁润湿功能	250	14609	4.34^	6.67^	0.001	0.08	建筑，N/A	58.4	腔壁润湿＋泵	N/A	Pugsley 等[64]

注：1. 当文献中仅给出构件 K 值或 R 值时，"*"表示计算结果是在按照构件厚度为 25 mm 计算得到，"#"表示计算结果是按照围护结构（即玻璃窗）上或构件本身透光围护结构；2. "^"表示计算结果是按照构件本身厚度为 200 mm 计算得到，此时构件仅作为围护结构附加在外围护结构层附在任外围护结构层附加在外围护结构[基底墙体为 200 mm 厚混凝土砌块墙体，K 值为 220 mW/(m·°C)]上或构件本身透光围护结构（即玻璃窗）；2. "#"表示计算结果是按照围护结构厚度为 200 mm 计算得到，此时构件本身即围护结构本身得到，此时构件本身厚度为 200 mm 计算得到；3. "∧"表示内/外侧对流热阻取值均为 0.04 m²·°C/W，"～"表示内/外侧对流热阻取值分别为 0.11 m²·°C/W 和 0.04 m²·°C/W；4. 表中红色字体数据为相关数值的初始计算数据；5. "☆"表示计算结果是按照百叶板材料叶材料取材为 EPS 材料所得，其 K 值为 42 mW/(m·°C)；6. N/A 即 not available，表示"没有"。

2.3 有源保温隔热技术

2.3.1 技术简介

有源保温隔热技术突破了以往依靠建立和增大传热热阻实现建筑保温隔热的技术限制，是一种完全不同于无源 STI 和无源 DTI 的新型保温隔热技术。其核心技术理念是通过积极地利用环境中的自然能源在建筑围护结构中形成室内外热量分割的可控虚拟界面，并通过控制室内热环境与虚拟温度隔绝界面间的温差 ΔT 值来控制围护结构负荷[69]。而自然能源的来源包括了可直接获取的低品位自然冷热源及其间接转化而来的电能、机械能或化学能，因此宏观上可以阻碍或切断热量在围护结构中传播途径的均可以称之为有源保温隔热技术。热激活建筑系统（thermal-activated building system，TABS）是有源保温隔热的具体应用形式，根据工质不同可划分为流体基（空气、水和相变工质）和固体基两种，部分有源保温隔热技术的信息及技术参数参见表 2-3。

2.3.2 基于流体的有源 DTI 技术

（1）空气基热激活建筑系统（Air-based TABS，A-TABS）

A-TABS 的起源最早可追溯至古罗马时期，古罗马人设计并建造出被称为 Murocaust 的主动供热建筑围护结构 [图 2-15(a)][70]。Murocaust 可实现热量品位的梯次利用，虽然高温烟气温度在先后贯穿地板和夹空外墙过程中逐渐下降，但低温烟气依然可以防止室内热量散失并有效提升室内热舒适度。随后，人们逐渐意识到太阳能是一种适于 A-TABS 使用的自然热源。在 IEA 太阳能供热和制冷计划（Task19）的支持下，Hastings 和 Mørck[71] 较早提出一种利用建筑屋顶构件加热空气并将受热空气引入建筑围护结构的系统 [图 2-15(b)]。在针对该项目参与国家不同气候区不同建筑的性能模拟结果显示：当大体量建筑中屋顶集热构件面积与建筑面积之比在 0 ～ 0.5 时，该系统节能量可达 140 ～ 1728MJ/（a·m²）；而当小型居住建筑中屋顶集热构件面积与建筑面积之比在 0 ～ 0.2 时，该系统节能量可达 180 ～ 1980MJ/（a·m²）。尽管在输运过程中存在一定驱动能耗，但该系统在冬季建筑供热能耗削减方面相比 Trombe 墙仍具优势，因为 Trombe 墙通常仅能被建造在能够接收到太阳辐射的立面（阳面），而建筑阴面则无法充分接收并利用这些自然热源。从技术角度来看，自然热源的获取比自然冷源的获取相对简单，因此早期的 A-TABS 主要用于冬季提升室内热舒适度并减少建筑供热能耗。

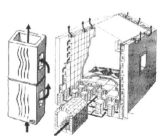

(a) 古罗马Murocaust系统

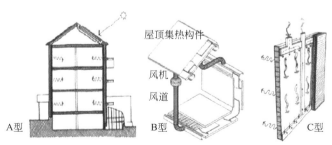

(b) 耦合屋顶集热构件的新型Murocaust系统

图 2-15 空气基热激活建筑围护结构的应用形式（冬季）[70,71]

夏季应用方面，夜间低温空气和地下土壤蕴含冷能是 A-TABS 所需自然冷源的主要来源。Toft 提出一种将浅层土壤换热器和带空气流道的夹芯混凝土墙进行耦合的 Legabeam 建筑系统 [图 2-16（a）] 即是一种典型的 A-TABS[72]。Klijnchevalerias 等 [73,74] 提出了一种被称为对流混凝土（convective concrete）的 A-TABS 技术 [图 2-16(b)]，该技术可利用夜间环境冷能或浅层地热等低品位冷源实现墙体均温储能目的，模拟结果表明：当管道直径为 4cm、管道间距为 8cm 以及空气流量为 0.08m³/s 时，在建筑面积为 25m² 的围护结构中应用该技术可有效降低室内平均温度达 2.0℃。需要注意的是，如果仅单独使用夜间低温空气作为冷源的话，A-TABS 仅适于在一些夏季昼夜温差较大的地区进行应用。

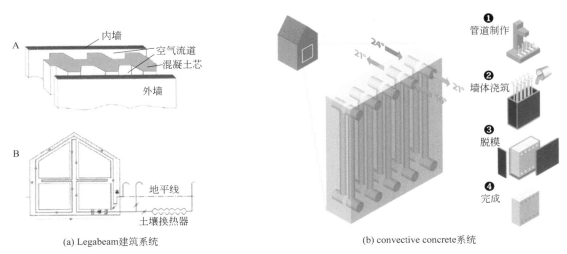

(a) Legabeam建筑系统　　　　　　　　　　　　(b) convective concrete系统

图 2-16　空气基热激活建筑围护结构的应用形式（夏季）[72-74]

除了上述浅层地热等自然冷热源外，建筑在自然通风或机械通风过程中的余热和废热也可用于 A-TABS，常见应用形式即为通风立面，包括排风立面（exhaust air façade，EAF）和送风立面（supply air façade，SAF），因此 SAF 和 EAF 也被视为一种 A-TABS[75]。根据材料和构造形式不同，Imbabi[76] 和 Brown 等 [77] 将通风立面技术又分成渗透型（permeodynamic）和空隙型（parietodynamic）两种，如图 2-17 所示，并给出了二者的动态热阻理论计算公式[76]，如下：

$$R_{\text{permeodynamic}} = \frac{\exp(Z_a \rho_a c_a R_s) - 1}{Z_a \rho_a c_a} \tag{2-1}$$

式中，$R_{\text{permeodynamic}}$ 是渗透型通风立面的动态热阻，℃/W；Z_a 是流量，m³/s；ρ_a 是密度，kg/m³；c_a 是比热容，kJ/(kg·℃)；R_s 是渗透型通风立面的静态热阻，℃/W。

$$R_{\text{parietodynamic}} = \frac{(T_i - T_o)NR_o}{(M - T_o)(e^{-N} + N - 1)} \tag{2-2}$$

$$M = \frac{R_o T_i + R_i T_o}{R_o + R_i} \tag{2-3}$$

$$N = \frac{R_o + R_i}{Z_a \rho_a c_a R_o R_i} \tag{2-4}$$

式中，$R_{parietodynamic}$ 是空隙型通风立面的动态热阻，℃/W；T_i 和 T_o 分别是室内外空气温度，℃；R_o 是气流通道界面与室外界面之间的热阻，℃/W；R_i 是气流通道界面与室内界面之间的热阻，℃/W。

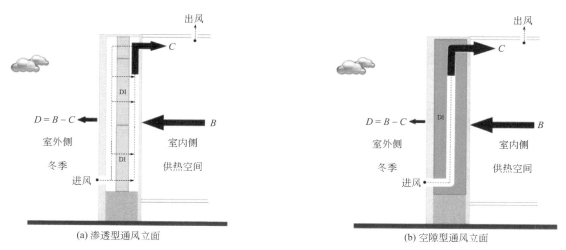

图 2-17　渗透型和空隙型通风立面原理与构造示意 [76,77]

B—通过墙体内表面散失的热量；C—通过通风系统回收的热量；D—通过墙体外表面实际散失的热量；DI—dynamic insulation，动态保温

近年来针对渗透型通风立面又称呼吸墙（breathing wall，BW）的研究受到了持续关注 [78-80]。普通建筑通常对气密性要求比较严格，空气渗透会增大建筑热损失。考虑到室内空气质量原因，为确保建筑使用人员舒适性，建筑又不能完全封闭。因此，BW 为解决上述两个相互冲突的问题提供了潜在的突破机会。人们很少考虑气流对建筑围护结构传热的影响，但对于围护结构中部分或全部由多孔材料构成的建筑物来说，现有研究已表明了空气泄漏和围护结构间会发生显著热耦合作用，从而可以改变围护结构的传热特性。具体而言，当空气从室外流经多孔介质并再返回室外时，围护结构热阻将会下降；而当空气从室外流经多孔介质后直接流入室内时，围护结构热阻在特定条件下将会上升，即热传导和热对流产生的热负荷将会低于由于"正常"渗透损失加上传输损失而产生的热负荷。

BW 不仅可起到高效颗粒过滤器的作用，同时也可以起到热交换器的作用。Dalehaug[81] 的研究表明，住宅建筑中大约 50% 的热损失可通过 BW 系统进行回收。Zhang 等 [82-84] 在夏季典型日对 BW 的动态保温能力进行了研究，结果表明：当多孔材料厚度为 30 ～ 50mm、空气渗出率维持在 0.3 ～ 0.5cm/s 时，BW 的 U 值可低于 0.1W/（m² · ℃），内表面冷负荷可由 8.01W/m² 降至 0.01W/m²，与普通砖墙和外保温墙体相比分别下降 84.7% 和 67.0%。虽然 BW 可起到降低负荷作用，但该技术本身也存在一定局限，如冬季随着室外空气渗入量增加，墙体内表面辐射温度会逐渐下降，最终引起室内热舒适度以及回收热量下降 [85,86]。对此，Gan[85] 指出：可以通过在建筑物外表面添加玻璃罩并利用太阳辐射得热提升室外进风侧空气温度，并且也可以通过间接引入来自热回收机组的新风替代直接引入室外空气的方式解决内表面辐射温度过低的问题。Craig 和 Grinham[86] 通过在 BW 内表面附加循环低品位热源的一体化超薄换热器提升了室内出风侧空气温度，有效减少了建筑物热损失。Murata 等 [87] 通过周期性切换处于相邻房间分割墙体位置处的风机方向，使得任一侧的 BW 都可在室外空气渗入和室内空气渗出模式下交替进行，如此可避免以往 BW 长期处于单一渗入模式或渗出模式下内表面温度冬季过低或夏季过高问题，有效改善了 BW 的热舒适性以及节能效果。

相较于渗透型通风立面，目前国内外对于空隙型通风立面的相关研究和应用案例还较少。Imbabi[76] 对空隙型通风立面的动态保温性能进行了模拟研究，结果表明：当空气流量达到 1L/（m²·s）时，可将围护结构 U 值降低 50%，相当于可减少 50% 的传统保温材料厚度。为评估空隙型通风立面的实际性能，Fantucci 等[75] 对空隙型 SAF 和 EAF 分别进行了实验检测，结果表明：根据空气流量不同，SAF 可以实现 9%～20% 的预热效率；而对于 EAF，实际测得的热损失减少为 43%～68%。研究人员也同时指出，这里的 SAF 似乎没有显示出预期的显著效果，这是因为所进行的稳态实验活动忽略了太阳辐射的关键作用，如果考虑太阳辐射的叠加效应，预热效率可以进一步得到提升。

（2）水基热激活建筑系统（water-based TABS，W-TABS）

水是另一种常用于热存储和热输运的流体介质，密度和比热容明显高于空气，因此使用水作为工质通常更加高效，有关 W-TABS 的研究和应用也更多。W-TABS 主要有嵌管式、水膜式和蒸发式三种常见形式，其中人们对嵌管式 W-TABS 展现出了极大兴趣，这一技术也被称为主动式内嵌管建筑围护结构。

嵌管式 W-TABS 中一般将流体管道一体化嵌入结构层或安装在结构层内外两侧。为了在长期有效传输热量的同时防止流体泄漏，嵌管式 W-TABS 对管材要求较高，常用管材有高密度聚乙烯（HDPE）和高密度聚丁烯（HDPB），也可使用经过防腐蚀处理的铜管或钢管。Krzaczek 和 Kowalczuk[88] 将 U 型 HDPE 管嵌入外墙结构并通过控制流量和水温的方式在外墙中形成了一个全年温度近似恒定的热屏障（thermal barrier，TB）。研究表明：与传统外墙相比，TB 可减少至少 3 倍的建筑供暖和制冷能耗，而在满足被动房标准的建筑中应用 TB 时可将年供热和通风需求降低至几乎为零。Meggers 等[89] 提出了一种用于削减或消除自身冷/热负荷的主动式低㶲地热保温系统（active low exergy geothermal insulation systems，ALEGIS），如图 2-18（a）所示。ALEGIS 的嵌管层由流体管道和砂浆共同构成，外侧覆盖灰泥薄层，同时在水泵驱动下整个系统由地埋换热器（ground heat exchanger，GHE）提供低品位冷热源，最终使墙体保持近似恒温状态。稳态分析结果表明：在 -10℃ 的设计温度下，6cm 厚的 ALEGIS 性能与 11cm 厚的静态保温一致，在相同厚度条件下可减少年电力需求和㶲输入约 15%。Zhou 和 Li[90] 采用了计算流体力学（computational fluid dyanmics，CFD）方法对 W-TABS 的热性能进行了模拟研究，并对水温、流量和埋管位置影响进行了评估。结果表明：在制冷季节可减少冷负荷 13%，在供暖季可减少热损失 33%。Kisilewicz 等[91] 在一栋实体建筑中对 W-TABS 直接耦合 GHE 的系统运行效果进行了分析，结果表明：与静态保温相比，围护结构热损失平均减少 63%，寒冷期的最小降幅大于 50%，最大瞬时降幅可达 81%。

以上介绍了大管径埋管在 W-TABS 中的广泛应用，Yu 等[92,93] 将小管径毛细管网应用在了 W-TABS 中 [图 2-18(b)] 使得流体管道与嵌管层接触面积得到大幅提升，对水温的要求也随之得到放松。分析表明：嵌管层热特性主导 W-TABS 的热工性能，实际应用中应重点考虑水温和嵌管层位置影响；当水温设为室内空气温度时，围护结构冷负荷几乎为零；当嵌管层靠近室内侧时，墙体内表面温度变化最小，可提供最佳的室内热舒适性；与水温变化相比，流量变化对墙体热特性影响很小。Mikeska 和 Svendsen[94] 研究了高性能混凝土夹心墙板和毛细管网（位于内板）组成的 W-TABS 在采暖和制冷工况下的热特性，包括温度分布、内表面热流以及墙体外表面热损失。针对水温、管间距和内板厚度的参数化研究结果表明：采用低品位能源（与室内温差保持在 1～4℃ 范围）即可满足建筑采暖或制冷需求，同时还能为居住者创造更加舒适的室内热环境。作为主动建筑节能和改善室内热环境设计的一部分，Jobli 等[95] 设计了一种将毛细管网嵌入 PCM 的新型墙板和吊顶，同时研究人员还开发出一种有望与建筑能耗模拟软件集成的简化数值模型以便更好地在设计阶段了解该系统的节能潜力。

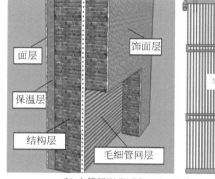

(a) 大管径W-TABS(ALEGIS)　　　　　　(b) 小管径W-TABS(active tuning wall)

图 2-18　水基热激活建筑围护结构（嵌管式）[89,92,93]

为解决 W-TABS 难以在既有建筑节能改造中应用的弊端，Simko 等[96] 将管道与预留有管槽的外墙保温板结合提出了 W-TABS 预制保温板的概念，包括既有建筑在内的所有建筑仅需在外墙上安装该预制保温板即可应用 W-TABS。同时，研究人员还借助实验和模拟手段研究了上述预制保温板的应用效果，结果表明：当预制保温板用作 TB 时，围护结构热损失可显著下降；而当预制保温板用于空间供热时，由于管道与保温层的接触热阻较大，供热能力相比将管道布置在结构层或内抹灰层的方案分别下降 50% 和 63%，因此实际应用中需要在管道与管槽间接触界面上涂抹导热材料。针对冷却性能的研究结果表明：管道安装在内抹灰层具有更高的冷却能力和响应速度；嵌入结构层或置于内抹灰层则可利用结构层蓄热特性减少运行时间，并且有利于将运行时间段转移至低谷电力时期。

运行调控对 W-TABS 影响尤为关键，Krzaczek 等[97] 提出了一种模糊逻辑运行控制方法使得 W-TABS 的注 / 排热过程可与负荷动态变化相匹配，并通过对一栋应用 W-TABS 的两层住宅开展实测验证了该方法的高效性。冬季和夏季水温分别设为 25.3℃和 20.5℃时，全年建筑室温日变幅度化小于 0.8℃。Romani 等[98] 在西班牙德莱达建造并对比实测了 W-TABS 耦合地源热泵（ground-source heat pump，GSHP）系统的实际性能，结果表明：在 22℃的室内设定温度和连续运行条件下，目标建筑相比参照建筑可节省 20.0% ～ 40.7% 的能耗；虽然 W-TABS 的响应速度较慢导致其不适合按照建筑实际使用时间进行运行控制，但其可以利用自身的峰值负荷转移能力将运行时间段调整到夜间低能源成本时段[99] 或日间可以利用 PV 板进行发电的时段[100,101]。此外，研究人员还对室内外热扰影响进行了研究，结果表明：持续运行过程中钻孔与室温差值会逐渐缩小，这将导致系统冷却能力和整体效率出现衰减，甚至可能造成目标建筑在内部负载较高时出现能耗反而高于参照建筑的结果，而间歇运行可有效恢复钻孔温度，提高系统的平均冷却能力和总效率。

除了既可提供自然冷热源又可提供人工跨季节蓄能的浅层土壤外，W-TABS 在不同季节所需的高温冷水和低温热水还可来自冷却塔、空气源热泵、太阳能集热器等[102]，如图 2-19(a)所示。Shen 和 Li[103,104] 提出了一种利用空气源热泵作为低品位热源来源的 W-TABS 方案，研究表明：以北京地区为例，采用 W-TABS 可削减 84% 的内表面传热，而外表面传热损失仅增加 18%；同时，水温对 W-TABS 的性能影响较大，水温与环温接近时技术经济性相对更好。随后，研究人员又将 W-TABS 与遮阳构件一体化结合并应用于双层玻璃幕墙[105,106]。研究表明：供暖季，内嵌管式幕墙应用于北京、上海和广州时的节能率分别可达 16.8%、20.2% 和 55.9%；随着峰值负荷的降低，HVAC 所需安装容量也可实现大幅下降，如上海可降 40.7%。考虑到冬季照射到南墙的太阳辐射无法传导至室内从而得到有效利用，Ibrahim 等[107,108] 通过在建筑围护结构中预埋闭式水循环管路［图 2-19（b）］，将南墙外表面吸收的太阳能辐射得热输送至北墙以降低供暖季建筑热损失，并研究了气候区、运行和设计等参数影响。研究表明：该 W-TABS 的应用效果受气候区影响较为明显，在地中海地区或较冷地区应用效果最佳。

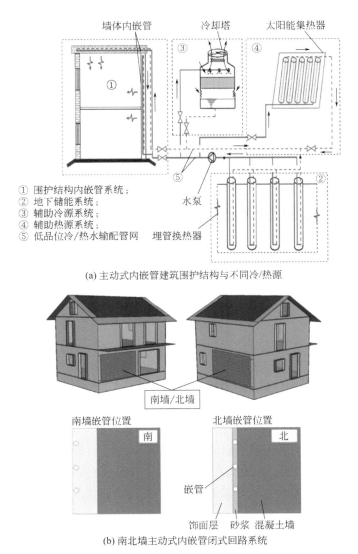

① 围护结构内嵌管系统；
② 地下储能系统；
③ 辅助冷源系统；
④ 辅助热源系统；
⑤ 低品位冷/热水输配管网

(a) 主动式内嵌管建筑围护结构与不同冷/热源

(b) 南北墙主动式内嵌管闭式回路系统

图 2-19 水基热激活建筑围护结构（嵌管式）的不同冷热源来源[102,108]

除了上述有关性能和控制等方面的研究外，Zhu 等[109,110] 针对 W-TABS 的传热过程提出了一系列的热特性分析模型，包括频域有限差分、半动态简化和动态简化等。最近，Yan 等[111]

又提出了一种将嵌管周边区域替换为 PCM 的复合墙体并与夜间太空辐射制冷相结合以实现自激活排热目的，研究表明：新型复合墙体的内表面温度相比普通墙体平均降低 1.6℃，整个制冷季的冷负荷和节能率分别下降和提升 54.2% 和 23.4%。Samuel 等[112]认为 TABS 的相关设计参数对室内热舒适影响机制尚不清楚，因此在印度钦奈实验研究了安装朝向含面积、遮阳、自然通风和机械通风对 W-TABS 性能的影响，结果表明：相比室外平均气温，仅屋顶安装时，平均室温为 33.1℃（下降 0.3℃），室内热舒适度极低；而当 6 个朝向全部安装后，平均室温降至 29.2℃（下降 2.0℃），全天大部分时间的热舒适度得到明显改善。目前，W-TABS 在平面围护结构中的应用和研究较多，在曲面建筑中则很少见到相关的研究和报道。Lydon 等[113]将 W-TABS 应用在了一栋具有轻质曲面建筑表皮的产能建筑中并用于解决该建筑的环境调控需求，如图 2-20 所示。为了进一步提高该建筑在全生命周期内的能量特性，研究人员利用数字镜像手段将建筑中所安装传感器获得的监测数据与模拟数据进行链接，提出了一种基于不同精度模拟和参数化的多功能曲面建筑表皮设计方法[114]。

(a) Hilo的建筑外观

(b) Hilo曲面屋顶中的循环管道布置

(c) 局部1∶1实体模型

图 2-20　水基热激活曲面建筑围护结构（嵌管式）[113,114]

有别于使用流体管道进行热量迁移，Chow 等[115]提出了一种水膜式激活建筑围护结构，直接利用玻璃幕墙作为流体流动的通道，从而实现了依靠主动吸收太阳辐射达到降低室内太阳辐射得热的目的［图 2-21(a)］。相比其他类型窗户，水膜窗具有成本低、易获得和对红外辐射不透明度高等诸多优点，同时也可作为建筑热水来源或预热使用。Gillopez 等[116]对普通中空双玻和同配置下的水膜窗进行了对比，结果表明：在中空双层窗中循环水的条件下，实验舱温度可下降约 40%，年减少供热和制冷能耗约 18.3%；同时，水膜窗还可减少约 90.3% 的建筑所需集热器面积。为进一步提升水膜窗在夏季应用中的实际效果，Gonzalo 等[117]将该系统与 GHE 连接并利用地下浅层地热降低玻璃幕墙温度［图 2-21(b)］，在夏季条件下将空调负荷削减了 40%。Li 等[118,119]进一步考虑了水膜窗在双向性气候区的应用问题，并在上述水膜窗基础上提出了双层水膜窗。其中，外层水膜起到太阳能集热器作用，内层水膜则与浅层地热系统结合以维持室温稳定，内外层之间通过空气间层隔开起到缓冲作用。模拟结果表明：双层水膜窗的集热效率为 21.3% ～ 28.8%，按双层水膜窗面积计算，内层水膜的年辅助供热和制冷能力分别可达 64.8kW·h/m² 和 174.3kW·h/m²。

嵌管式和水膜式 W-TABS 均利用了水的显热进行热量迁移，蒸发式 W-TABS（也称蒸发

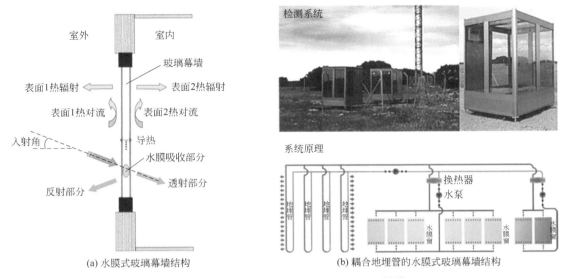

(a) 水膜式玻璃幕墙结构　　　　　(b) 耦合地埋管的水膜式玻璃幕墙结构

图 2-21　水基热激活建筑围护结构（水膜式）[115,117]

冷却墙）则利用水的潜热进行能量迁移[120]。该技术通常具有空气通风间层结构和喷雾系统[图 2-22(a)]，空气通风间层中靠近内侧的吸湿层借助喷雾系统可被充分润湿，并在与室外连通的自然通风条件下通过水分蒸发带走热量[121,122]。如此，夏季可有效防止室内过热，而冬季系统停止工作时也具有良好保温性能；在与室内连通时，还可为室内提供新鲜湿润的凉爽空气[图 2-22(b)][123,124]。

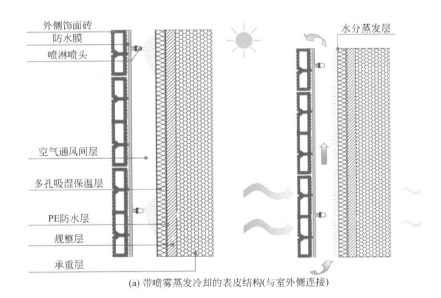

(a) 带喷雾蒸发冷却的表皮结构(与室外侧连接)

图 2-22

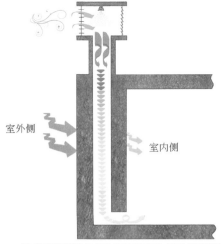

(b) 带喷雾蒸发冷却的表皮结构(与室内侧连接)

图 2-22 水基热激活建筑围护结构（蒸发式）[121-124]

2.3.3　基于固体的有源 DTI 技术

虽然流体基 TABS 的优势较为突出，但也不可避免地存在驱动能耗高、运行噪声大以及需要充注大量工质等劣势。Prieto 等 [125] 认为热电模块（thermoelectric module，TEM）作为一种紧凑型"固体热泵"可通过直接输入电能进行能量转化，因此通过模块化封装方式可将 TEM 集成在建筑立面中进行室内外环境间的热量迁移和调控。为探索近零能耗建筑整体能源性能改善的创新解决方法，Ibanezpuy 等 [126] 提出了一种通风式主动热电墙（ventilated active thermoelectric envelope，VATE），如图 2-23 所示。夏季，VATE 中的 TEM 可将室内多余热量"泵"至外侧通风空腔中，然后借助自然或机械通风将这些热量排到室外；而冬季，封闭空腔中的空气吸收太阳辐射后升温，随后 TEM 则将空腔中热量传递到室内环境中。为了解其全年能量特性，研究人员还在西班牙 Pamplona 建造了一个南墙立面包含有 20 个制冷能力可达 51.4 W 的 TEM 的原型系统，结果表明：在 7.2 ～ 12 V 的可变电压条件下工作，VATE 的（coefficient of performance，COP）范围为 0.66 ～ 0.78。

(a) 安装通风热电墙的实体建筑

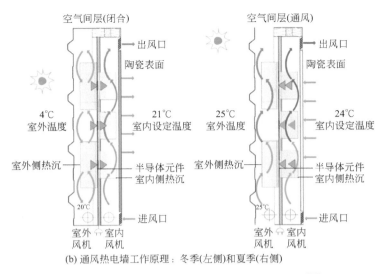

(b) 通风热电墙工作原理：冬季(左侧)和夏季(右侧)

图 2-23　基于热电墙的固体基热激活建筑围护结构[126]

　　然而，该技术也存在明显的不足之处，通常需要消耗常规电力来控制表面温度[141]。Khire 等[127] 提出了另一种耦合 PV 发电的光伏热电围护结构（building integrated photovoltaic thermoelectric envelope，BIPVTE），BIPVTE 同时结合了 BIPV 和 VATE 的主要优点，使得围护结构从以往能源消费节点转变为能源生产节点。目前，固体基热激活建筑围护结构也主要是指 BIPVTE，典型墙体[128-130] 和窗体[131-133] 应用如图 2-24 所示。BIPVTEW 的保温隔热能力主要取决于 TEM 的效率，即固定电势差下半导体材料对应产生的温差大小（反之亦然），这一性能通常用无量纲的热电优值（thermoelectric figure of merit，ZT）表征。相关研究表明，使用已商业化并且 ZT 值范围为 1.0 ～ 1.2 的热电材料可使 TEM 的 COP 值达到 1.0 ～ 1.5[125]。当热电材料 ZT 值达到 2 以上时，TEM 将具有一定的市场竞争力和应用价值。对于热电制冷来说，COP 和冷却功率间存在一种权衡，两者间的平衡被认为是最佳运行条件[125]。

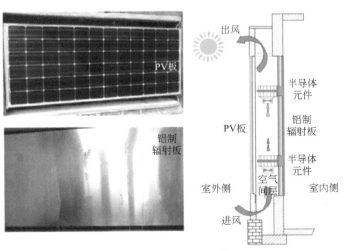

(a) 光伏热电墙实物及剖面构造

图 2-24

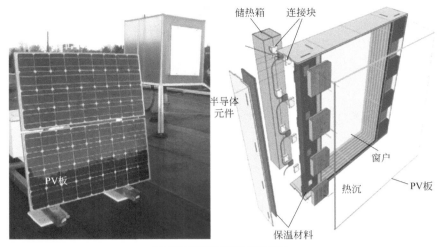

储热箱 连接块

半导体元件

窗户

热沉

PV板

保温材料

PV板

(b) 光伏热电窗实物及剖面构造

图 2-24 基于光伏热电墙的固体基热激活建筑围护结构 [128,131]

当前，不同 BIPVTEW 研究团队所使用 TEM 的 COP 范围为 0.5～2.5。Liu 等 [128] 提出了集热电辐射冷却和光伏发电技术于一体的新型太阳能墙体技术，即主动式太阳能热电辐射墙系统（active solar thermoelectric radiant wall，ASTRW）。研究人员搭建了尺寸为 1580mm×810 mm 的实验检测系统，结果表明：PV 板安装角度分别为 90°和 60°时，ASTRW 的内表面温度要比参照房间分别低 3～5℃和 3～8℃，这也证明了 ASTRW 具有利用自然能源控制建筑围护结构热通量和降低 HVAC 系统需求的能力；当 TEM 冷热侧温度分别为 18℃和 30℃时，ASTRW 的 COP 值可达 2 左右。为深入研究 BIPVTEW 的整体热工性能，Liu 等 [129,130] 又建立了该系统的数学模型并给出了解析求解方法，结果表明：空气间层厚度的影响可以忽略不计，室温越高、保温层越厚、热导率越小，系统的热工性能均会有不同程度的改善，其中室温影响最为明显。当保温层厚度和热导率分别为 0.1～0.2m 和 0.05～0.1W/（m·℃）时，系统总效率和最高瞬时热效率分别达到 0.7 和 1.8 左右。结果表明：与传统墙体相比，BIPVTEW 复合墙体的日总热增量和最大瞬时热增量分别减少 70% 和 180% 左右。Xu 等 [131-133] 将 TEM 与窗户围护结构相结合提出了光伏热电窗并进行了实验和模拟研究，结果表明：TEM 的 COP 在冬夏季分别可达 1.4 和 2.5，在扣除自身冷热损失后，含有 8 个 TEM 的光伏热电窗的有效供冷和供热效率为 0.56 和 0.39。

表2-3 有源保温隔热技术的相关信息及技术参数（部分）

类型	技术名称	国家/地区·机构	建筑	可再生能源及低位能能源应用	冷/热源温度	室内温度	输配系统	控制参数	应用效果	参考文献研究者
	Murocaust	古罗马	N	低位烟气余热	N/A	N/A	无	T_o	HL 利热舒适度明显改善	Florides 等 [134]
	改进 Murocaust	瑞士·苏黎世联邦理工	N	低位太阳能	N/A	N/A	F	T_s/I	大型/小型建筑 ES：140～1728MJ/(a·m²)/180～1980 MJ/(a·m²)	Hastings 等 [71]
	Legabeam	N/A	N	浅层地热能	T_g	N/A	F	T_o	N/A	Toft 等 [72]
	Convective Wall	荷兰·代尔夫特理工	N	环境冷能/浅层地热	T_i/T_g	24	F	Z_a	夏季 T_i 平均降 2.0℃	Witte 等 [73,74]
	空隙型通风墙	意大利·TEBE 集团	B	建筑热损失或废热	T_i	N/A	F	Z_a	HRE(SAF)：9%～20%，HLRR(EAF)43%～68%	Fantucci 等 [75]
气体基	空隙型通风墙	英国·阿伯丁大学	N	建筑热损失或废热	20	20	无	ΔP	冬季 U_{Sim}：0.11～0.14 W/(m²·℃)，降 65%～73% 夏季 U_{Sim}：0.25～0.30 W/(m²·℃)，降 28%～35%	Imbabi 等 [76,135]
	空隙型通风墙	中国·上海交通大学	N	建筑热损失或废热	T_i	32/15	F	ΔP	冬季/夏季 ES 为 30kJ/(h·m²)/18kJ/(h·m²)	Feng 等 [136]
	渗透型纤维板墙	英国·阿伯丁大学	N	建筑热损失或废热	15	15	无	ΔP	冬季 U_d/U_s 为 9.5×10⁻⁸～0.89，U_d 为 1.7×10⁻⁸～1.34 W/(m²·℃)	Imbabi 等 [137]
	渗透型纤维板墙	意大利·那不勒斯大学	N	夜间环境冷能	15	26	F	ΔP	换气时长 1h 时，夏季 Ti 最高降 3%～7%	Ascione 等 [138]
	渗透型纤维板墙	意大利·马尔凯理工	N	建筑热损失或废热	20	20	F/P	ΔP	冬季 U_d 为 0.11～0.23W/(m²·℃)，U_s 为 0.23～0.32 W/(m²·℃)，最高降幅达 50%	Giuseppe 等 [139]
	渗透型纤维板墙	希腊·环境部	N	建筑热损失或废热	22	22	F	ΔP	N/A	Dimoudi 等 [140]
	渗透型呼吸墙	英国·阿伯丁大学	B	建筑热损失或废热	N/A	N/A	无	ΔP	冬季：U_d 为 0.01～0.21W/(m²·℃)，TtE 降 10%～30%	Imbabi[141]
	渗透型呼吸墙	英国·阿伯丁大学	N	建筑热损失或废热	N/A	N/A	无	ΔP	λ_e：0.7～1.4W/(m·℃)，降幅>50%	Imbabi 等 [142]
	渗透型呼吸墙	意大利·米兰理工	N	建筑热损失或废热	15	15	F	ΔP	最佳流速下，冬季 ESR 为 9%～14%	Alongi 等 [78,79]
	渗透型呼吸墙	美国·科罗拉多大学	N	建筑热损失或废热	21	21	F	ΔP	冬季 HL 和 IL 降 20%	Krarti 等 [143]

类型	技术名称	国家/地区·机构	建筑	可再生能源及低品位能源应用	冷/热源温度	室内温度	输配系统	控制参数	应用效果	参考文献·研究者
	渗透型呼吸墙	N/A	N/A	建筑热损失或废热	N/A	N/A	F	ΔP	冬季 HL 降幅可达 50%	Dalehaug[81]
	渗透型呼吸墙	加拿大·康考迪亚大学	N	建筑热损失或废热	20	20	无	ΔP	冬季 HL 和 IL 降幅 18%	Qiu 等[144]
	渗透型呼吸墙	法国·拉罗谢尔大学	N	建筑热损失或废热	25	25	无	ΔP	冬季 HRE 为 64.3%	Tallet 等[145]
气体基	渗透型排风呼吸墙	中国·华中科技大学	B	空调排风	25	25	F	ΔP	夏季：CE 最高降 84.7%；多孔层增至 50mm，Z_a 为 3 mm/s，$U<0.1W/(m^2 \cdot ℃)$，CE≈0	Zhang 等[146,147]
	渗透型送风呼吸墙	英国·诺丁汉大学	N	建筑热损失或废热	T_i	N/A	F	ΔP	HRE 设为 50% 时，冬季 T_i 升高 1.8℃	Gan 等[85]
	改进型渗透呼吸墙（周期性换向）	日本·北海道研究所	N	建筑热损失或废热	20	20	F	ΔP	Z_a 为 10～20m³/(h·m²) 时，分别降 HL 和 IL 90% 和 22%～30%	Murata 等[87]
	改进型渗透呼吸墙（超薄换热板）	美国·哈佛大学绿色建筑与城市中心	N	建筑热损失或废热	N/A	N/A	F	ΔP	N/A	Craig 等[86]
	Spong3D	荷兰·代尔夫特理工大学	N	环境冷能 / 太阳能	7.5～22.5	24	P	q_w	N/A	Witte 等[73,74]
	Thermal Barrier	波兰·格伯克工业	N	太阳能 + 浅层地热	7.9～25.3/15.1～20.5	19/21	P	T_w	冬季和夏季 T_i，日波动最大值为 0.8℃	Krzaczek 等[88]
	Thermal Barrier	波兰·格伯克工业	N	太阳能 + 浅层地热	17～20	17～20	P	T_w	T_w 为 17℃，TtE 减 3 倍或被动房 HVE≈0	Krzaczek 等[88]
液体基	Thermal Barrier	NUS-ETH 联合中心	B	浅层地热	10	20	P	T_w	6cm 可同 11cm 标准保温，GSHP 年电耗降 15%	Meggers 等[89]
	Thermal Barrier	波兰·克拉科夫工业	N	浅层地热	12～23	21/25	P	T_w	夏季/冬季 U 为 0.15 和 0.05～0.07W/(m²·℃)	Kisilewicz 等[91]
	主动武嵌管墙	中国·兰州大学	N	N/A	28+4/15±3	24	P	T_w	夏季 HG 降 13%，冬季 HL 降 33%	Zhou 等[90]
	主动式嵌管墙（毛细管网）	美国·内布拉斯加大学林肯分校	B	N/A	18～24	24	P	T_w/q_w	夏季：峰值 HG 由 21.5 W/m² 降至 0.23～-22.4 W/m²，降幅 98.9%～204.2%	Yu 等[92,93]
	主动式嵌管墙（毛细管网）	丹麦·丹麦技术大学	B	N/A	21～24/18～22	20/26	P	T_w	冬季/夏季 ΔT_{i-max} 为 0.35℃/0.62℃；T_w 升 2℃，HC 增 2 倍，CC 降 60%	Mikeska 等[94]

类型	技术名称	国家/地区·机构	建筑	可再生能源及低位能源应用	冷/热源温度	室内温度	输配系统	控制参数	应用效果	参考文献 研究者
液体基	主动式嵌管墙（毛细管网+PCM）	英国·雷丁大学	B	N/A	5~15	N/A	P	T_w/q_w	N/A	Jobli 等[95]
	主动式嵌管墙	波兰·格但斯克工业	B	N/A	20或25~40	20	P	T_w	TB: 水温 20℃，当量 U_{TB} 为 0.15W/(m²·℃)；SH: 水温 30℃，当量 U_{SH} 为 -0.27W/(m²·℃)	Simko 等[96]
	主动式嵌管墙	西班牙·莱里达大学	N	地源热泵	<40	22~26	P	T_w/t	夏季 ΔT_{i-max} 为 0.5℃，HE 降 20%~41%	Romani 等[98]
	主动式嵌管墙	西班牙·莱里达大学	N	地源热泵	20	22~26	P	T_w/t	夏季 T_i 为 24℃/26℃，CE 增/降 20%	Romani 等[98]
	主动式嵌管墙	中国·清华大学	N	太阳能/浅层地热等	T_{wb}	26	P	T_w	夏季 U 为 -8.04~-1.12 W/(m²·℃)，HG 降 61.0%~305%	Shen 等[104]
	主动式嵌管墙	中国·清华大学	N	太阳能/浅层地热/冷却塔等	16~26	20	P	T_w	冬季 T_w 为20℃，北京地区 U为0.09W/(m²·℃)，不同地区 U 降 0.04~1.17W/(m²·℃)，HL 降 78%~84%	Shen 等[103]
	主动式嵌管墙	法国·PSL 研究大学	B	南墙太阳能	N/A	19	P	I	地中海地区：HE 年降 28%~43%(N)/15%~20%(B)；其他地区：HE 年降 60%~88%，北墙 HL 年降 6%~26%，北墙 HL 年降 20%~50%	Ibrahim 等[108]
	主动式嵌管墙	中国·华中科技大学	N	太阳能/浅层地热/冷却塔等	15~19 19~23	16~18	P	T_w/q_w	冬季 T_w 为 18℃，U 为 0.06W/(m²·℃)；夏季 T_w 为 18~21℃，U 为 -0.07~0.42W/(m²·℃)	Zhu 等[102]
	主动式嵌管墙	印度·马德拉斯学院	N	冷却塔	T_{wb}	N/A	P	q_w	T_{i-avg}/T_{MRT} 相比，可降 2℃/3.2℃	Samuel 等[112]
	主动式嵌管墙	瑞士·苏黎世联邦理工	N	跨季节储能	29~41	18~24	P	T_w	h_i 为 8W/(m²·℃)，U 为 -3.69~-0.63W/(m²·℃)	Lydon 等[114]
	水膜式玻璃幕墙	西班牙·马德里高等建筑学院	B	太阳能	21	21/25	P	T_i	冬季 HE 年降 20.8%，夏季 CE 年降 13.1%，全年 TtE 降 18.3%，集热器面积降 90.3%	Gillopez 等[116]

类型	技术名称	国家/地区·机构	建筑	可再生能源及低品位能源应用	冷/热源温度	室内温度	输配系统	控制参数	应用效果	参考文献 研究者
液体基	水膜式玻璃幕墙	西班牙·马德里理工大学	B	浅层地热	T_g	N/A	P	q_w/t	夏季典型天空温降17℃，冬季与T_w接近	Gonzalo等[117]
	水膜真空玻璃幕墙	中国·西华大学	B	太阳能/环境冷能	$17\sim21/T_o$	21/25	P	T_w/q_w	冬季HL降55%~59%，夏季HG降42%~44%	Lyu等[148]
	双层水膜玻璃幕墙	中国·深圳大学	B	太阳能/浅层地热等	22.9	20~26	P	q_w	冬/夏季SH/SC为64.8kW·h/m²/174.3kW·h/m²（窗）	Li等[119]
	蒸发式冷却墙	伊朗·塔莫大学	N	太阳能/湿度差	T_{wb}	25~39	P	t	$I\geqslant200W/m^2$，$T_o\leqslant40℃$时，热舒适性佳	Maerefat等[120]
	蒸发式冷却墙	意大利·马尔奇理工大学	B	太阳能/湿度差	T_{wb}	N/A	P	t	T_i为22~27℃，降3~6℃，Q_i降3~4W/m²	Naticchia等[121,122]
	蒸发式冷却墙	美国·科罗拉多大学	N	湿度差	T_{wb}	24.5	P	t	T_m为45℃时，T_{out}最低25.5℃，降19.5℃	Alaidroos等[123,124]
固体基	光伏热电墙	中国·湖南大学	N	太阳能	16~26	25±2	F	I	夏季，T_i降3~8℃，U为-3~-1.2W/(m²·℃)	Liu等[128]
	光伏热电通风墙	中国·湖南大学	N	太阳能	22~29	20~28	F	I	夏季，HG日降达70%，瞬时COP为0.7~1.8	Liu等[149]
	光伏热电墙	马来西亚·国油科技大学	B	太阳能	5~13	24	F	I	夏季COP为0.68~1.15，CE节省478kW·h/(a·m²)	Irshad等[101]
	热电墙	西班牙·纳瓦拉大学	N	N/A	21/23	21/24~32	F	I	全年COP为0.66~0.78	Ibanezpuy等[126,150]
	光伏热电墙	美国·伦斯勒理工学院	N	N/A	20	20	无	I	夏季COP为1.53	Khire等[127]
	光伏热电窗	美国·伦斯勒理工学院	N	太阳能	12~19/15~28	16/23	无	I	夏/冬季COP为1.4/2.5，利用率0.56/0.39	Xu等[132]

注：N指新建建筑，B指同时适用于新建建筑和既有建筑改造，F和P分别指有源DTI技术使用风机和水泵驱动，N/A表示未指出适用建筑类型。

2.4 围护结构保温隔热方法与技术对比分析

2.4.1 围护结构负荷形成的不同维度解释

经典建筑热物理理论表明，非透光围护结构的热损失或热增益是由室内外温差引起的通过墙体这一物理迁移路径的能量传递结果，计算方法如式（2-5）[151]。这里，室内外热环境之间的能量迁移驱动力是涵盖室内外以及墙体温度场中的温度势差，能量迁移的物理路径则是墙体，而单位时间内能量迁移的总量即为墙体围护结构的冷负荷或热负荷，即 Q_{HL} 或 Q_{HG}。

$$Q_{HL/HG} = UA(T_i - T_o) = UA\Delta T_{i-o} \tag{2-5}$$

式中，Q 为墙体冷/热负荷；U 为墙体传热系数；A 为墙体面积；T_i 为室内设定温度；T_o 为室外环境温度；ΔT_{i-o} 为室内外热环境间的温度差。

墙体冷/热负荷通常被处理成二维问题，即有关围护结构面积（A 值）和围护结构传热系数（U 值）的问题，如图 2-25 所示。因此，当前降低墙体冷/热负荷的工作主要围绕这两个参数的优化展开，例如针对建筑本体采取的设计类措施以不断降低 A 值，应用高性能保温产品的材料类措施以降低墙体 U 值以及同时优化 U 值和 A 值所采取的混合类措施。优化建筑布局、体形系数以及窗墙比等即属于缩小能量物理迁移通道中"物理面积 A 值"的设计类措施，但该措施无法在建筑体量受到限定的条件下大幅缩减 A 值，因此其对墙体冷/热负荷的削减效果并不十分明显。相对于优化 A 值，长期以来调控物理迁移通道的能量传输能力即 U 值一直是降低建筑负荷的重点方向，然而 U 值的不断降低通常伴随着成本大幅上升、空间占用愈发严重以及火灾隐患日益突出等问题，同时过度保温还可能产生季节和气候适应性等潜在问题。

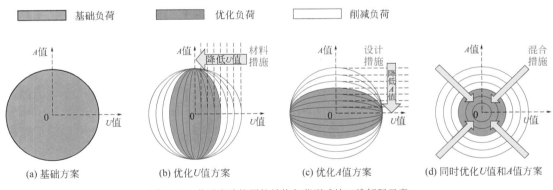

图 2-25　非透光建筑围护结构负荷形成的二维解释示意

实际上，墙体冷/热负荷的形成是一个有关 U 值、A 值和室内外传热温差（ΔT 值）这三个参数的典型三维问题，如图 2-26 所示。因此，除上述减小能量迁移通道的物理面积（A 值）和调控迁移通道的能量传输能力（U 值）的措施外，降低墙体负荷的潜在技术措施还应包括改变物理迁移路径两端的传输温差（ΔT 值）。这里，相对室内热环境而言的"室外"不应仅局限于物理意义上的室外热环境，它也可以是通过各种人为热工分区技术手段在室内外热环境之间创造的"虚拟热环境"或者称为"缓冲热环境"。此时，墙体热损失或热增益是由虚拟热环境和室内热环境温差引起的通过维护结构这一物理迁移路径的能量传递结果，计算方法如式

（2-6）所示。从二维和三维解释角度可以看出，仅采取优化 A 值以及 U 值的措施理论上是无法将墙体负荷降至零的，而优化 ΔT 值则可以完全突破传统墙体负荷恒大于零的传统认知。上述对围护结构负荷形成的二维和三维解释对于未来低能耗建筑乃至产能建筑的设计和发展具有重要的理论和实践意义。

$$Q_{\mathrm{HL/HG}} = UA\left(T_{\mathrm{i}} - T_{\mathrm{VTII}}\right) = UA\Delta T_{\mathrm{i-VTII}} \tag{2-6}$$

式中，T_{VTII} 为虚拟热环境温度；$\Delta T_{\mathrm{i-VTII}}$ 为室内热环境与虚拟热环境的温差。

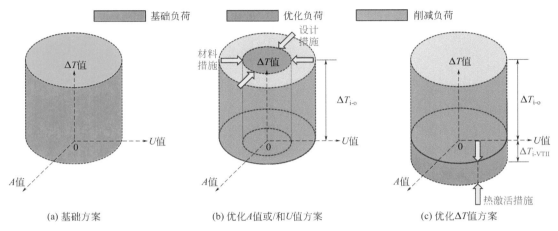

图 2-26　非透光建筑围护结构负荷形成的三维解释示意

2.4.2　不同保温隔热方法与技术对比

前文对无源 STI、无源 DTI 和有源这三种建筑保温隔热技术进行了系统性综述。可以看出：包括 STI 和 DTI 在内的无源保温隔热技术主要涉及能量迁移过程中"迁移路径"的改变对保温隔热性能产生的影响，目的是建立物理意义上的温度隔绝界面；有源保温隔热技术则主要涉及能量迁移过程中"驱动势差"的改变对保温隔热性能产生的影响，最终目的是建立与室内设定温度一致或相比围护结构处于"静态"时同一位置处温度得到改善的虚拟温度隔绝界面（virtual temperature isolation interface，VTII），而围护结构自身热物性参数在此过程中保持不变。表 2-4 分别从 U 值范围及调节比、驱动机制、调控速度、适用性、初始投资、运行费用、安装和维护难度等不同方面对现有不同建筑保温隔热技术进行了对比，并总结了相应的优缺点。

（1）无源 STI 技术

该类技术几乎适用于所有的既有建筑改造和新建建筑，在长期使用过程中也不存在任何驱动能耗，其中的传统类型和再生类型还具备技术简单和安装方便等显著优势，而高性能类型则由于自身具有更低的 R 值使得建筑保温层的空间占用和火灾隐患问题得到了一定程度缓解；然而，由于传统类型和再生类型的产品保温效果一般，从建筑全生命周期来看，保温材料的大量应用必然导致其生产和运输环节耗能巨大，偏离了可持续发展目标，存在"拆东墙补西墙"的问题；同时，在建筑能效要求愈发严格的背景下，大量使用这些技术和产品无疑会进一步凸显空间占用、火灾隐患和长期维护等问题；而高性能类型则由于在长期使用过程中易发生性能衰减并且大部分产品还存在成本高昂的问题，导致其在现阶段难以得到大规模应用；此外，由于无源 STI 所属产品的 R 值不可调控，因此围护结构无法主动调整自身保温隔热性能以适应室外气候环境的变化，一些地区尤其是地处双向性气候区的建筑很可能会因过度保温而产生夏季制冷能耗反而上升的问题，最终导致全年空调能耗的改善效果总体不佳。

（2）无源 DTI 技术

不同技术的适用性有所差别，其中基于载体（整体）密度变化、基于载体（平板 HP）相态变化以及部分基于载体（固体）位置变化的无源 DTI 技术可应用于既有建筑改造，而基于悬浮颗粒变化的无源 DTI 技术目前仅可应用于透光围护结构。无源 DTI 技术的最大优势在于 R 值可调，使得围护结构可以具备更好的气候适应性，适合在供热能耗和制冷能耗均较多的建筑中应用。然而，无源 DTI 技术也存在诸多应用难题，其中基于载体（整体）密度变化的无源 DTI 技术（例如 AVIP）相比无源 STI 技术中的 VIP 板有着更加昂贵的价格以及同样的长期性能衰减问题。基于载体（局部）密度变化的无源 DTI 技术则难以应用于多层及高层建筑且应用会受到墙体朝向的限制并且对建筑立面的美学效果影响较大。基于载体（固体和流体）位置变化的无源 DTI 技术则缺少成熟的建筑应用案例并且需要大量的机械和电力设备驱动运行。基于载体（圆柱 HP）相态变化的无源 DTI 技术虽然自身传热效率极高，但单根或多根圆柱型 HP 的横截面相对于室内外能量迁移路径的总面积过小，整体传热效率会受到较大限制，同时它还会受到太阳辐射强度的影响，运行稳定性较差。而基于载体（平板 HP）相态变化的无源 DTI 技术虽然具有极高的传热效率且同时还具备与 AVIP 技术进行结合的潜力，但该技术相对圆柱 HP 来说较为复杂，也缺少成熟的建筑立面用平板 HP 产品，短期内难以得到推广应用。

（3）有源保温隔热技术

相较于无源 STI 和无源 DTI 技术，有源保温隔热技术是一种在未来具备高度应用和发展潜力的建筑保温隔热技术。理论上，空隙型和渗透型呼吸墙可以回收全部的建筑损失能量并且还具备与室内空气净化进行耦合的功能优势，但墙体内表面辐射热舒适度会随着热回收率的上升而下降，不过改进型技术的相继出现可以有效解决这一问题。除了固体基的热电墙或光伏热电墙外，大部分的流体基有源保温隔热技术尤其是 W-TABS 具有技术简单和 ΔT 值可控等诸多优点。需要指出的是，表 2-4 中有源保温隔热技术的当量 U 值是依据内表面热流和 $\Delta T_{\text{i-o}}$ 值进行转化得到的。

W-TABS 还具备了无源 STI 技术和无源 DTI 技术所不具备的一些优点。

① W-TABS 具备小温差和大面积换热等传热优势，因此可充分利用低品位或可再生能源维持围护结构中 VTII 的稳定，使得 $\Delta T_{\text{i-VTII}}$ 值可以长期维持在较低水平甚至低于零（制冷季）或大于零（供热季）。

② W-TABS 作为 TB 使用时，通过对水温等参数的调控，围护结构的当量 U 值可以被控制在 0 附近，而当进一步降低（制冷季）或提升（供热季）水温等参数时，围护结构的当量 U 值甚至可以降低至零以下并事实上处于"负"负荷状态，此时 W-TABS 起到了辅助供能的作用。在大幅降低建筑高品位能耗的同时，传统 HVAC 的安装容量需求也会随之大幅降低甚至完全消除，内表面平均辐射温度（mean radiant temperature，MRT）和室内热舒适度也可得到大幅提升，最终建筑的运行能耗和初始设备投入等费用将得到大幅降低。

③由于 W-TABS 是通过一体化集成嵌入围护结构内部或内外表面抹灰层等位置，W-TABS 系统除管路进出口外基本没有其他外漏部分，因此建筑师的美学表达不会受到任何影响，因此 W-TABS 拥有极佳的美学价值；同时，在没有外力干预的情况下，W-TABS 很少出现泄漏现象，运行稳定性也较好。

表 2-4　现有不同建筑保温隔热技术的特点及优缺点对比分析

类型	细分类型	U值范围	U值调节比	常见驱动机制	调控速度	适用性	可持续性及程度	空间占用及其程度
静态无源	传统类型	0.41~0.69	不可调节	无需驱动	N/A	新建和既有建筑	大多数 US |***	占用 |***
	高性能类型	0.07~0.63	不可调节	无需驱动	N/A	新建和既有建筑	US |**	占用 |**
	再生能类型	0.53~0.64	不可调节	无需驱动	N/A	新建和既有建筑	US |***	占用 |***
动态无源	基于载体（整体）密度变化	0.11~0.93	8.45	真空泵或吸/脱附	**	新建和既有建筑	S |**	占用 |**
	基于载体（局部）密度变化	0.10~2.00	20	自然对流＋阀门控制	**	新建	S |**	占用 |***
	基于载体（固体）位置变化	0.28~3.57	12.75	电力驱动	*	大多新建，少量既有	S |*	占用 |*
	基于载体（流体）位置变化	0.19~5.26	27.68	电力或温差驱动	*或**	新建	S |**	占用 |*
	基于悬浮颗粒变化	0.50~5.20	10.40	磁场或电场控制	*	目前基本应用于窗户	S |*	不占用 |***
	基于载体（圆柱 HP）相态变化	0.57~2.33	4.09	温差驱动＋阀门控制	*	新建	S |***	不占用 |***
	基于载体（平板 HP）相态变化	4.34~6.67	1.51	毛细或工质泵驱动	*或***	新建和既有建筑	S |***	占用 |**
动态有源	空气基（Murocaust，对流墙等）	$U_{eq} \le U_s$	$-\infty \sim +\infty$	风机（极少无）	**	新建	S |***	不占用 |***
	空气基（空隙型/渗透型呼吸墙）	$0 \le U_{eq} \le U_s$	$1 \sim +\infty$	风机（压差）驱动	**	新建	S |***	不占用 | ~ ***
	水基（thermal barrier）	$0 \le U_{eq} \le U_s$	$1 \sim +\infty$	水泵驱动	**	新建和既有建筑	S |***	不占用 |***
	水基（主动式嵌管墙）	$U_{eq} \le U_s$	$-\infty \sim +\infty$	水泵驱动	**	大多新建，少量既有	S |***	不占用 |***
	水膜式玻璃幕墙	—	—	水泵驱动	**	新建和既有建筑	S |***	不占用 |**
	蒸发式冷却墙	—	—	水泵驱动	*	大多新建，少量既有	S |***	不占用 |**
	固体基（热电/光伏热电墙）	$U_{eq} \le U_s$	$-\infty \sim +\infty$	电力（含 PV）驱动	***	新建	S |***	不占用 | ~ ***

类型	细分类型	初始投资	运行费用	安装难度	维护难度	优点	缺点
静态无源	传统类型	*	***	*	**	技术简单,应用成熟,安装方便	性能一般,占用空间,易燃,寿命低,可持续性低
	高性能类型	** ~ ***	**	* ~ ***	***	性能有所提升,使用量/占用量有所提升,持续性有所提升	存在性能衰减,安装及维护难度上升,部分价格昂贵,可持续性较差
	再生类型	*	***	*	**	技术简单,安装方便,资源循环利用	生产能耗及碳排放高,可持续性差
动态无源	基于载体(整体)密度变化	***	**	* ~ ****	****	U值可控,用量/占用空间较少,适用于供热制冷能耗均较多的建筑	价格较为昂贵,安装及维护难度高,长期使用面临惰性能衰减等
	基于载体(局部)密度变化	* ~ **	*	* ~ ****	** ~	U值可控,无须真空泵及吸附/脱附装置,初始投资相对较低,部分维护过程较为简单	结构相对复杂,对立面影响大,不适用于多层及高层建筑,UFCD和部分BFCD受天气影响大
	基于载体(固体)位置变化	**	**	**	**	U值调控快速,技术相对简单,安装维护难度适中	缺乏建筑上可大规模应用案例,需要耗费电能控制位置变化
	基于载体(流体)位置变化	**	**	**	*	U值可控,技术相对简单,基本不占用使用空间	缺乏建筑上可大规模推广的成熟应用案例,流体循环需要持续费电力
	基于载体浮颗粒变化	**	***	**	**	U值恒定,安装维护过程简单,不占用空间,无机械驱动部件	全部应用在透光围护结构,保温性能相对较差,需要外加磁场/电场控制
	基于载体(圆柱HP)相态变化	**	**	**	**	U值可控,不占用建筑使用空间,初始投资/运行费用以及安装维护难度相对较低	能量传输截面相对墙体过小,无法维持长期稳定性能,仅适用于新建筑
	基于载体(平板HP)相态变化	***	**	**	**	U值可控,能量传输相对面积相对圆柱形热管得到显著提升	技术相对较为复杂,缺乏商用建筑立面用平板热管产品,初始投资相对较高
动态有源	空气基(Murocaust,对流墙等)	**	*	**	**	U值可控,前者可利用烟气余热,减少HVAC容量	前者仅能用于冬季,后者需要持续耗能风机驱动能耗,且日空气携带能量有限,热激活效率低
	空气基(空隙型/渗透型呼吸墙)	**	***	**	****	U值可控,可以与围护结构一体化进行耦合与室内新风过滤结合	内表面温度因热回收而大幅上升或上升,运行过程易堵塞,维护成本相对较高
	水基(thermal barrier)	**	**	**	**	U值可控,对立面美学无影响,不占空间;有利于低品位冷热源的有效利用,室内热舒适度高	完全依赖水泵运送能耗高,运行过程能耗较高,存在一定噪声和振动问题;系统充注大量显热交换工质,面临长期腐蚀,泄漏和防/抗冻等问题
	水基(主动式嵌管墙)	**	*	**	***	U值可控,技术相对简单,与自然通风进行结合,副产热水	不适用于非透明墙体,需要充注大量显热交换工质,面临防冻抗冻问题,对视觉效果有一定影响
	水膜式玻璃幕墙	**	**	**	**	U值可控,可与自然通风进行结合,技术相对较为简单	适用于干燥气候区,应用效果依赖气象参数,长期使用的容易滋生细菌,产生卫生问题
	蒸发式冷却墙	**	**	***	**	U值可控,可与自然通风进行结合,技术相对简单	适用于干湿度较低的容易滋生细菌,产生卫生问题
	固体基(热电/光伏热电墙)	****	*	***	**	"固体"热泵无噪声和振动问题,运行费用较少,可以进行一体化封装和安装	技术尚不成熟,COP效率较低,受天气影响大,BIPVTEW受天气影响高,性能不稳定

注:"*"表示指标程度大小或高低;US 表示不可持续,S 表示可持续,可持续性大小;"固体"表示主要参考生产过程资源消耗、环保性及回收再利用。

2.5　热激活建筑能源系统现有研究的指导意义

2020 年 9 月，中国领导人出席联合国大会时向世界郑重宣布，中国将力争于 2030 年前达到碳排放峰值，并争取在 2060 年前实现"碳中和"目标。具体到建筑部门，"碳中和"目标的实现需要采取一系列有效措施解决建筑能耗总量和碳排放强度。在应对全球气候变化的背景下，大力发展和应用有源保温隔热技术对于降低我国建筑部门能耗和碳排放具有重要意义，对于促进建筑科学尤其是建筑技术科学发展也具有重要的理论和实践价值。有源保温隔热技术尤其是 W-TABS 可利用低品位或可再生能源（环保价值）隔绝室外气候对室内环境的影响，同时还具备了优良的节能潜力（经济价值）和设计隐蔽性（美学价值），受到了建筑师和工程师的共同关注。目前，国内外围绕 W-TABS 已开展了一些理论研究和实际应用并取得一些成果，这为 W-TABS 的设计和应用提供了一定的理论指导。然而，针对有源保温隔热技术的研究尚存在明显不足和局限，需要通过更加深入和全面的研究得到进一步解答，具体如下。

W-TABS 的能量传输过程本质上属于主动式显热热交换过程，固定流量的工质在固定换热温差条件下所携带的载冷 / 载热量十分有限，因此 W-TABS 的应用效果大多依赖于泵送系统的长时间、大流量循环工作。相较于无源 STI 技术和无源 DTI 技术，虽然 W-TABS 已被充分证明可有效降低建筑的一次能源消耗和运行费用，但自身仍存在较高的运行耗能和初始设备投入，导致最终实际节能效果和经济价值大打折扣。同时，进行显热换热的 W-TABS 需要充注大量的循环工质，在建筑中应用还面临长期的泄漏、腐蚀、热胀冷缩和夜间逆向循环等潜在技术风险。此外，由于显热换热过程中流体携热能力的先天不足，通常 W-TABS 的管道壁温沿流动方向会随着循环工质沿途不断地释放 / 吸收热量而产生快速的温降 / 温升，尤其在冷源 / 热源进口温度和循环流速固定不变条件下，管路越长管道温度梯度也越为明显。管路沿程温度梯度的长期存在将会产生不均匀受热，进而导致墙体中产生温度热应力并对墙体本身造成不可逆损伤，而消除这一安全隐患也可能产生大量维护费用。可以预期：如果能够有效解决 W-TABS 存在的上述问题，同时可以根据室内外热环境变化对围护结构进行被动式热调节管理，那么有源保温隔热技术在未来建筑中的设计和应用将会成为一种潜在趋势。

参考文献

[1] 朱丽，杨洋. 被动式热激活复合墙体热特性实验研究 [J]. 天津大学学报，2020(10):1028-1035.

[2] Abujdayil B, Mourad A, Hittini W, et al. Traditional, state-of-the-art and renewable thermal building insulation materials: An overview[J]. Construction and Building Materials, 2019, 214:709-735.

[3] Kumar D, Alam M, Zou P, et al. Comparative analysis of building insulation material properties and performance[J]. Renewable and Sustainable Energy Reviews, 2020, 131:110038.

[4] Cellura M, Guarino F, Longo S, et al. Energy life-cycle approach in net zero energy buildings balance: operation and embodied energy of an Italian case study[J]. Energy and Buildings, 2014, 72:371-381.

[5] Milne G, Reardon C. Embodied energy. In: Your home-Australia's guide to environmentally sustainable home[R]. Canberra: Austrlaian Government, 2013.

[6] Shen C, Li X. Energy saving potential of pipe-embedded building envelope utilizing low-temperature hot water in the heating season[J]. Energy and Buildings, 2017, 138:318-331.

[7] Schiavoni S, Alessandro F D, Bianchi F, et al. Insulation materials for the building sector: A review and comparative analysis[J]. Renewable and Sustainable Energy Reviews, 2016, 62:988-1011.

[8] Moretti E, Belloni E, Agosti F, et al. Innovative mineral fiber insulation panels for buildings: Thermal and acoustic characterization[J]. Applied Energy, 2016, 169:421-432.

[9] Asdrubali F, Dalessandro F, Schiavoni S, et al. A review of unconventional sustainable building insulation materials[J]. Sustainable Materials and Technologies, 2015, 4:1-17.

[10] Jelle B. Nano-based thermal insulation for energy-efficient buildings, in: The smart eco-efficient built environment[M]. Cambridge: Woodhead, 2016.

[11] Cui H, Overend M. A review of heat transfer characteristics of switchable insulation technologies for thermally adaptive building envelopes[J]. Energy and Buildings, 2019, 199:427-444.

[12] Xenophou T. System of using vacuum for controlling heat transfer in building structures, motor vehicles and the like: US 3968831[P]. 1976-07-13.

[13] Shu Q, Demko J, Fesmire J. Heat switch technology for cryogenic thermal management[C]. Proceedings of the IOP Conference Series: Materials Science and Engineering, 2017, 278:012-133.

[14] Muir A, Overend M. A parametric feasibility study on active vacuum insulation panels for buildings[C]. Proceedings of the 9th International Vacuum Insulation Symposium, 2009: 01-10.

[15] Berge A, Hagentoft C, Wahlgren P, et al. Effect from a variable U-value in adaptive building components with controlled internal air pressure [J]. Energy Procedia, 2015, 78:376-381.

[16] Park B, Srubar W, Krarti M, et al. Energy performance analysis of variable thermal resistance envelopes in residential buildings[J]. Energy and Buildings, 2015, 103:317-325.

[17] Benson D, Potter T, Tracy C, et al. Design of a variable-conductance vacuum insulation[J]. SAE Transactions, 1994, 103(5):176-181.

[18] Horn R, Neusinger R, Meister M, et al. Switchable thermal insulation : results of computer simulations for optimisation in building applications[J]. High Temperatures-high Pressures, 2000, 32(6):669-675.

[19] Nakhosteen C, Jousten K. Handbook of Vacuum Technology[M]. Hoboken: John Wiley & Sons, 2016.

[20] Buckley S. Thermic diode solar panels for space heating[J]. Solar Energy, 1978, 20(6):495-503.

[21] Jones G. Heat transfer in a liquid convective diode[J]. Journal of Solar Energy Engineering-Transactions of the ASME, 1986, 108(3):163-171.

[22] Chen K, Chailapo P, Chun W, et al. The dynamic behavior of a bayonet-type thermal diode[J]. Solar Energy, 1998, 64(4):257-263.

[23] Kolodziej A, Jaroszynski M. Performance of liquid convective diodes[J]. Solar Energy, 1997, 61(5):321-326.

[24] Chun W, Lee Y, Lee J, et al. Application of the thermal diode concept for the utilization of solar energy[C]. Proceedings of Intersociety Energy Conversion Engineering Conference, 1996:1709-1714.

[25] Chun W, Oh S, Han H, et al. Overview of several novel thermodiode designs and their application in buildings[J]. International Journal of Low-carbon Technologies, 2008, 3(2):83-100.

[26] Fang X, Xia L. Heating performance investigation of a bidirectional partition fluid thermal diode[J]. Renewable Energy, 2010, 35(3):679-684.

[27] Pflug T, Nestle N, Kuhn T, et al. Modeling of facade elements with switchable U-value[J]. Energy and Buildings, 2018, 164:1-13.

[28] Pflug T, Kuhn T, Norenberg R, et al. Closed translucent façade elements with switchable U-value—A novel option for energy management via the facade[J]. Energy and Buildings, 2015, 86:66-73.

[29] Webb M, Hertzsch E, Green R. Modelling and optimisation of a biomimetic façade based on animal fur[C]. Proceedings of Building Simulation, 2011:458-465.

[30] Burdajewicz F, Korjenic A, Bednar T, et al. Bewertung und optimierung von dynamischen dämmsystemen unter berücksichtigung des wiener klimas[J]. Bauphysik, 2011, 33(1):49-58.

[31] Kimber M, Clark W, Schaefer L, et al. Conceptual analysis and design of a partitioned multifunctional smart insulation[J]. Applied Energy, 2014, 114:310-319.

[32] Clark W, Schaefer L, Knotts W, et al. Variable thermal insulation: US 20130081786A1[P]. 2013-04-04.

[33] Pflug T, Bueno B, Siroux M, et al. Potential analysis of a new removable insulation system[J]. Energy and Buildings,

2017, 154:391-403.

[34] Dabbagh M, Krarti M. Evaluation of the performance for a dynamic insulation system suitable for switchable building envelope[J]. Energy and Buildings, 2020, 222:110025.

[35] Sunada E, Pauken M, Novak K S, et al. Design and flight qualification of a paraffin-actuated heat switch for Mars surface applications[C]. International Conference on Environmental Systems, 2002:01-2275.

[36] Roach P, Ketterson J, Abraham B M, et al. Mechanically operated thermal switches for use at ultralow temperatures[J]. Review of Scientific Instruments, 1975, 46(2):207-209.

[37] Cho J, Wiser T, Richards C, et al. Fabrication and characterization of a thermal switch[J]. Sensors and Actuators A-physical, 2007, 133(1):55-63.

[38] Slater T, Gerwen P, Masure E, et al. Thermomechanical characteristics of a thermal switch[J]. Sensors and Actuators A: Physical, 1996, 53(1-3):423-427.

[39] Hyman N. Package-interface thermal switch: US 5535815[P]. 1996-07-16.

[40] Al-Nimr M, Asfar K, Abbadi T, et al. Design of a smart thermal insulation system[J]. Heat Transfer Engineering, 2009, 30(9):762-769.

[41] Koenders S, Loonen R, Hensen J, et al. Investigating the potential of a closed-loop dynamic insulation system for opaque building elements[J]. Energy and Buildings, 2018, 173:409-427.

[42] Eapen J, Rusconi R, Piazza R, et al. The classical nature of thermal conduction in nanofluids[J]. Journal of Heat Transfer-Transactions of the ASME, 2010, 132(10):102402.

[43] Shima P, Philip J. Tuning of thermal conductivity and rheology of nanofluids using an external stimulus[J]. Journal of Physical Chemistry C, 2011, 115(41):20097-20104.

[44] Lampert C. Smart switchable glazing for solar energy and daylight control[J]. Solar Energy Materials and Solar Cells, 1998, 52(3):207-221.

[45] Shaik S, Gorantla K, Ramana M, et al.Thermal and cost assessment of various polymer-dispersed liquid crystal film smart windows for energy efficient buildings[J]. Construction and Building Materials, 2020, 263:120155.

[46] Ghosh A, Norton B, Duffy A, et al. Measured overall heat transfer coefficient of a suspended particle device switchable glazing[J]. Applied Energy, 2015, 159:362-369.

[47] Ghosh A, Norton B, Duffy A, et al. Behaviour of a SPD switchable glazing in an outdoor test cell with heat removal under varying weather conditions[J]. Applied Energy, 2016, 180:695-706.

[48] Ghosh A, Norton B, Duffy A, et al. First outdoor characterisation of a PV powered suspended particle device switchable glazing[J]. Solar Energy Materials and Solar Cells, 2016, 157:1-9.

[49] Ghosh A, Norton B, Duffy A, et al. Daylighting performance and glare calculation of a suspended particle device switchable glazing[J]. Solar Energy, 2016, 132:114-128.

[50] Ghosh A, Norton B. Interior colour rendering of daylight transmitted through a suspended particle device switchable glazing[J]. Solar Energy Materials and Solar Cells, 2017, 163:218-223.

[51] Ghosh A, Norton B, Duffy A, et al. Measured thermal performance of a combined suspended particle switchable device evacuated glazing[J]. Applied Energy, 2016, 169:469-480.

[52] Angayarkanni S, Philip J. Review on thermal properties of nanofluids: Recent developments[J]. Advances in Colloid and Interface Science, 2015, 225:146-176.

[53] Scalia G. Alignment of Carbon Nanotubes in Thermotropic and Lyotropic Liquid Crystals[J]. ChemPhysChem, 2010, 11(2):333-340.

[54] Zohuri B. Heat Pipe Design and Technology[M]. Berlin: Springer, 2011.

[55] Erlbeck L, Schreiner P, Schlachter K, et al. Adjustment of thermal behavior by changing the shape of PCM inclusions in concrete blocks[J]. Energy Conversion and Management, 2018, 158:256-265.

[56] Varga S, Oliveira A, Afonso C, et al. Characterisation of thermal diode panels for use in the cooling season in buildings[J]. Energy and Buildings, 2002, 34(3):227-235.

[57] Zhang Z, Sun Z, Duan C, et al. A new type of passive solar energy utilization technology—The wall implanted with heat pipes[J]. Energy and Buildings, 2014, 84:111-116.

[58] Li Z, Zhang Z. Dynamic heat transfer characteristics of wall implanted with heat pipes in summer[J]. Energy and Buildings, 2018, 170:40-46.

[59] Sun Z, Zhang Z, Duan C. The applicability of the wall implanted with heat pipes in winter of China[J]. Energy and Buildings, 2015, 104:36-46.

[60] Liu C, Zhang Z, Shi Y, et al. Optimisation of a wall implanted with heat pipes and applicability analysis in areas without district heating[J]. Applied Thermal Engineering, 2019, 151:486-494.

[61] Liu C, Zhang Z. Thermal response of wall implanted with heat pipes: Experimental analysis[J]. Renewable Energy, 2019, 143:1687-1697.

[62] Ooijen H, Hoogendoorn C. Vapor flow calculations in a flat-plate heat pipe[J]. AIAA Journal, 1979, 17(11):1251-1259.

[63] Wang Y, Peterson G. Investigation of a novel flat heat pipe[J]. Journal of Heat Transfer-transactions of The ASME, 2005, 127(2):165-170.

[64] Pugsley A, Zacharopoulos A, Mondol J, et al. Vertical planar liquid-vapour thermal diodes (PLVTD) and their application in building faade energy systems[J]. Applied Thermal Engineering, 2020, 179:115641.

[65] Chun W, Ko Y, Lee H, et al. Effects of working fluids on the performance of a bi-directional thermodiode for solar energy utilization in buildings[J]. Solar Energy, 2009, 83(3):409-419.

[66] Hemaida A, Ghosh A, Sundaram S, et al. Evaluation of thermal performance for a smart switchable adaptive polymer dispersed liquid crystal (PDLC) glazing[J]. Solar Energy, 2020:185-193.

[67] Nundy S, Ghosh A. Thermal and visual comfort analysis of adaptive vacuum integrated switchable suspended particle device window for temperate climate[J]. Renewable Energy, 2019, 156:1361-1372.

[68] Wu Z, Feng Z, Sunden B, et al. A comparative study on thermal conductivity and rheology properties of alumina and multi-walled carbon nanotube nanofluids[J]. Frontiers in Heat and Mass Transfer, 2014, 5(1):1-10.

[69] Zhu L, Yang Y, Chen S, et al. Thermal performances study on a façade-built-in two-phase thermosyphon loop for passive thermo-activated building system[J]. Energy Conversion and Management, 2019, 199:112059.

[70] Luo Y, Zhang L, Bozlar M, et al. Active building envelope systems toward renewable and sustainable energy[J]. Renewable and Sustainable Energy Reviews, 2019, 104:470-491.

[71] Hastings S, Mørck O. Solar air systems: a design handbook[M]. Oxon: James & James (Science Publishers), 2000.

[72] Zeiler W, Boxem G. Geothermal active building concept: In: Sustainability in energy and buildings[M]. Berlin: Springer, 2009:305-314.

[73] Witte D, Klijnchevalerias M, Loonen R, et al. Convective Concrete: Additive Manufacturing to facilitate activation of thermal mass[J]. Journal of Facade Design and Engineering, 2017, 5(1):107-117.

[74] Klijnchevalerias M, Loonen R, Zarzycka, et al. Assisting the development of innovative responsive façade elements using building performance simulation[C]. Proceedings of Symposium on Simulation for Architecture and Urban Designer (SimAUD), 2017:243-250.

[75] Fantucci S, Serra V, Perino M, et al. Dynamic insulation systems: experimental analysis on a parietodynamic wall[J]. Energy Procedia, 2015, 78:549-554.

[76] Imbabi M. A passive–active dynamic insulation system for all climates[J]. International journal of sustainable built environment, 2012, 1(2):247-258.

[77] Brown A, Peacock A. Dynamic Insulation: US 20130008109A1[P]. 2013-01-10.

[78] Alongi A, Angelotti A, Mazzarella L, et al. Experimental validation of a steady periodic analytical model for Breathing Walls[J]. Building and Environment, 2020, 168:106509.

[79] Alongi A, Angelotti A, Rizzo A, et al. Measuring the thermal resistance of double and triple layer pneumatic cushions for textile architectures[J]. Architectural Engineering and Design Management, 2020:1-13.

[80] Alongi A, Angelotti A, Mazzarella L, et al. Measuring a breathing wall's effectiveness and dynamic behaviour:[J]. Indoor and Built Environment, 2019, 29(6):783-792.

[81] Dalehaug A. Development and survey of a wall construction using dynamic insulation[C]. Proceedings of the 3rd Symposium on Building Physics in the Nordic Countries: Building Physics, 1993, 1:219-226.

[82] Wang J, Du Q, Zhang C, et al. Mechanism and preliminary performance analysis of exhaust air insulation for building envelope wall[J]. Energy and Buildings, 2018, 173:516-529.

[83] Zhang C, Wang J, Li L, et al. Dynamic thermal performance and parametric analysis of a heat recovery building envelope based on air-permeable porous materials[J]. Energy, 2019, 189:116361.

[84] Zhang C, Gang W, Xu X, et al. Modelling, experimental test, and design of an active air permeable wall by utilizing the

low-grade exhaust air[J]. Applied Energy, 2019, 240:730-743.

[85] Gan G. Numerical evaluation of thermal comfort in rooms with dynamic insulation[J]. Building and Environment, 2000, 35(5):445-453.

[86] Craig S, Grinham J. Breathing walls: The design of porous materials for heat exchange and decentralized ventilation[J]. Energy and Buildings, 2017, 149:246-259.

[87] Murata S, Tsukidate T, Fukushima A, et al. Periodic alternation between intake and exhaust of air in dynamic insulation: Measurements of heat and moisture recovery efficiency[J]. Energy Procedia, 2015, 78:531-536.

[88] Krzaczek M, Kowalczuk Z. Thermal barrier as a technique of indirect heating and cooling for residential buildings[J]. Energy and Buildings, 2011, 43(4):823-837.

[89] Meggers F, Baldini L, Leibundgut H, et al. An innovative use of renewable ground heat for insulation in low exergy building systems[J]. Energies, 2012, 5(8):3149-3166.

[90] Zhou L, Li C. Study on thermal and energy-saving performances of pipe-embedded wall utilizing low-grade energy[J]. Applied Thermal Engineering, 2020, 176:115477.

[91] Kisilewicz T, Fedorczakcisak M, Barkanyi T, et al. Active thermal insulation as an element limiting heat loss through external walls[J]. Energy and Buildings, 2019, 205:109541.

[92] Niu F, Yu Y. Location and optimization analysis of capillary tube network embedded in active tuning building wall[J]. Energy, 2016, 97:36-45.

[93] Yu Y, Niu F, Guo H, et al. A thermo-activated wall for load reduction and supplementary cooling with free to low-cost thermal water[J]. Energy, 2016, 99:250-265.

[94] Mikeska T, Svendsen S. Study of thermal performance of capillary micro tubes integrated into the building sandwich element made of high performance concrete[J]. Applied Thermal Engineering, 2013, 52(2):576-584.

[95] Jobli M, Yao R, Luo Z, et al. Numerical and experimental studies of a Capillary-Tube embedded PCM component for improving indoor thermal environment[J]. Applied Thermal Engineering, 2019, 148:466-477.

[96] Simko M, Krajcik M, Sikula O, et al. Insulation panels for active control of heat transfer in walls operated as space heating or as a thermal barrier: Numerical simulations and experiments[J]. Energy and Buildings, 2018, 158:135-146.

[97] Krzaczek M, Florczuk J, Tejchman J, et al. Improved energy management technique in pipe-embedded wall heating/cooling system in residential buildings[J]. Applied Energy, 2019, 254:113711.

[98] Romaní J, Perez G, DeGracia A, et al. Experimental evaluation of a heating radiant wall coupled to a ground source heat pump[J]. Renewable Energy, 2017, 105:520-529.

[99] Romani J, Cabeza L, Perez G, et al. Experimental testing of cooling internal loads with a radiant wall[J]. Renewable Energy, 2018, 116:1-8.

[100] Romani J, Belusko M, Alemu A, et al. Control concepts of a radiant wall working as thermal energy storage for peak load shifting of a heat pump coupled to a PV array[J]. Renewable Energy, 2018, 118:489-501.

[101] Irshad K, Habib K, Thirumalaiswamy Y, et al. Performance analysis of a thermoelectric air duct system for energy-efficient buildings[J]. Energy, 2015, 91:1009-1017.

[102] Zhu Q, Xu X, Wang J, et al. Development of dynamic simplified thermal models of active pipe-embedded building envelopes using genetic algorithm[J]. International Journal of Thermal Sciences, 2014, 76:258-272.

[103] Shen C, Li X. Energy saving potential of pipe-embedded building envelope utilizing low-temperature hot water in the heating season[J]. Energy and Buildings, 2017, 138:318-331.

[104] Shen C, Li X. Dynamic thermal performance of pipe-embedded building envelope utilizing evaporative cooling water in the cooling season[J]. Applied Thermal Engineering, 2016, 106:1103-1113.

[105] Shen C, Li X, Yan S, et al. Numerical study on energy efficiency and economy of a pipe-embedded glass envelope directly utilizing ground-source water for heating in diverse climates[J]. Energy Conversion and Management, 2017, 150:878-889.

[106] Shen C, Li X. Thermal performance of double skin façade with built-in pipes utilizing evaporative cooling water in cooling season[J]. Solar Energy, 2016, 137:55-65.

[107] Ibrahim M, Wurtz E, Anger J, et al. Experimental and numerical study on a novel low temperature façade solar thermal collector to decrease the heating demands: A south-north pipe-embedded closed-water-loop system[J]. Solar Energy, 2017, 147:22-36.

[108] Ibrahim M, Wurtz E, Biwole P, et al. Transferring the south solar energy to the north facade through embedded water pipes[J]. Energy, 2014, 78:834-845.

[109] Zhu Q, Li A, Xie J, et al. Experimental validation of a semi-dynamic simplified model of active pipe-embedded building envelope[J]. International Journal of Thermal Sciences, 2016, 108:70-80.

[110] Zhu Q, Xu X, Gao J, et al. A semi-dynamic model of active pipe-embedded building envelope for thermal performance evaluation[J]. International Journal of Thermal Sciences, 2015:170-179.

[111] Yan T, Gao J, Xu X, et al. Dynamic simplified PCM models for the pipe-encapsulated PCM wall system for self-activated heat removal[J]. International Journal of Thermal Sciences, 2019, 144:27-41.

[112] Samuel D, Nagendra S, Maiya M, et al. Parametric analysis on the thermal comfort of a cooling tower based thermally activated building system in tropical climate–An experimental study[J]. Applied Thermal Engineering, 2018, 138:325-335.

[113] Lydon G, Hofer J, Svetozarevic B, et al. Coupling energy systems with lightweight structures for a net plus energy building[J]. Applied Energy, 2017, 189:310-326.

[114] Lydon G, Caranovic S, Hischier I, et al. Coupled simulation of thermally active building systems to support a digital twin[J]. Energy and Buildings, 2019, 202:109208.

[115] Chow T, Li C, Lin Z, et al. Innovative solar windows for cooling-demand climate[J]. Solar Energy Materials and Solar Cells, 2010, 94(2):212-220.

[116] Gillopez T, Gimenezmolina C. Influence of double glazing with a circulating water chamber on the thermal energy savings in buildings[J]. Energy and Buildings, 2013, 56:56-65.

[117] Gonzalo F, Ramos J. Testing of water flow glazing in shallow geothermal systems[J]. Procedia Engineering, 2016, 161:887-891.

[118] Li C, Lyu Y, Li C, et al. Energy performance of water flow window as solar collector and cooling terminal under adaptive control[J]. Sustainable Cities and Society, 2020, 59:102152.

[119] Li C, Tang H. Evaluation on year-round performance of double-circulation water-flow window[J]. Renewable Energy, 2020, 150:176-190.

[120] Maerefat M, Haghighi A. Natural cooling of stand-alone houses using solar chimney and evaporative cooling cavity[J]. Renewable Energy, 2010, 35(9):2040-2052.

[121] Naticchia B, Dorazio M, Carbonari A, et al. Energy performance evaluation of a novel evaporative cooling technique[J]. Energy and Buildings, 2010, 42(10):1926-1938.

[122] Carbonari A , Naticchia B , D' Orazio M . Innovative evaporative cooling walls[J]. Eco-Efficient Materials for Mitigating Building Cooling Needs, 2015:215-240.

[123] Alaidroos A, Krarti M. Numerical modeling of ventilated wall cavities with spray evaporative cooling system[J]. Energy and Buildings, 2016, 130:350-365.

[124] Alaidroos A, Krarti M. Experimental validation of a numerical model for ventilated wall cavity with spray evaporative cooling systems for hot and dry climates[J]. Energy and Buildings, 2016, 131:207-222.

[125] Prieto A, Knaack U, Auer T, et al. COOLFACADE: State-of-the-art review and evaluation of solar cooling technologies on their potential for façade integration[J]. Renewable and Sustainable Energy Reviews, 2019, 101:395-414.

[126] Ibanezpuy M, Martingomez C, Bermejobusto J, et al. Ventilated Active Thermoelectric Envelope (VATE): Analysis of its energy performance when integrated in a building[J]. Energy and Buildings, 2018, 158:1586-1592.

[127] Khire R, Messac A, Vandessel S, et al. Design of thermoelectric heat pump unit for active building envelope systems[J]. International Journal of Heat and Mass Transfer, 2005, 48(19):4028-4040.

[128] Liu Z, Zhang L, Gong G, et al. Experimental evaluation of an active solar thermoelectric radiant wall system[J]. Energy Conversion and Management, 2015:253-260.

[129] Luo Y, Zhang L, Liu Z, et al. Numerical evaluation on energy saving potential of a solar photovoltaic thermoelectric radiant wall system in cooling dominant climates[J]. Energy, 2018, 142:384-399.

[130] Luo Y, Zhang L, Liu Z, et al. Performance analysis of a self-adaptive building integrated photovoltaic thermoelectric wall system in hot summer and cold winter zone of China[J]. Energy, 2017, 140:584-600.

[131] Xu X, Vandessel S. Evaluation of an active building envelope window-system[J]. Building and Environment, 2008, 43(11):1785-1791.

[132] Xu X, Vandessel S. Evaluation of a prototype active building envelope window-system[J]. Energy and Buildings, 2008, 40(2):168-174.

[133] Xu X, Vandessel S, Messac A, et al. Study of the performance of thermoelectric modules for use in active building envelopes[J]. Building and Environment, 2007, 42(3):1489-1502.

[134] Florides G, Tassou S, Kalogirou S, et al. Review of solar and low energy cooling technologies for buildings[J]. Renewable and Sustainable Energy Reviews, 2002, 6(6): 557-572.

[135] Imbabi M, Elsarrag E, Ohara T. Dynamic insulation systems: US 20140209270 [P]. 2014-07-31.

[136] Feng J, Lian Z, Hou Z, et al. An innovation wall model based on interlayer ventilation[J]. Energy Conversion and Management, 2008, 49(5):1271-1282.

[137] Taylor B, Imbabi M. The application of dynamic insulation in buildings[J]. Renewable Energy, 1998, 15(1):377-382.

[138] Ascione F, Bianco N, DeStasio C, et al. Dynamic insulation of the building envelope: Numerical modeling under transient conditions and coupling with nocturnal free cooling[J]. Applied Thermal Engineering, 2015, 84:1-14.

[139] Giuseppe E, Dorazio M, Perna C, et al. Thermal and filtration performance assessment of a dynamic insulation system[J]. Energy Procedia, 2015, 78:513-518.

[140] Dimoudi A, Androutsopoulos A, Lykoudis S, et al. Experimental work on a linked, dynamic and ventilated, wall component[J]. Energy and Buildings, 2004, 36(5):443-453.

[141] Imbabi M. Modular breathing panels for energy efficient, healthy building construction[J]. Renewable Energy, 2006, 31(5):729-738.

[142] Wong J, Glasser F, Imbabi M, et al. Evaluation of thermal conductivity in air permeable concrete for dynamic breathing wall construction[J]. Cement and Concrete Composites, 2007, 29(9):647-655.

[143] Krarti M. Effect of air flow on heat transfer in walls[J]. Journal of Solar Energy Engineering-transactions of The Asme, 1994, 116(1):35-42.

[144] Qiu K, Haghighat F. Modeling the combined conduction—Air infiltration through diffusive building envelope[J]. Energy and Buildings, 2007, 39(11):1140-1150.

[145] Tallet A, Liberge E, Inard C, et al. Fast POD method to evaluate infiltration heat recovery in building walls[J]. Building Simulation, 2017, 10(1):111-121.

[146] Wang J, Du Q, Zhang C, et al. Mechanism and preliminary performance analysis of exhaust air insulation for building envelope wall[J]. Energy and Buildings, 2018, 173:516-529.

[147] Zhang C, Wang J, Li L, et al. Dynamic thermal performance and parametric analysis of a heat recovery building envelope based on air-permeable porous materials[J]. Energy, 2019, 189:116361.

[148] Lyu Y, Liu W, Su H, et al. Numerical analysis on the advantages of evacuated gap insulation of vacuum-water flow window in building energy saving under various climates[J]. Energy, 2019, 175:353-364.

[149] Luo Y, Zhang L, Liu Z, et al. Thermal performance evaluation of an active building integrated photovoltaic thermoelectric wall system[J]. Applied Energy, 2016, 177:25-39.

[150] Ibanezpuy M, Martingomez C, Vidaurrearbizu M, et al. Theoretical design of an active façade system with peltier cells[J]. Energy Procedia, 2014, 61:700-703.

[151] 刘加平 . 建筑物理 [M]. 4 版 . 北京 : 中国建筑工业出版社 , 2009.

第 3 章

被动式热激活建筑
能源系统集成设计

　　"使用功能"和"美学表现"是涉及建筑围护结构的主要考虑事项。作为室内外空间的物理分割界面同时也是重要的能量交换界面，围护结构对建筑能耗特性、碳排放特性和室内热舒适特性均具有重要影响。以往设计师通常采取优化 A 值的设计类措施被动降低建筑能耗，而工程师则更加重视从 U 值入手并通过采用材料类措施被动或主动减少建筑能耗，而依靠控制 ΔT 值的方法实现降低建筑能耗的技术方法长期未得到应有重视。在设计类措施、材料类措施以及包含二者的混合类措施均无法有效且廉价地解决建筑能耗问题的背景下，本章提出了 PTABS 的技术概念及具体应用形式。本章围绕 PTABS 在非透光建筑围护结构中的集成设计和应用所涉及的相关问题进行了研究。首先，针对 PTABS 的核心构成单元进行了相关基础概述。其次，提出了 PTABS 在墙体围护结构中的具体应用形式即被动式热激活复合墙体，并对复合墙体的运行机制、应用范围和控制策略进行了阐述。再次，介绍了建筑围护结构集成用两相热虹吸回路（two-phase thermosyphon loop，TPTL）的设计方法和注意事项。最后，围绕 PTABS 与不同类型墙体围护结构进行集成设计展开了探讨，并给出了不同构造形式和相应说明。

3.1　热管技术简介及建筑应用

3.1.1　热管技术简介

　　TPTL 是一种结构简单、使用寿命长并且具备优良长距离能量传输能力的无芯热管装置，相比有芯类热管在技术经济方面优势明显[1]。TPTL 还具有以下优点和特性，包括：高效导热性、良好等温性、优良热响应性、热流方向可逆、良好环境适应性以及单向导通性等。TPTL 的起源最早可追溯至 1936 年 J. Perkins 提出的两相闭式热虹吸管[2]，又称重力回流热管（gravity heat pipe，GHP）。由于内部气液两相流动互相影响造成管路压降损失较大，GHP 的热传输效率并不十分理想。为此，研究人员在 GHP 的基础上进一步对热管结构进行了改动，即将气体和液体流通通道分隔开以有效降低管路压降，如此大幅提升了 GHP 的传热性能和应用范围，这一新型分离式 GHP 被称为 TPTL[3]。TPTL 的诸多变化形式使得其与建筑围护结构的结合形式可以是多样化的，包括透光和不透光墙体、屋顶和窗户等，并且这种与建筑围护结构一体化的结合形式对建筑师的美学表达产生影响极小。随着 ULEBs、NZEBs 和 ZEBs 的不断发展，TPTL 技术在建筑热环境提升改善和表皮创新设计中具有良好的研究价值和应用前景。

如图 3-1 所示，典型的 TPTL 包括蒸发器、冷凝器、液体下降管线和气体上升管线等。通常只需进行抽真空并充入适量工质，TPTL 即可正常工作，而工质的最佳充注量一般约等于蒸发器体积大小。运行期间，蒸发器中工质吸收热量（Q_{in}）相变蒸发并在蒸气驱动压头的作用下沿气体上升管线进入冷凝器，随后蒸气在冷凝器中遇冷释放热量（Q_{out}）而冷凝，最终冷凝液在重力作用下沿液体管线返回蒸发器。这一连续循环可以持续将热量由热源传递至热汇，并且无需任何主动控制或者机械运动部件辅助。常规 TPTL 是基于相变驱动的［图 3-1(a)］，对热源和热汇的所处位置有较为严格的要求，并且热源在下而热汇在上。与此同时，耦合工质泵的 TPTL 则大幅放松了对热源和热汇位置的要求，热源在上而热汇在下时，可以利用工质泵辅助驱动完成工质循环［图 3-1(b)］。需要注意的是，即使选用工质泵辅助运行的 TPTL 自身运行能耗也极低，因为潜热热交换能力相比显热热交换能力要高出数个数量级。

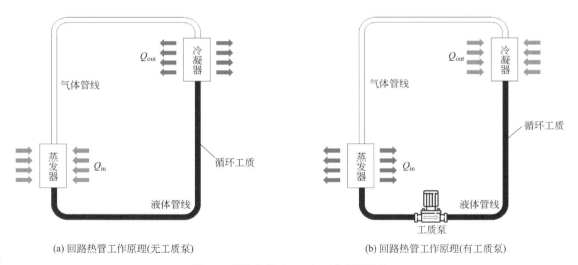

(a) 回路热管工作原理(无工质泵)　　　　　　　(b) 回路热管工作原理(有工质泵)

图 3-1　回路热管（TPTL）工作原理示意

3.1.2　热管技术建筑应用

随着热管技术的持续进步以及不同学科的交叉发展，近年来热管技术在建筑中的应用愈发常见，同时也取得了显著的技术经济效果。从前文文献综述也可看出，热管技术已在建筑围护结构的保温隔热方面得到初步探索和应用，具体参见本书 2.2.5 部分中基于载体相态变化的无源 DTI 技术。同时，无芯 TPTL 和有芯环路热管（loop heat pipe，LHP）也被零星应用于建筑围护结构的其他热管理方面。

　　Susheela 和 Sharp[4] 早在 2001 年即提出了一种利用热管将墙体外侧集热器所收集的太阳辐射热量传输至墙体内表面水箱中的供热技术，这一被动式太阳能利用技术可以利用水箱与室内空气的自然对流换热在冬季向室内空间免费提供热量。随后，研究人员又对该技术进行了优化，并在一栋带有两个房间的被动式太阳能实验建筑中与原设计进行了对比测试[5,6]。结果表明：原设计和改进设计的日平均峰值效率分别为 80.7% 和 85.0%，并且改进设计的平均水温在整个试验期间提高了约 13.4%，而改进设计同期对应的平均室温也要高出 24.6%。Fantozzi 等[7,8]于 2016 年提出了一种"热虹吸墙"的技术概念，热虹吸墙的提出主要是为了回收预制临时建筑中金属外壳的太阳辐射得热并使之应用于室内空气的加热。经过初步的建模和数据分析可知：热虹吸墙能快速有效地向建筑物内部传递太阳辐射热量，整个系统的热惯性较小；经过吸热、传热和释热等传热过程，热虹吸墙可在全天大部分时间内将室内温度维持在热舒适范围内，并且模拟建筑的冬季节能率高于 50%。与此同时，作者在研究中还指出：由于没有采取适当的热控措施，模拟建筑将会因夏季和过渡季的"自发传热"而造成建筑室内出现热不适的不利情况。Zhang 等[9] 探讨了一种基于 LHP 的新型太阳能建筑热立面（LHP-STF），其中建筑南立面作为 LHP 的蒸发器并通过冷凝器与热泵系统耦合最终形成完整的热泵热水系统。基于北欧（斯德哥尔摩）、西欧（伦敦）和南欧（雷普莱斯）三种典型欧洲气候条件，研究人员对该系统进行了初步的技术经济分析，结果表明：LHP-STF 热泵热水系统可以解决建筑较大比例的全年热水负荷，随之也可降低建筑的冬季热负荷，但建筑在夏季的冷负荷略有增加。Liu 和 Chow 等提出了两种分别嵌入圆柱热管和环形热管的太阳能集热幕墙板，该幕墙板借助热管的高热导率可为家庭提供热水预热并减少外表面太阳辐射得热向室内空间的传输总量。在炎热的夏季，上述双重效应对生活热水和 HVAC 系统的综合节能效果非常明显。与水管式幕墙集热板相比，热管式幕墙集热板消除了水系统的冬季冻结问题，具有更广泛的应用潜力。随后，研究人对该产品的原型样机进行了实测并进行了仿真模拟，研究结果表明：使用环形热管的幕墙板可有效增加太阳能吸收表面积，相比圆柱热管式幕墙板更具发展前景；在所研究的夏季至冬季以及晴天至多云的温暖气候条件下，使用环形热管的幕墙板集热效率估算范围为 62.5% ～ 94.9%。

　　热管技术的紧凑设计和极高的能量传输效率对建筑一体化和预制建造等具有重要吸引力。不过上述研究均局限于对南墙辐射吸收得热的再利用，而采用 GHP 应用于墙体的强化传热效率相比 TPTL 明显要低，而 Fantozzi 等[7,8] 提出的热管应用技术由于缺乏有效的热控措施还导致了非供暖季室内环境反而出现恶化的情形，因此应用效果并不十分理想。Zhang 等[9] 的研究主要是将建筑立面用作热泵热水系统的热源来源，且 LHP 相比 TPTL 更加复杂，造价也远远高于 TPTL，大规模应用于新建和既有建筑改造中并不实际。

3.2　被动式热激活建筑能源系统的提出与应用

3.2.1　被动式热激活建筑能源系统的提出

　　建筑矗立的自然环境中蕴含着大量可资利用的低品位能源和可再生能源，只不过这些能源大多品位较低。实际上，接近室温的低品位能源和可再生能源无法直接应用于建筑供热制冷的一个重要原因就是其与室温过于接近，因此直接用于供热制冷的经济价值不高。与此同时，人们更多地采用远高于室温的热源（如集中供热：60～80℃）或远低于室温的冷源（如冷水机组：供水7℃、回水12℃）来维持室内热舒适环境，但却忽视了建筑热环境中客观存在温度非均匀分布现象。从建筑负荷的构成来看，围护结构作为建筑的基本节点和构成单元，由围护结构两侧传热温差引起的围护结构冷/热负荷无疑是建筑负荷中最主要的构成部分。从围护结构的温度分布来看，虽然冬季/夏季建筑围护结构同时受到室内外热环境的共同影响，但围护结构尤其是靠近室外侧的温度明显要低于/高于室温，这也是围护结构热/冷负荷产生的直接原因。

分布不均的建筑热环境为解决低品位能源和可再生能源在建筑中的利用问题提供了一个新的思路。以天津地区为例，图3-2中示意性地显示了不同季节的自然能源温度和室内外温度的典型分布情况。在冬季，天津地区的浅层地下土壤温度在自然状态下常年维持在年平均气温12～15℃附近，而这一温度明显要低于室内热舒适温度，因此这些自然能源是无法直接被应用于建筑供热的[10,11]。但值得注意的是，浅层土壤温度显然要高于围护结构表面温度，如果将浅层土壤中所蕴含的自然能源通过适当方法注入围护结构中则可以有效缩小甚至消除室内外传热温差，这一复合围护结构即为热激活复合墙体。在此基础上，如果通过适当的技术措施如太阳能集热器进一步提升注入热量的品位，那么热激活复合墙体还具备为室内空间提供辅助供能的功能。

众所周知，恒温动物可以通过调节皮肤毛囊的张合以及毛细血管网的血液流动等来主动调节内部体温，理想情况下建筑围护结构也应当起到类似恒温动物的表层皮肤作用。TABS技术的出现突破了主要关注优化A值和减小U值的传统建筑保温隔热技术体系，它可以很好地解决自然能源在建筑中的利用问题，尤其是那些在环境中广泛存在并且接近室温但却无法被直接应用于建筑供热或制冷的低品位能源和可再生能源。

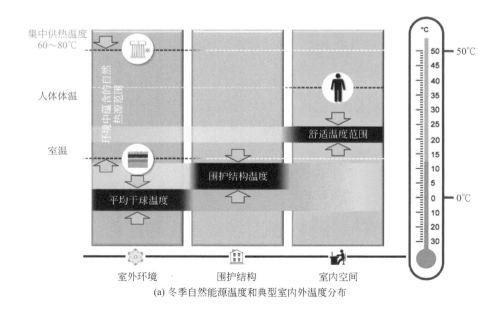

(a) 冬季自然能源温度和典型室内外温度分布

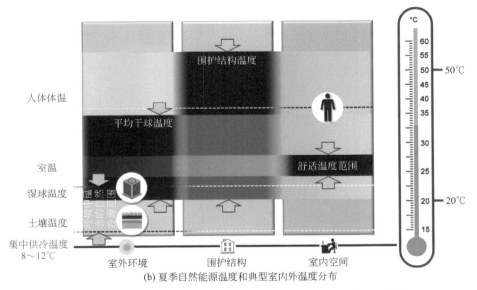

(b) 夏季自然能源温度和典型室内外温度分布

图 3-2 不同季节自然能源温度和室内外温度典型分布（以天津地区为例）

　　鉴于传统主动式 TABS 系统存在的明显不足和局限性，本章提出了 PTABS 及其在建筑中的具体应用形式，即被动式热激活复合墙体，其系统组成和技术原理如图 3-3 所示。PTABS 主要由低品位热源和热汇以及用于在热源和热汇之间进行被动式能量传输并且内嵌于建筑外围护结构中的单组或多组 TPTL 组成。通过将 TPTL 与建筑围护结构进行一体化集成并借助 TPTL 向建筑围护结构中按需注入不同形式的低品位冷源 / 热源，建筑围护结构中即可形成一个温度可控的虚拟温度分隔界面，最终实现主动隔绝室外气候对室内环境影响的目的。

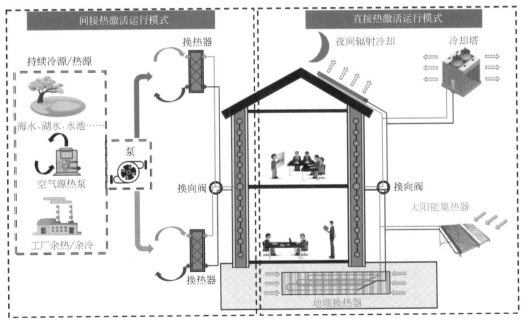

图 3-3 被动式热激活建筑系统（PTABS）技术原理示意

冬季运行模式下，复合墙体可借助 TPTL 从浅层土壤或太阳能集热器等直接获取热源；夏季运行模式下，复合墙体可借助 TPTL 从放置于屋顶的辐射板或冷却塔等获取所需冷源；此外，当冬季热源和夏季热汇分别位于建筑的上下两侧时，系统在冬夏季之间的运行切换可借助换向阀实现；而当冬季的热源和夏季的热汇均位于围护结构的一侧（上侧或下侧），例如全部来源于浅层土壤时，系统在夏季可以利用工质泵辅助运行而在冬季则可依靠自身相变驱动正常运行。

根据建筑可资利用的低品位能源和可再生能源类型的不同，PTABS 系统在冬季和夏季还可分为两种不同的热激活运行模式。以夏季为例，两种热激活模式分别为：

① 直接热激活运行模式，当采用间歇冷源时，如夜间太空辐射冷却、冷却塔等，辐射板和冷却塔直接作为 TPTL 的冷凝器，此时复合墙体中的热量是通过系统内部的相变工质直接传输至上述冷却装置中并进一步向外界环境中散失；

② 间接热激活运行模式，当采用持续冷源时，如工厂余冷、江河湖海水等，则中间换热器起到了 TPTL 冷凝器的作用，此时复合墙体中的热量是通过中间热交换器以间接的方式散失至持续冷源中的，该运行模式下系统的冷源来源和应用场景可得到进一步丰富和拓展。

图 3-4 中给出了被动式热激活复合墙体在冬季和夏季两种运行模式下的稳态温度和热流变化过程，并且不同运行模式下复合墙体均具有 4 种不同的运行情景。以冬季运行模式为例，在复合墙体中没有集成 TPTL 或注入热源的正常情景下，围护结构温度由内至外从室温如 18℃逐渐降低至室外综合温度如 -5℃［图 3-4(a) 中蓝色折线］。而在引入 TPTL 并注入热量后，复合墙体的温度分布发生了显著变化。根据注入热源温度的不同，可进一步分为三种不同应用情景，依次为保温隔热情景、中性情景和辅助供能情景。

① 保温隔热情景，通过 TPTL 向复合墙体注入介于室内设定温度和室外环境温度之间的低品位热源热量，可有效提升围护结构温度并降低复合墙体热负荷。

② 中性情景，当 TPTL 冷凝端温度与室内设定温度接近一致时，TPTL 所在界面与室内环境间的传热温差即可忽略不计，随之因内外表面传热温差引起的复合墙体热负荷得到消除。

③ 辅助供能情景，当低品位热源超过室内设定温度时（如 18 ～ 35℃），则可借助 TPTL 为建筑提供辅助供能，而当热源温度进一步得到提升时（超过 35℃），甚至可通过 TPTL 为室内空间提供直接供暖。

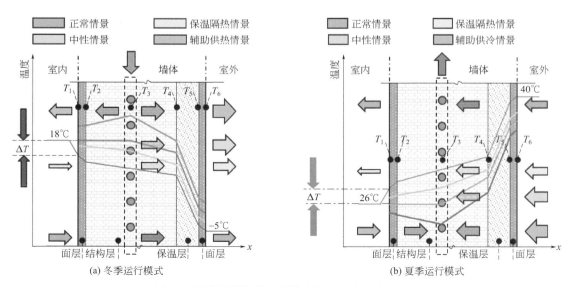

(a) 冬季运行模式　　　　　　　　　　(b) 夏季运行模式

图 3-4　被动式热激活复合墙体稳态温度和热流变化示意

3.2.2 被动式热激活建筑能源系统的应用

以往建筑的保温隔热性能普遍较差，通过提高围护结构 R 值来减少热损失起到了有效降低建筑能耗的效果。在这一过程中，德国的被动房（Passivhaus）是一个得到广泛认可的成功案例，并逐渐从德国扩散至欧洲乃至全球[12]。然而，高 R 值围护结构并不是提高建筑能效的灵丹妙药，在严寒和寒冷地区以外应用此类高性能围护结构可能会适得其反，有时甚至还会导致建筑能耗反而升高的不利情况发生，并且高 R 值围护结构同时还存在占用空间、有火灾隐患和成本高昂等诸多缺点。主动式 TABS 技术同样起源于欧洲，但它与提高 R 值的做法和原理完全不同[13]。考虑到驱动方式对 TABS 的应用范围影响较小，下面结合当前主动式 TABS 的应用范围以及相应调控方法对 PTABS 进行初步探讨。

3.2.2.1 设计和应用范围

20 世纪 90 年代以来，基于 TABS 理念设计和建造的一些商业和办公建筑已被证明具有技术可行性以及全生命周期成本效益[13]。经过持续多年的演化发展，配备 TABS 的建筑正处在从欧洲扩展到全球市场的十字路口。目前，有关 TABS 的设计、尺寸、安装和控制的标准主要有 ISO 11855、UNE 1264 和 UNE 15377[14]。其他技术导则或参考还包括 ASHRAE 基础手册、REHVA 技术导则 7 和 REHVA 技术导则 20[14]。有关 TABS 热舒适性的分析则可参考常规的暖通设计标准，如 ISO 7730、UNE-EN 15251 和 ASHRAE 标准 55[14]。

TABS 在建筑中的应用主要取决于其在内表面温度不超过冬季舒适温度和夏季表面凝露温度等限定条件下削减建筑供热和制冷需求的能力。在考虑到热舒适条件限制的情况下，Olesen 等[15]对热激活建筑围护结构的最大辐射制冷和制热能力进行了计算，计算中包括了地板、墙体和顶棚三种形式，主要计算结果参见表 3-1。对于不同季节的墙面温度限制，夏季墙面最低温度应考虑空气露点温度和内表面凝露风险，而冬季墙面最高温度建议控制在 35 ～ 50℃。此外，冬季墙面温度还应考虑墙面对使用人员的健康影响，经常与人员接触的墙面或使用人员较为敏感的建筑（如儿童和老人活动建筑）应适当降低热源温度，但也根据围护结构的实际传热能力进行判别，通常人体皮肤的灼热和灼伤温度范围为 42 ～ 45℃。

表 3-1 REHVA 技术导则中热激活建筑围护结构的部分性能指标[15]

位置	换热系数 / [W/(m²·℃)]		表面温度 /℃		性能指标 /(W/m²)	
	冬季	夏季	最大值	最小值	供热	供冷
非工作区地板	11	7	35	20	165	42
工作区地板	11	7	29	20	99	42
墙面	8	8	35 ～ 50	17	160	72
顶棚	6	11	约 27	17	42	99

3.2.2.2 控制策略

目前国内外针对不同应用场景下主动式 TABS 的控制策略和设计优化已开展了一些研究[16-20]，但 TABS 的动态特性使其运行控制仍具有较强挑战性。当前针对主动式 TABS 的控制策略和设计优化主要是建立在维持室内良好热舒适性和减少能源使用的基础上，目的是找到系统的最佳运行方式。一般而言，围护结构的热容会显著影响 TABS 系统的热力学性质和控制方法，而大多数热激活复合墙体都属于重质型围护结构，热响应时间相对较长，因此无法用于同步处理建筑的峰值负荷。同时也由于自身热容较大的优势，TABS 具备了实现转移和削减峰值负荷的能力，如在夜间能源成本较低的时刻运行和使用夜间自然冷能等。

PTABS 可划分为直接热激活和间接热激活两种，其中前者完全依靠 TPTL 运行而无需使用水泵，输运功耗几乎为零，而后者依靠 TPTL 消除了建筑侧的热量输运能耗，但非建筑侧的热量输运仍需依赖水泵驱动。根据实际采用的 PTABS 所属类型的不同，相应的控制策略也有所区别。对于主动式 TABS，控制变量主要包括热源温度、热源流量和水泵启停[15]。其中，对热源温度的控制是主动式 TABS 的调控基础。同时，潜热热交换相对显热热交换的热传输效率要高出许多，这也使得 PTABS 应用中对热源流量的调控控制也变得重要。另外，对水泵启停的控制在间接型 PTABS 中有所涉及。当 PTABS 使用恒定温度的冷／热源时，可以在热源温度高于或低于室内温度时实现供热或供冷。而在采用自然冷／热源时，由于冷／热源温度受到环境影响无法保持恒定，若建筑中应用了间接型而非直接型 PTABS，此时可以利用围护结构的热容优势在自然冷／热源较为丰富的时段集中运行，同时也可以结合增大热源流量的调控方式尽可能在此期间蓄存更多的冷量或热量。类似于主动式 TABS，间歇比（即水泵运行时间与总使用时间的比值）对于间接型 PTABS 来说也是一个非常重要的调控参数。通常当系统的间歇比维持在0.5以上时，适当减小间歇比对整个系统的供能能力衰减影响并不会很明显[15]。因此，循环时间和循环泵的输送功耗可以得到显著降低，但这一调控方式仅适用于具有较大热容量的主动式 TABS 或间接型 PTABS。

3.3 建筑围护结构集成用 TPTL 的设计

被动式热激活复合墙体在不同季节的具体运行情景主要受到冷／热源温度影响，对建筑集成用 TPTL 的设计需要建立在工作温度范围的基础上。从前文可知，复合墙体的最佳工作温度范围约为 16 ～ 50℃，因此建筑集成用 TPTL 属于常温热管范畴。由于建筑集成用 TPTL 特殊的应用场景，需要确保 TPTL 在预期设计寿命内不会因自身工作介质和壳体材料的相容性问题而产生影响整个系统的可靠性问题。影响建筑集成用 TPTL 相容性的因素有多种，因此在对建筑集成用 TPTL 进行设计时，需要考虑以下几个方面[21]。

（1）不凝性气体的存在

PTABS 本身是一种依靠潜热热交换进行远距离能量传输的建筑能源利用系统，因此必须对整个系统进行严格的抽真空处理并使之长期处于负压运行状态。在 PTABS 系统建成后，需要对整个系统进行抽真空，然后再充灌相变工质，在这一过程中混入不凝性气体的可能性较低并且也可以通过技术手段进行妥善处理。但如果工质和管材选取不当，那么在建成后的长期运行过程中有可能会因工质与管材发生化学反应而产生不凝性气体，此阶段产生的不凝性气体的排除较为困难。不凝性气体的存在会阻碍工质的蒸发和冷凝，同时也会引起系统内部蒸气分压力的下降。研究数据表明：当内部不凝性气体占比达到 2.5% 时，热管传热系数即可下降约22%[21]。而随着不凝性气体含量的进一步增多，甚至可能会阻断系统的正常循环。

（2）循环工质物性的恶化

可供建筑集成用 TPTL 选择的工质有多种，包括有机工质、无机工质和混合工质等。其中，有机工质会在一定温度下会发生分解，工质的物性参数将会随之发生变化，由此可能导致热管性能发生衰减。通常易产生物性恶化的有机工质有苯类和烷类等，在选用工质时应予以注意。

（3）热管管壁的腐蚀和溶解

建筑集成用 TPTL 的传热能力通常可达到普通热导体的几十乃至数百倍以上，这与其内部高频率进行的潜热热交换循环密切相关。建筑集成用 TPTL 的管壁在运行过程中将不可避免地受到循环工质的反复冲刷，这一过程还将伴随着热胀冷缩的存在以及潜在杂质的影响，严重情况下可能还会发生管壁穿孔现象，从而最终导致整个 PTABS 失去工作能力。以往主动式 TABS 中通常采用湿式作业方法，流体管道发生泄漏后需要对整个围护结构进行破拆维修 [22]。因此，为避免在 PTABS 中出现类似问题，建筑集成用 TPTL 的管材和工质选取也非常关键。

3.3.1　建筑集成用 TPTL 的工质选取

建筑集成用 TPTL 的工质选取应遵循以下几个原则：

① 工质应适应复合墙体在不同季节和应用场景下的冷 / 热源温度范围，具有适宜的沸点、临界点和蒸气饱和压力；

② 工质应具有优良的物理性质和热力学特性 [21]，通常可以用传输因子 N 来衡量工质对热管能量传输能力的影响，N 越大表示工质的传热能力越强，N 值的计算方法参见式（3-1）；

③ 工质还应满足经济性、环保性和安全可靠性等多方面的法律和法规要求，例如臭氧耗损潜值（ODP 值）应为零，全球变暖潜值（GWP 值）也应尽可能低。

$$N = \frac{\sigma \rho_1 h_{fg}}{\mu_1} \tag{3-1}$$

式中，σ 为液态工质表面张力，N/m；ρ_1 为液态工质密度，kg/m³；h_{fg} 为工质的汽化潜热，kJ/kg；μ_1 为液态工质的动力黏度，N·s/m²。

表 3-2 中列举了部分在常温热管中较为常见的工质及其基本参数。可以看出：R717（氨）的传输因子 N 最高，但其具有一定的毒性和可燃性，而 R718（水）的传输因子 N 值仅次于 R717，并且水也是生活中最为常见的无色、无味和无毒工质，从安全性和易获取程度上来说都比较理想。在 PTABS 的实际应用中，选择蒸馏水作为建筑集成用 TPTL 的工质是一个较好的选择。与此同时，无水乙醇虽然具有一定的易燃性，但其在潜热交换系统中的充注量较少，该工质本身也是环保工质并具有很强的挥发性和吸水性，即使泄漏也可以通过适当技术措施予以解决，因此也是 PTABS 的潜在备选工质之一。

表 3-2　常温热管中的常见工质及其基本参数

编号	汽化潜热 /(kJ/kg)	传输因子 /(W/m²)	安全分类	ODP 值	GWP_{100} 值
水 /R718	2483	1.7×10^{11}	A_1	0	0
乙醇	926	8.1×10^9	—	—	—
丙酮	539	3.0×10^{10}	—	—	—
R134a	182	9.2×10^9	A_1	0	1300
R22	187	1.2×10^{10}	A_1	0.03	1700
R290	344	1.3×10^{10}	A_3	0	20

编号	汽化潜热 /(kJ/kg)	传输因子 /(W/m²)	安全分类	ODP 值	GWP₁₀₀ 值
R32	280	1.7×10^{10}	A_2	0	550
R404a	144	5.6×10^9	A_1	0	3800
R407c	194	1.0×10^{10}	A_1	0	1700
R410a	198	1.1×10^{10}	A_1	0	2000
R717	1186	1.2×10^{12}	B_2	0	< 1
R744	152	2.1×10^9	A_1	0	1

3.3.2 建筑集成用 TPTL 的管材选取

湿式安装是以往主动式热激活建筑围护结构最为常见的建造方式，但在后期运行维护过程中将面临较大维护难度[22]。因此，必须要在设计阶段考虑建筑集成用 TPTL 的管材选取，管材寿命应不短于建筑的设计使用寿命。前文提及管材与工质间应具有相容性，在实际的 PTABS 应用场景中，TPTL 中的气相和液相循环工质温度（约 15 ～ 50℃）相对工业应用场景来说并不高，因此管路温度波动对管材的影响可以无需过多考虑。但对于被动式热激活复合墙体来说，密封或焊接质量对 PTABS 的影响需要得到重视。

实际上，PTABS 相对主动式 TABS 的连接点和辅助设备更少，且仅有的连接点也可通过合理的设计设置在围护结构外侧，从而实现围护结构侧连接点尽可能少甚至无连接点。而非围护结构侧系统的密封焊接以及工质充注的复杂程度则显然要简单许多，因此 PTABS 的密封/焊接和工质充注在将来的实践应用中是可以利用现有技术得到解决的。虽然围护结构侧可以做到少连接点甚至无连接点的设计，但在施工安装和后期运行维护过程中，围护结构内部仍存在潜在的管道泄漏情形即负压状态被破坏，因此围护结构侧的施工安装和运行维护不仅是主动式 TABS 的难点，也是 PTABS 需要重点给予关注和解决的关键点之一。面对热激活建筑围护结构在施工过程中存在的工序繁杂以及建成后管道检修和更换不便等难题，未来针对热激活建筑围护结构开展模块化设计和装配化安装是潜在的趋势，在后文的其他集成方式中首次对模块化集成设计方法进行了探讨和说明。

管径和壁厚的设计也是建筑集成用 TPTL 管材选取的重要内容。管径的大小对建筑集成用 TPTL 的传热极限有影响，热管直径与蒸气传输面积成正比，也间接与其自身能量传输能力成正比，本书第 6 章中则将管径作为全局敏感性分析中的影响因素之一进行进一步研究。壁厚的设计则需要依据建筑集成用 TPTL 的实际受力分析确定，热管壁厚可以参照以下公式确定[21]：

$$S_c = S + C \tag{3-2}$$

式中，S_c 为壁厚，mm；S 为按强度计算的壁厚，mm；C 为腐蚀裕度，mm。

$$S = \frac{P D_n}{2[\sigma]^t - P} \tag{3-3}$$

式中，P 为热管内部压力，kg/cm²；D_n 为热管内径，mm；$[\sigma]^t$ 为设计温度下管材的许用应力，MPa。

3.4 被动式热激活复合墙体的集成设计

3.4.1 热激活混凝土墙体能源系统集成方式

图 3-5 中以典型混凝土浇筑墙体[23-27]为例给出了 TPTL 与墙体集成后所得复合墙体的剖面构造示意。其中，图 3-5(a) 中显示的是将 TPTL 埋入混凝土结构层中的集成方式，该方式需要在浇筑墙体之前在混凝土模具内预先固定嵌管位置，并与混凝土结构层同时进行浇筑，因此该做法仅适合应用在新建建筑中。图 3-5(b) ～ (d) 给出了 TPTL 位于混凝土结构层之外的三种集成方式，这三种做法既适于既有建筑改造，也适用于新建建筑。

① 图 3-5(b) 中的 TPTL 位于复合墙体内抹灰层中，若在既有建筑改造中应用该集成方式，则可以避免对建筑外立面进行大范围破拆，因此技术复杂程度和整体造价相对后两种集成方式要低许多。

② 图 3-5(c) 中的 TPTL 位于外保温层与混凝土结构层之间额外设置的水泥砂浆嵌管层中，该做法通常更加适用于既有建筑改造，但增加的嵌管层会导致建材消耗量有所增加，同时墙体厚度/空间占用相对其他几种集成方式也有所增加。

③ 图 3-5(d) 中的 TPTL 虽然同样位于外保温层与混凝土结构层之间，但该做法中取消了水泥砂浆嵌管层，取而代之的则是将 TPTL 嵌管完全窝在了预先加工有管槽的外保温层中，因此该集成方式中的水泥砂浆消耗量以及墙体厚度/空间占用情况与集成方式 1 和 2 基本保持一致。同时，集成方式 4 中的 TPTL 可以预先嵌入外保温层中，因此保温层和流体管道可以同时生产和进行运输，并且在安装外保温层的同时即可完成 PTABS 的施工安装，这也使得整体的生产和施工复杂程度得到大幅削减。

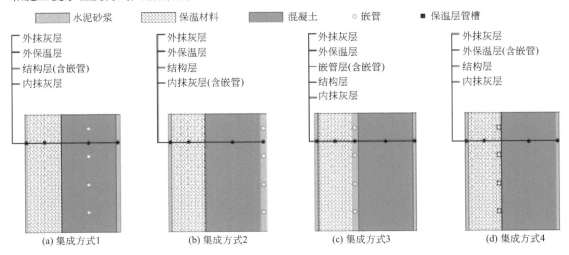

图 3-5 混凝土浇筑墙体中 PTABS 的集成形式（示例）

3.4.2 热激活砖砌墙体能源系统集成方式

砖砌墙体[27-31]是另一种常见的建筑外围护结构形式，使用砖块砌筑的墙体具有诸多优良的结构、热工和防火性能优势，因此砖墙在低层和多层建筑中得到了广泛应用。按材质不同划分，砖块主要有黏土砖、页岩砖、煤矸石砖以及各种形式的工业废料砖等多种形式[32]。同时，砖砌墙体的砌筑方式也有多种，如半砖（12墙）、3/4砖（18墙）、1砖（24墙）、1砖半（37墙）、2砖（49墙）和2砖半（62墙）等不同砌筑厚度[32]。本书以典型的24砖墙为例，给出了TPTL与砖砌墙体集成后所得复合墙体的剖面构造示意，如图3-6所示。实际上，由于砖墙较为特殊的砌砖方式，TPTL通常是无法被直接嵌入砖层内部的，但可以被放置于两层砖层之间，如图3-6(a)所示。图3-6(b) ~ (d)中的集成方式则与混凝土墙体的做法类似，依次给出的是TPTL位于墙体内抹灰层、位于墙体外保温层和结构层之间的嵌管层以及直接一体化嵌入外保温层这三种不同集成方式。值得注意的是，由于额外增加了水泥砂浆嵌管层，图3-6(a)的集成方式和(c)均会一定程度增加墙体整体厚度/空间占用。

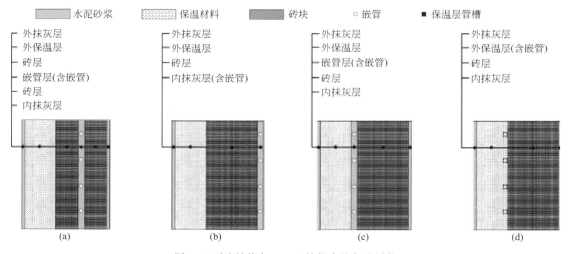

图 3-6　砖砌墙体中 PTABS 的集成形式（示例）

3.4.3　热激活砌块墙体能源系统集成方式

砌块墙体[26,32]主要由砌块和水泥砂浆砌筑而成，并被广泛应用于工业建筑与民用建筑的承重和围护用途。依据单个砌块尺寸大小的不同，砌块墙体分为小型砌块墙、中型砌块墙和大型砌块墙三种不同形式[32]。同时，按照砌块材质的不同，砌块墙体还可分为加气混凝土砌块墙、硅酸盐砌块墙、水泥煤渣空心砌块墙以及石灰石砌块墙等诸多形式[32]。图3-7中给出了TPTL与混凝土砌块墙体集成后所得复合墙体的剖面构造示意。其中，图3-7(a)显示了TPTL埋入砌块中的集成方式，而图3-7(b) ~ (d)所示三种集成方式中的TPTL均位于砌块以外。需要注意的是，图3-7(a)中的集成方式虽然需要在砌块制作完成前在砌块中预留嵌管孔道，再在砌块砌筑过程中将管道嵌入孔道中，但该集成方式允许根据建筑实际所处热工条件确定适合的嵌管集成位置，而后三种集成方式则无需改变砌块结构形式，因此更加适用于在既有建筑改造中应用。

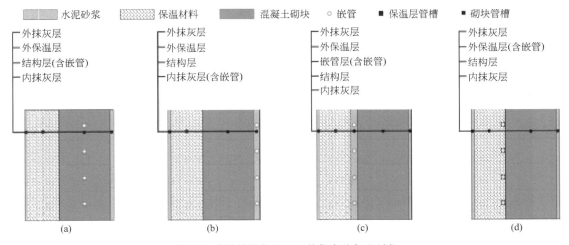

图 3-7 砌块墙体中 PTABS 的集成形式（示例）

3.4.4 热激活轻质墙体能源系统集成方式

为减少建筑自身重量、材料运输成本和整体施工时间，近年来轻质建筑受到了广泛关注。研究数据显示，轻质建筑市场份额已由 2006 年的 0.5% 增长至 2015 年的 4.5%，并且这一比例仍在逐渐上升[33]。目前，轻质建筑在满足灾后应急避难、难民安置、建筑工地和采矿营地等临时住所需求方面发挥了重要作用。由于轻质建筑墙体的热质极低，导致该类型建筑的能源需求相比普通建筑要高出很多，并且室内居住舒适度也不理想。对于轻质建筑来说，墙体围护结构的热质优化和低品位能源的应用具有很高的应用潜力和研究价值。因此，本节分别以轻质彩钢板和轻质结构化保温板（structural insulated panels，SIP）为例，给出 PTABS 在典型轻质建筑围护结构中的集成应用方式，分别如图 3-8 和图 3-9 所示。

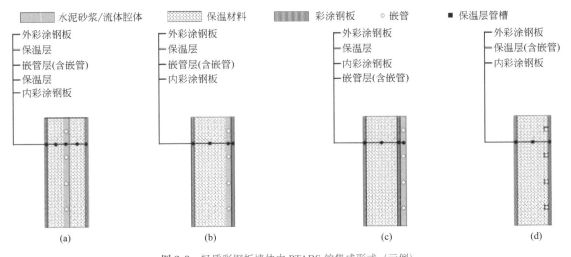

图 3-8 轻质彩钢板墙体中 PTABS 的集成形式（示例）

对于轻质彩钢板墙体，PTABS 的一体化集成可以有如下四种方式：

① 在保温层内部额外增加一层嵌管层，将 TPTL 嵌入嵌管层内部，如图 3-8(a) 所示；

② 在保温层和内侧彩钢板间额外增加一层嵌管层，并同样将 TPTL 嵌入嵌管层内部，如图 3-8(b) 所示；

③ 在内侧彩钢板的内表面增加内抹灰层，并将 TPTL 嵌入抹灰层内部，如图 3-8(c) 所示；

④ 在保温层发泡之前将 TPTL 安装于内侧彩钢板外侧，随后再进行保温层发泡，如图 3-8(d) 所示。

从图 3-8 中可以看出，上述四种不同集成方式各具特点。从制造或施工角度看：图 3-8(a)、(b) 和 (d) 的集成方式可以通过工厂预制方式实现，而图 3-8(c) 的集成方式则更加适合在后期改造过程中采用。此外，从材料和运输角度看：(a) ～ (c) 的集成方式中均增加了用于放置 TPTL 的嵌管层，因此墙体厚度无疑会有所增加，并且也将导致运输占用空间的上升，而且当嵌管层使用的嵌管材料为固体材料（如水泥砂浆等）而非流体材料（如水等）时还会进一步导致运输质量的大幅上升；而 (d) 的集成方式则无需额外增加嵌管层，墙体厚度、运输空间占用和运输重量基本不变。从发挥功能角度来看：(a) 的集成方式可以起到 TB 的作用，而 (b) ～ (d) 集成方式不仅可以起到 TB 作用，同时还可起到辐射末端的作用。需要注意的是，额外的嵌管层会增加轻质建筑的低品位能量蓄存能力，而 (d) 的集成方式由于没有单独的嵌管层因此其热特性很大程度受到系统运行影响。

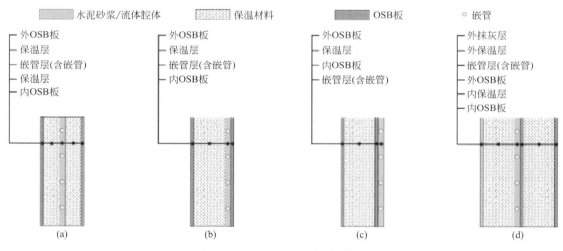

图 3-9 轻质 SIP 墙体中 PTABS 的集成形式（示例）

SIP 板也是一种常见的轻质复合建材，其主要由定向刨花板（oriented strand board，OSB）和泡沫保温层组成[32]。其中，OSB 板是一种工程化、防水和热固化木板，主要是由废旧木材制成的刨花片按交叉方向排列、施胶和压制等工艺制作而成。与胶合板、中密度纤维板等板材比，OSB 板的膨胀系数小、稳定性好、材质也更均匀。正是因为 OSB 板的诸多优良力学性能、较高的结构强度以及握钉能力，目前其已被广泛应用于各种轻质建筑当中。对于轻质 SIP 板墙体来说，PTABS 与墙体的一体化集成同样有四种不同方式，其中前三种集成方式与彩钢板墙体的做法类似，分别为嵌管层位于保温层内部 [图 3-9(a)]、嵌管层位于内 OSB 板和保温层之间 [图 3-9(b)] 以及嵌管层位于内 OSB 板的内表面 [图 3-9(c)]。需要注意的是，由于 OSB 板的木质材质属性，其热导率相比彩钢板低出许多，因此 SIP 板墙体不适宜采用彩钢板墙体的集成方式［图 3-8(d)］的类似做法。图 3-9(d) 中则显示了 SIP 墙体的另一种潜在集成方式，该集成方式中的 SIP 板外侧增加了一层外保温层，而嵌管层则位于外保温层和外 OSB 板之间，同时外保温层的外侧还附加了一层外抹灰层。

参考文献

[1] Zhu L, Yang Y, Chen S, et al. Thermal performances study on a façade-built-in two-phase thermosyphon loop for passive thermo-activated building system[J]. Energy Conversion and Management, 2019, 199:112059.

[2] David R, Ryan M, Peter K. Heat pipes: Theory,design and applications[M]. 6th ed.Burlington : Elsevier, 2014.

[3] Imura H, Takeshita K, Doi K, et al. The effect of the flow and heat transfer characteristics in a two-phase loop thermosyphon[C]. Proceedings of the 4th International Heat Pipe Symposium, 1994:95-106.

[4] Susheela N, Sharp M. Heat pipe augmented passive solar system for heating of buildings[J]. Journal of Energy Engineering, 2001, 127(1):18-36.

[5] Robinson B, Sharp M. Heating season performance improvements for a solar heat pipe system[J]. Solar Energy, 2014, 110:39-49.

[6] Sharp K, Robinson B. Heat pipe augmented passive solar heating system: US 10060681B2 [P]. 2018-08-28.

[7] Fantozzi F, Filippeschi S, Mameli M, et al. An innovative enhanced wall to reduce the energy demand in buildings[C]. Proceedings of the 34th UIT Heat Transfer Conference, 2016:012043.

[8] Bellani P, Milanez F, Mantelli M, et al. Theoretical and experimental analyses of the thermal resistance of a loop thermosyphon for passive solar heating of buildings[C]. Proceedings of the Joint 18th IHPC and 12th, 2016:031160.

[9] Zhang X, Shen J, Adkins D, et al. The early design stage for building renovation with a novel loop-heat-pipe based solar thermal facade (LHP-STF) heat pump water heating system: Techno-economic analysis in three European climates[J]. Energy Conversion and Management, 2015, 106:964-986.

[10] Lv W, Shen C, Li X. Energy Efficiency of an air conditioning system coupled with a pipe-embedded wall and mechanical ventilation[J]. Journal of Building Engineering, 2017, 15:229-235.

[11] 陈萨如拉 . 跨季节埋管蓄热系统不同运行模式下的热特性研究 [D]. 天津：天津大学 , 2019.

[12] Imbabi M. A passive–active dynamic insulation system for all climates[J]. International Journal of Sustainable Built Environment, 2012, 1(2):247-258.

[13] Ma P, Wang L, Guo N. Energy storage and heat extraction–From thermally activated building systems (TABS) to thermally homeostatic buildings[J]. Renewable and Sustainable Energy Reviews, 2015, 45:677-685.

[14] Romaní J, Gracia D, Cabeza L, et al. Simulation and control of thermally activated building systems (TABS)[J]. Energy and Buildings, 2016, 127:22-42.

[15] Babiak J, Oleson B, Petras D. 低温热水 / 高温冷水辐射供暖供冷系统 [M]. 北京：中国建筑工业出版社 , 2013.

[16] Krzaczek M, Florczuk J, Tejchman J, et al. Improved energy management technique in pipe-embedded wall heating/cooling system in residential buildings[J]. Applied Energy, 2019, 254:113711.

[17] Romani J, Perez G, DeGracia A, et al. Experimental evaluation of a heating radiant wall coupled to a ground source heat pump[J]. Renewable Energy, 2017, 105:520-529.

[18] Romani J, Cabeza L, Perez G, et al. Experimental testing of cooling internal loads with a radiant wall[J]. Renewable Energy, 2018, 116:1-8.

[19] Romani J, Belusko M, Alemu A, et al. Control concepts of a radiant wall working as thermal energy storage for peak load shifting of a heat pump coupled to a PV array[J]. Renewable Energy, 2018, 118:489-501.

[20] Romani J, Belusko M, Alemu A, et al. Optimization of deterministic controls for a cooling radiant wall coupled to a PV array[J]. Applied Energy, 2018, 229:1103-1110.

[21] 周亚平 . 内置分离式热管墙体的传热特性研究 [D]. 南京：南京工业大学 , 2015.

[22] Prieto A, Knaack U, Auer T, et al. Solar coolfacades: Framework for the integration of solar cooling technologies in the building envelope[J]. Energy, 2017, 137:353-368.

[23] Niu F, Yu Y. Location and optimization analysis of capillary tube network embedded in active tuning building wall[J]. Energy, 2016, 97:36-45.

[24] Yu Y, Niu F, Guo H, et al. A thermo-activated wall for load reduction and supplementary cooling with free to low-cost thermal water[J]. Energy, 2016, 99:250-265.

[25] Simko M, Krajcik M, Sikula O, et al. Insulation panels for active control of heat transfer in walls operated as space heating or as a thermal barrier: Numerical simulations and experiments[J]. Energy and Buildings, 2018, 158:135-146.

[26] Krajík M, Sikula O. The possibilities and limitations of using radiant wall cooling in new and retrofitted existing buildings[J]. Applied Thermal Engineering, 2020(164):114490.

[27] GB 50736—2012. 民用建筑供暖通风与空气调节设计规范 [S]. 北京：中国建筑工业出版社，2012.

[28] Shen C, Li X. Energy saving potential of pipe-embedded building envelope utilizing low-temperature hot water in the heating season[J]. Energy and Buildings, 2017, 138:318-331.

[29] Romani J, Perez G, DeGracia A, et al. Experimental evaluation of a heating radiant wall coupled to a ground source heat pump[J]. Renewable Energy, 2017, 105:520-529.

[30] Romani J, Belusko M, Alemu A, et al. Optimization of deterministic controls for a cooling radiant wall coupled to a PV array[J]. Applied Energy, 2018, 229:1103-1110.

[31] Zhu Q, Li A, Xie J, et al. Experimental validation of a semi-dynamic simplified model of active pipe-embedded building envelope[J]. International Journal of Thermal Sciences, 2016, 108:70-80.

[32] 陈福广，沈荣熹，徐洛屹. 墙体材料手册 [M]. 北京：中国建材工业出版社，2005.

[33] Zhu L, Yang Y, Chen S, et al. Numerical study on the thermal performance of lightweight temporary building integrated with phase change materials[J]. Applied Thermal Engineering, 2018, 138:35-47.

第 4 章

被动式热激活建筑能源系统能量传输特性

主/被动式 TABS 在驱动和运行方式上差异显著，这也直接导致主动式 TABS 的相关理论和方法无法直接应用于 PTABS 中。从传热学角度来看，现有热管相关研究也忽视了对 TPTL 在不同传热边界类型下的应用研究，尤其是建筑集成用 TPTL 在与围护结构集成时实质上处于第一类传热边界条件下的此类非传统应用。通过开展实验检测研究，一方面可以直接验证 PTABS 的技术可行性，丰富和拓展现有的建筑保温隔热和低能耗建筑技术体系；另一方面也可直观地观察和分析 PTABS 在能量传输过程中的物理现象和内在规律，完善现有 TPTL 传热理论体系；此外，实验数据也可用于验证后续数值模拟研究结果的准确性和有效性，为进一步在围护结构尺度上开展复合墙体热特性的全局敏感性分析研究奠定基础。

4.1 实验检测系统及测试方法介绍

4.1.1 实验装置设计与搭建

为获取 PTABS 的能量传输特性以及相应的成套实验数据，笔者自主设计并搭建了一套被动式热激活复合墙体实验检测系统，如图 4-1 和图 4-2 所示。该实验系统搭建在天津大学建筑学院建筑技术科学研究所半地下设置的混响室内，其中复合墙体被安置在一个三层铁制展示架上，整体实验系统分为四个主要部分，即建筑集成用 TPTL 系统、热源系统、冷源系统以及抽真空与工质充注系统。此外，实验检测系统还包括数据采集与监测系统，这部分内容在 4.1.2 部分中详细介绍。

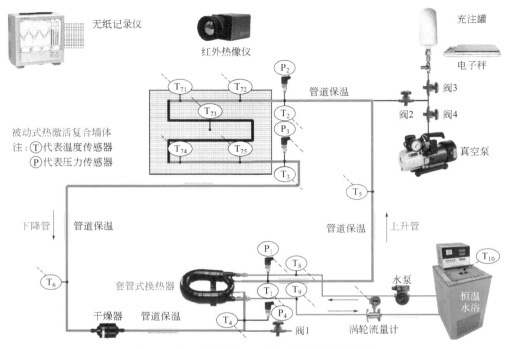

图 4-1　被动式热激活复合墙体实验检测系统原理图

图 4-2　被动式热激活复合墙体实验检测系统实物图

（1）建筑集成用回路热管

建筑集成用 TPTL 是整个实验检测系统的核心组成部分，主要由四个部分构成，包括蒸发器、冷凝器、上升管和下降管，部分参数见表 4-1。如图 4-2 所示，蒸发器被固定安装在展示架最底层，冷凝器则贯穿复合墙体嵌管层并一同被置于展示架最上层，最终蒸发器出口与冷凝器出口的实际高差为 1.5m。蒸发器采用的是 LW-1HP 型商用套管式换热器，最大换热量可达 3.2kW。蒸发器内侧铜管为波纹管，内壁直径为 24.8mm，壁厚 0.8mm；外侧钢管为光滑圆管，内壁直径为 25.6mm，壁厚 1.5mm。冷凝器是由四分光滑紫铜管自制而成的蛇形盘管，内壁直径为 11.3mm，壁厚 0.7mm。上升管和下降管均为光滑紫铜管，其中上升管为四分铜管，而下降管为三分铜管，内壁直径为 8.22mm，壁厚 0.65mm。实验中使用的相变工质为分析纯级无水乙醇（C_2H_6O）。

表 4-1　建筑集成用 TPTL 各主要组成部分详细参数

名称	厂家及型号	结构与尺寸参数
蒸发器 (套管换热器)	广州六纹制冷设备、 LW-1HP286254	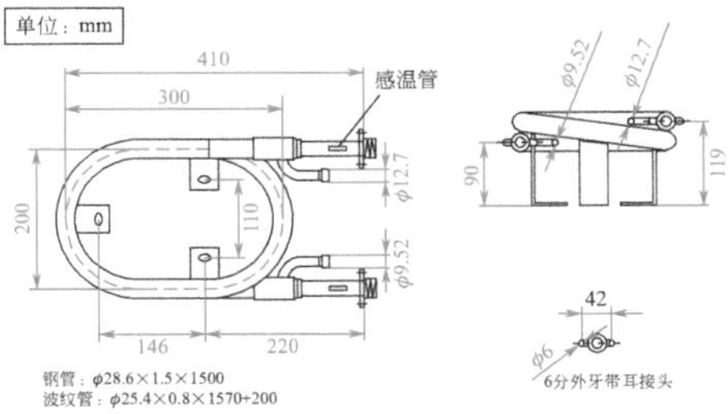
冷凝器 (蛇形盘管)	华鸿空调、四分紫铜管	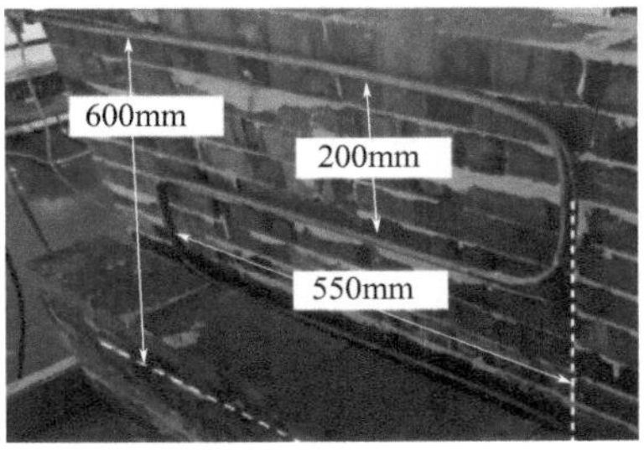
上升管	华鸿空调、四分紫铜管	内径 / 壁厚：11.3mm/0.7mm
下降管	华鸿空调、三分紫铜管	内径 / 壁厚：8.22mm/0.65mm
工质	山西艳阳升、无水乙醇（C_2H_6O）	分析纯 /AR 级，纯度≥ 99.7%

（2）热源系统

实验热源由上海庚庚仪器生产的 DC-0515 型恒温水浴提供，主要技术参数参见表 4-2，实物如图 4-1 所示。为减少恒温水浴和流体管道通过对流与辐射方式向周围环境散失的热量，对恒温水浴以及流体输送管道进行了保温处理。流体输送管道外包裹了 15mm 厚的橡塑保温棉，热导率约为 0.034W/(m・℃)，恒温水浴四周使用了 40mm 厚的 XPS 保温板，热导率约为 0.03W/(m・℃)。

表 4-2　DC-0515 型恒温水浴技术参数表

参数名称	单位	参数范围 / 精度
控温范围	℃	−5 ～ 100
温度波动度	℃	± 0.05（25℃，水）
显示分辨率	℃	0.01
内胆容积	L	15
最大流量	L/min	6
控制方式		微机控制，PID 调节
开口尺寸	mm	235×160×200
总功率	kW	2.5

（3）冷源系统（被动式热激活复合墙体单元）

实验检测系统中，冷源系统是在典型 240 砖墙的基础上通过在砖层间增加嵌管层和嵌管的方式最终形成的被动式热激活复合墙体单元，其三维结构模型及剖面结构如图 4-3 所示。复合墙体实验单元从左至右一共六层，依次为内侧石膏抹灰层、砖层、嵌管层、砖层、XPS 保温层和外侧石膏抹灰层。

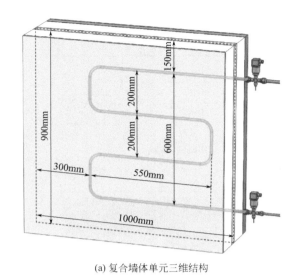

(a) 复合墙体单元三维结构

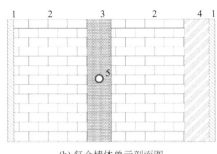

(b) 复合墙体单元剖面图
1—石膏抹灰层；2—砖层；3—嵌管层；
4—XPS保温层；5—冷凝器

图4-3 被动式热激活复合墙体单元三维与剖面结构示意

（4）抽真空与工质充注系统

抽真空和工质充注系统是实验系统中的另一重要组成部分，真空度以及工质充注量将直接影响建筑集成用 TPTL 的能量传输性能以及复合墙体的温度分布特性。抽真空与工质充注系统如图4-4所示，该系统与建筑集成用 TPTL 的气体上升管连接，主要由真空泵、充注罐、电子秤和阀门 1 ～ 3 等部件组成，相应部件的技术参数和规格型号见表4-3。

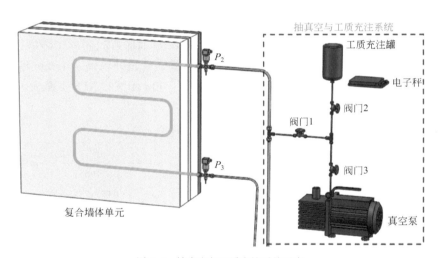

图4-4 抽真空与工质充注系统示意

表4-3 抽真空与工质充注系统相关部件的规格型号及技术参数

部件名称	型号	生产厂家	技术参数
真空泵	2PCV-6SV 型	藤原	双级旋片式真空泵；真空度：2Pa；抽气速度：125L/min；重量：9kg
充注罐	SK-1201 型	赛科	钢瓶；容积：500mL
电子秤	I2000 型	荣龟	显示分辨率：0.1g；误差范围：±0.3g；起称重量：0.3g；最大称重：3000g
阀门	BML6	丹佛斯	截止阀；螺纹口径（分）：2

注：1μmHg ≈ 0.133Pa，下同。

4.1.2 监测数据与仪器设备

实验检测中涉及的测量参数有温度、压力、流量、重量、耗电量以及红外图像等，主要测试仪器和设备如下。

（1）温度传感器

实验使用的温度传感器有两种：K 型热电偶和 PT100 热电阻。由于 TPTL 内部温度变化速度及幅度远高于其他位置，PT100 热电阻（厂家：上海南仪；测量精度为 ±0.1℃）主要用于测量蒸发器和冷凝器内部的进出口温度。蒸发器和冷凝器进出口位置共安装四个四通部件，四通部件的左右两个接口为扩口连接方式并与 TPTL 管道连接，四通部件的上下两个接口为螺纹连接方式并分别与 PT100 热电阻和压力传感器连接。如此，可准确获取 TPTL 内部实时温度和压力信号，避免使用管壁温度所带来的测量误差和延迟。实验系统中其余位置的温度变化速度及幅度相对较小，使用 K 型热电偶（厂家：欧米伽；型号：TT-K-30-SLE-2N+SMPW；测量精度为 ±0.1℃）进行测量。K 型热电偶、PT100 热电阻的实物如图 4-5 所示。

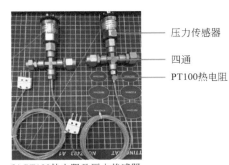

(a) K型热电偶   (b) PT100热电阻及压力传感器

图 4-5 温度和压力传感器实物图

（2）压力传感器

TPTL 内部压力测量点位于蒸发器进出口及冷凝器进出口四个关键位置。实验中应用了 MBS3000 系列紧凑型压力变送器（型号：060G5902；厂家：Danfoss；技术参数：测量范围 $-1 \sim 0$bar，精度 ±0.5% FS，输出信号 $4 \sim 20$mA 或 $0 \sim 5$V，工作温度 $-40 \sim 85℃$，螺纹连接），如图 4-5（b）所示。温度传感器 $T_1 \sim T_{11}$ 和压力传感器 $P_1 \sim P_4$ 及其所处位置信息参见表 4-4。

表 4-4 温度和压力传感器编号及对应信息

编号	位置	编号	位置	编号	位置
T_1	蒸发器出口	T_6	液体下降管	T_{11}	实验环境
T_2	冷凝器进口	T_7	嵌管层	P_1	蒸发器出口
T_3	冷凝器出口	T_8	供水管	P_2	冷凝器出口
T_4	蒸发器进口	T_9	回水管	P_3	冷凝器出口
T_5	气体上升管	T_{10}	恒温水浴	P_4	蒸发器进口

（3）涡轮流量计

实验过程中热源流量通过杭州美控生产的涡轮流量计（型号：MIK-LWGY-L/6-C，流量：$0.06 \sim 0.6$m³/h，24V 供电，$4 \sim 20$mA 输出）监测，如图 4-6 所示。

（4）在线式红外热像仪

复合墙体表面温度分布是由上海巨哥生产的中高温型红外热像仪采集、监控和记录的，在线式红外热像仪的型号为 MAG 62，如图 4-7 所示。该红外热像仪的非制冷探测器分辨率为 640×480，测温范围为 −20 ～ 300℃，帧率为 50Hz，测温精度为 2.0℃或 2%。采集数据后期可以借助配套 ThermoScope 软件完成。

图 4-6　涡轮流量计

图 4-7　在线式红外热像仪

（5）电力监测仪

水泵和恒温水浴为耗电设备，其耗电量由优利德生产的 UT 230C- Ⅱ型电力监测仪（电量范围：0 ～ 9999kW•h；精度：±1%；LCD 显示）测量，如图 4-8 所示。

（6）数据采集系统

实验过程中，全部的压力及温度输出信号均通过日本横河公司生产的 GP20 无纸数据记录仪（图 4-9）进行采集，采集时间间隔为 1s。

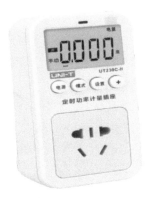

图 4-8　电力监测仪

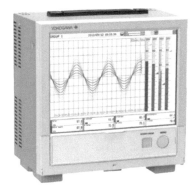

图 4-9　无纸数据记录仪

4.1.3　检测方案及检测步骤

4.1.3.1　实验检测方案

为研究建筑集成用 TPTL 在不同启动和运行过程中的能量传输特性，利用上述实验检测平台对其正向启动（包括直接启动和间歇启动）和运行过程进行了实验检测，并且对反向启动和运行预测进行了实验证实，检测工况参见表 4-5。热源温度最高取 65℃主要是因为包含不同应用情景在内的更大热源温度范围有助于分析不同因素对建筑集成用 TPTL 能量传输特性的影响，同时相应实验数据也可为其他非常规中高温建筑应用情景提供参考，如太阳能干燥间[1]。

表 4-5　实验检测方案具体工况参数表

检测编号	检测类型	充液率 /%	热源温度 /℃	检测时长 /h
1、21			25	
2、22			35	
3、23		60	45	
4、24			55	
5、25			65	
6、26			25	
7、27			35	
8、28		88	45	
9、29			55	
10、30	正向直接启动		65	2
11、31	正向间歇启动		25	
12、32			35	
13、33		116	45	
14、34			55	
15、35			65	
16、36			25	
17、37			35	
18、38		144	45	
19、39			55	
20、40			65	
41			35	
42	正向持续运行	116	45	12
43			55	
44			65	
45			35	
46		88	45	
47			55	
48			35	
49	反向直接启动	116	45	1
50			55	
51			35	
52		144	45	
53			55	

4.1.3.2　准备阶段操作流程

实验检测分为实验准备和实验检测两个阶段，如图 4-10 所示。充分的实验准备是检测成功的前提和保障，在进行实验检测前需要针对检测系统完成一系列的抽真空、检漏（保真空）和工质充注等必须操作。抽真空与工质充注步骤如下。

（1）步骤1：抽真空准备

首先向工质充注罐中注满工质，随后关闭充注罐手阀并通过阀门2和4分别与TPTL以及真空泵完成连接，最后再称量充注罐初始重量并进行数据记录。

（2）步骤2：初次抽真空

依次打开阀门2、3和4，启动真空泵排除系统内部不凝性气体直至将系统抽至压力接近0 Pa并保持稳定，再依次关闭阀门2、3和4以及真空泵，完成管路抽真空过程。记录压力测点 $P_1 \sim P_4$ 的读数，待检测系统静置24h后再次记录压力测点 $P_1 \sim P_4$ 的读数。在此基础上，对两次所得压力数据进行比较，若压力测点读数没有发生明显变化，说明系统保真空成功并可以进行下一步操作；若压力测点读数发生变化，说明系统保真空失败，需要对系统各连接点进行逐一核查以排除漏点，然后再重复以上操作直至保真空成功。

（3）步骤3：再次抽真空

保真空操作成功完成后，再次打开阀门2、3和4，并通过真空泵抽真空，随后关闭阀门4与真空泵。

（4）步骤4：工质充注

依次打开阀门2和3，在系统内部负压和工质重力的共同作用下，充注罐中工质经充注口流入TPTL。在此过程中，实时观察电子秤读数，在读数降至预先设定数值时及时关闭阀门2和3，完成工质充注。

（5）步骤5：三次抽真空

充注罐中工质不可避免地会掺混有一定量的不凝性气体，并伴随充注过程进入TPTL，若不排除这部分不凝性气体将会对TPTL的启动和运行造成不利影响。为排除不凝性气体，保持阀门3关闭并启动真空泵，依次打开阀门2和4对TPTL进行抽真空，待压力传感器数值逐渐下降并保持不变时依次关闭阀门2和4并关闭真空泵，最终完成三次抽真空过程。

（6）步骤6：充注完成

完成步骤1～5后，撤走相应的抽真空和充液装置，至此实验准备阶段的全部操作完成。

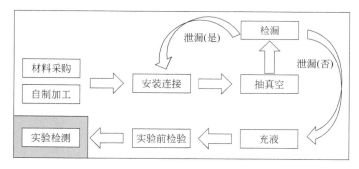

图4-10　实验检测过程具体操作流程示意

4.1.3.3　检测阶段操作流程

本章的实验检测包括正向直接／间歇启动与循环检测、正向持续运行检测和反向直接启动与循环检测，检测工作完成于 2018 年 9 月～ 2019 年 1 月。这里以正向直接启动与循环检测为例，实验检测阶段的操作步骤如下。

① 开启数据监测和采集系统。通过实时数据监测再次确认各监测位置的温度和压力读数是否存在异常，如有异常情况需及时排除。

② 开启红外监测与图像采集系统。通过红外热像仪确认墙体初始温度场是否存在异常，若有异常温度分布需要及时进行处理，若未发现异常温度分布则截取并保存初始温度场分布数据备用。

③ 启动并运行恒温水浴，提前将恒温水浴内部水温调整至实验工况所需温度。

④ 进行正式实验检测。启动循环水泵，记录温度、压力、流量和耗电量等数据，并在预设时间点采集复合墙体温度场的红外图像。

⑤ 实验结束后，关闭循环水泵，暂停并关闭恒温水浴，保存、导出并关闭实验数据监测和采集系统，最后切断所有电气连接并清扫实验场地。需要注意的是，每次实验结束后整个实验系统需至少静置 24h 以上，以避免上次检测对下次检测造成影响。

正向间歇启动与循环检测是通过对循环水泵的启停控制实现的，启停间歇时间为 30min，其他操作步骤与上述步骤一致。正向持续运行检测是在系统最佳充液率条件下进行的，在正向持续运行检测前，需要对正向直接启动与间歇启动特性进行分析以确定最佳充液率。正向持续运行检测的操作步骤与正向直接启动和循环检测完全一致，仅持续时长延长至 12h。在反向直接启动与循环检测前，需要重新调整蒸发器的安装角度使之由原先的"蒸发器出口"高于"蒸发器进口"变为"蒸发器出口"低于"蒸发器进口"，其他步骤与正向直接启动与循环一致。

4.1.4 实验数据处理方法

热传输效率及响应速度对于 PTABS 的设计非常关键，本章采用了热阻和启动速度等指标对不同工况下建筑集成用 TPTL 的能量传输性能进行评价。图 4-11 显示了 PTABS 从热源到复合墙体的简化传热过程和热阻分布。

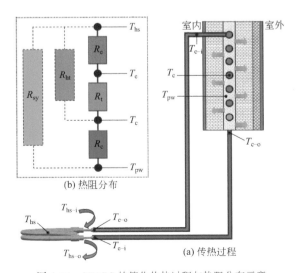

图 4-11　PTABS 的简化传热过程与热阻分布示意

首先，从热源到复合墙体的总传热热组定义为系统总热阻（R_{sy}），计算公式如下：

$$R_{sy} = (T_{hs} - T_{pw}) / Q_{in} \tag{4-1}$$

式中，R_{sy} 为系统总热阻，℃/W；T_{hs} 为热源温度，℃；T_{pw} 为嵌管层平均温度，℃；Q_{in} 为蒸发器热负荷，W。

$$T_{hs} = (T_{hs-i} + T_{hs-o}) / 2 = (T_8 + T_9) / 2 = T_{10} \tag{4-2}$$

$$T_{pw} = \sum_{i=1}^{5} T_{7i} / 5 \tag{4-3}$$

$$Q_{in} = c_p \rho V (T_{hs-i} - T_{hs-o}) = c_p \rho V (T_8 - T_9) \tag{4-4}$$

式中，T_{hs-i} 和 T_{hs-o} 分别为热源进出口温度，℃；c_p 为定压比热容，J/(kg·℃)；ρ 为密度，kg/m³；V 为流量，m³/h。

其次，从建筑集成用 TPTL 的传热过程可知，R_{sy} 还可划分为蒸发器热阻（R_e）、传输热阻（R_t）和冷凝器热阻（R_c）3 个部分。其中，R_e 可以表征蒸发器的传热性能优劣，由于实验系统所使用的蒸发器为套管式换热器，因此 R_e 是由工质侧传热热组、热源侧传热热组以及二者之间的壁面传热热阻共同组成。同时，R_t 表示来自蒸发器的循环工质在气体上升管线中因受到摩擦阻力等引起的热阻，可以表征工质传输过程的传热热组。而 R_c 则代表了冷凝段即嵌管段的传热性能，同样它也是由工质侧的传热热组、嵌管填充层侧传热热组以及二者之间的嵌管壁面传热热组构成的。R_e、R_t 和 R_c 的计算公式依次分别如下：

$$R_e = (T_{hs} - T_{e-o}) / Q_e = [(T_8 + T_9) / 2 - T_1] / Q_e \tag{4-5}$$

$$R_t = (T_{e-o} - T_c) / Q_t = [T_1 - (T_2 + T_3) / 2] / Q_t \tag{4-6}$$

$$R_c = (T_c - T_{pw}) / Q_c = [(T_2 + T_3) / 2 - \sum_{i=1}^{5} T_{7i} / 5] / Q_c \tag{4-7}$$

式中，T_{e-o} 为蒸发器出口温度，℃；Q_e、Q_t 和 Q_c 分别为蒸发器吸收热量、传输到冷凝器的热量和释放至嵌管层的热量，W。

对于复合墙体来说，还可定义一个注热热阻（R_{ht}）来反映建筑集成用 TPTL 的注热效率，R_{ht} 实际上是 R_e 与 R_t 之和，其表达式如下：

$$R_{ht} = (T_{hs} - T_c) / Q_t = [(T_8 + T_9) / 2 - (T_2 + T_3) / 2] / Q_{ht} \tag{4-8}$$

式中，Q_{ht} 为蒸发器吸收并传输至冷凝器的热量，W。

由于实验系统各部分均采取了良好的保温措施，因此，

$$Q_{in} = Q_e = Q_t = Q_c = Q_{ht} \tag{4-9}$$

此外，本章还选取了启动速度作为评价复合墙体热响应特性指标，该指标考虑了初始温度对启动过程的影响。启动时间是指达到相对稳定的传热状态，如达到最大传热量并维持变动范围在 5% 以内 [2] 所需时长，或者从加载热负荷到蒸发器入口出现温度陡降且回路达到稳定状态的时长 [3]。启动速度的表达式为：

$$S = (T_{startup} - T_0) / \tau \tag{4-10}$$

式中，S 为启动速度，℃/s；$T_{startup}$ 为循环建立时蒸发器出口温度，℃；T_0 为初始温度，℃；τ 为循环开始至循环建立的时长，s。

4.1.5 不确定度分析

通常，实验会受到检测人员主观因素、仪器设备客观因素以及其他外界干扰因素的共同影响，实验数据与真实数据之间难免存在一定差异[4]。为增加数据可信度，需要对直接通过实验检测所得性能评价指标（如温度和压力等）以及那些通过间接所得性能评价指标（如热阻和 S 值等）进行不确定度分析以获得间接测量误差。实验过程中需要实时检测的评价指标共计 3 个，即温度、压力和压差；无法通过直接检测获得的评价指标共计 4 个，即热阻、S 值、热负荷和注热量。

通过检测可以直接获得的性能评价指标 x_i，可以表达为：

$$x_i = x_{i\text{-testing}} + \delta_{x_i} \tag{4-11}$$

式中，$x_{i\text{-testing}}$ 为实际检测值；δ_{x_i} 为实际检测的不确定度。

对于无法通过直接检测获得的间接性能评价指标 y_i，可以将其认定为单个或 n 个直接检测值的函数，其计算方式如下：

$$y_j = f(x_1, ..., x_n) + \delta_{y_j} \tag{4-12}$$

式中，$f(x_1, \cdots, x_n)$ 为间接检测值；δ_{y_j} 为间接检测的不确定度。

上述直接检测和间接检测的 δ 值由 Kline-McClinock[194] 方法确定。以热阻为例，其不确定度可由以下公式计算得到：

$$\delta R / R = \sqrt{(\delta Q / Q)^2 + [\delta T_1 / (T_2 - T_1)]^2 + [\delta T_2 / (T_2 - T_1)]^2} \tag{4-13}$$

表 4-6 中列出了所有检测参数的不确定度。需要注意的是，热阻不确定度的上限（即17.3%）是计算中的最大相对误差，而非整体热阻的不确定度，而蒸发器热阻不确定度较大是由于蒸发器出口和热源温度较为接近。

表 4-6　实验中涉及的主要检测参数的不确定度

参数名称	温度 /℃	压力 / 压差 /Pa	热负荷 /W	注热量 /(kW·h)	启动速度 /(℃/s)	热阻 /(℃/W)
不确定度	±0.1	±0.5%	±1.0%	0.9%～7.2%	1.5%～5.1%	1.1%～17.3%

4.2　正向启动与循环过程热特性分析

4.2.1　直接启动过程瞬态热响应特性

TPTL 作为能量传输的中枢机构，其建筑一体化应用场景及热力学边界相比传统 TPTL 应用具有显著区别，它的启动性能也将直接影响整个复合墙体的保温隔热特性和长期运行稳定性，对其直接启动以及间歇启动过程热特性进行实验研究和分析对于未来 PTABS 的工程设计和应用具有重要意义。对于建筑集成用 TPTL，不仅要求其具备高效的传热性能，同时还应具备快速和稳定的启动性能。本节利用 PTABS 实验检测平台对建筑集成用 TPTL 原型在四种不同充液率（FR=60%，88%，116% 和 144%）及五种不同热源温度（T_{10}=25℃，35℃，45℃，

55℃和65℃）条件下的直接启动过程进行了正交测试。

以往的研究中，启动时间通常是指从施加热载荷到热管趋于稳定运行所需时间，而蒸发器入口温度在经历初始阶段的不断升高后产生的突然下降也被认为是工质完成循环返回蒸发器的标志[3]，这里沿用此标准来判别 TPTL 是否正常启动。图 4-12 和图 4-13 分别给出了建筑集成用 TPTL 在直接启动过程中的温度和压力瞬态响应曲线。实验结果表明，在所研究的热源温度条件下，实验系统均可以成功直接启动，初步证实了 PTABS 的可行性。实验结果还表明，建筑集成用 TPTL 在高热负荷和低热负荷条件下的启动存在一定程度的差异。

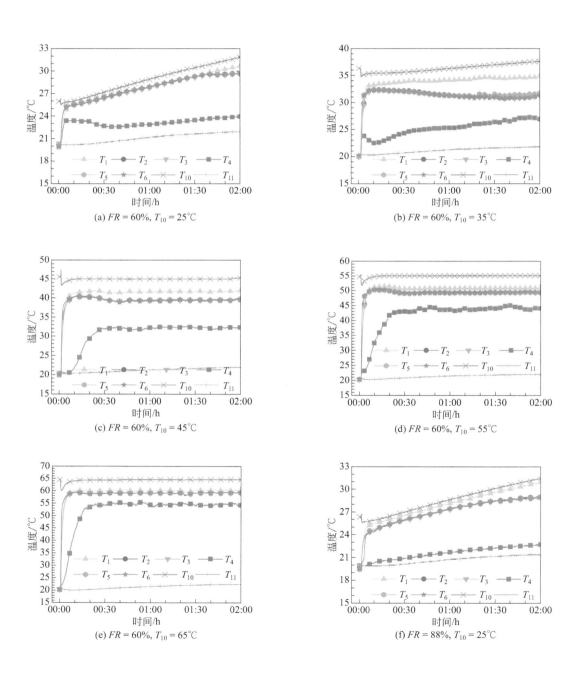

(a) $FR = 60\%$, $T_{10} = 25℃$ (b) $FR = 60\%$, $T_{10} = 35℃$

(c) $FR = 60\%$, $T_{10} = 45℃$ (d) $FR = 60\%$, $T_{10} = 55℃$

(e) $FR = 60\%$, $T_{10} = 65℃$ (f) $FR = 88\%$, $T_{10} = 25℃$

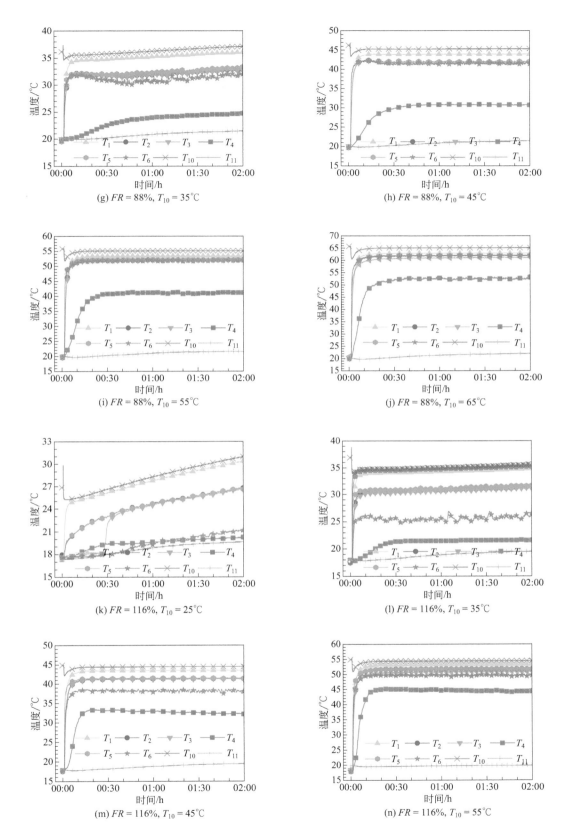

(g) $FR = 88\%$, $T_{10} = 35\,^{\circ}\text{C}$

(h) $FR = 88\%$, $T_{10} = 45\,^{\circ}\text{C}$

(i) $FR = 88\%$, $T_{10} = 55\,^{\circ}\text{C}$

(j) $FR = 88\%$, $T_{10} = 65\,^{\circ}\text{C}$

(k) $FR = 116\%$, $T_{10} = 25\,^{\circ}\text{C}$

(l) $FR = 116\%$, $T_{10} = 35\,^{\circ}\text{C}$

(m) $FR = 116\%$, $T_{10} = 45\,^{\circ}\text{C}$

(n) $FR = 116\%$, $T_{10} = 55\,^{\circ}\text{C}$

图 4-12

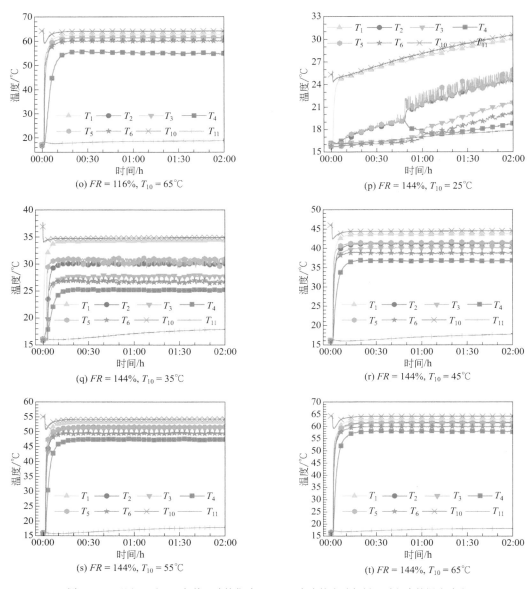

图 4-12　不同 FR 和 T_{10} 条件下建筑集成用 TPTL 在直接启动与循环过程中的温度响应

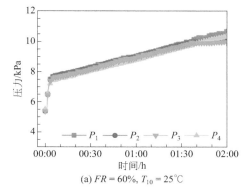

(a) $FR = 60\%$, $T_{10} = 25°C$

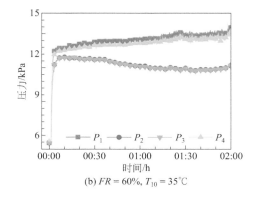

(b) $FR = 60\%$, $T_{10} = 35°C$

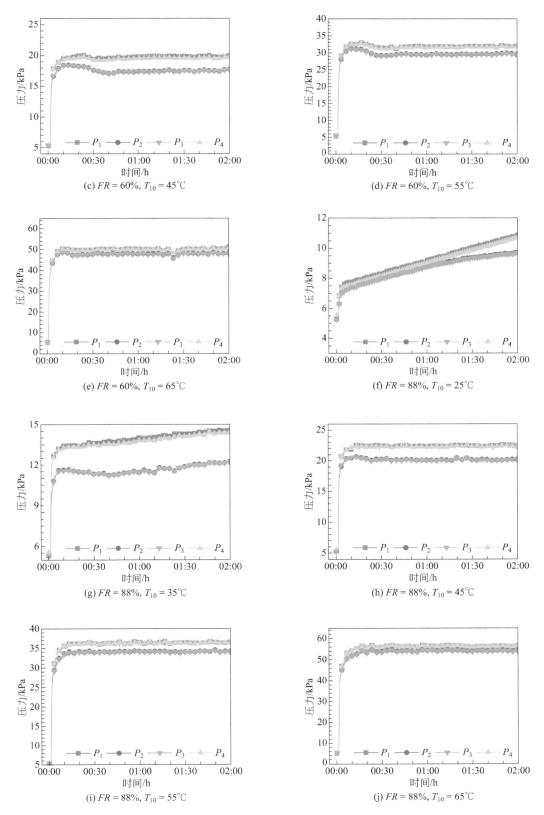

图 4-13

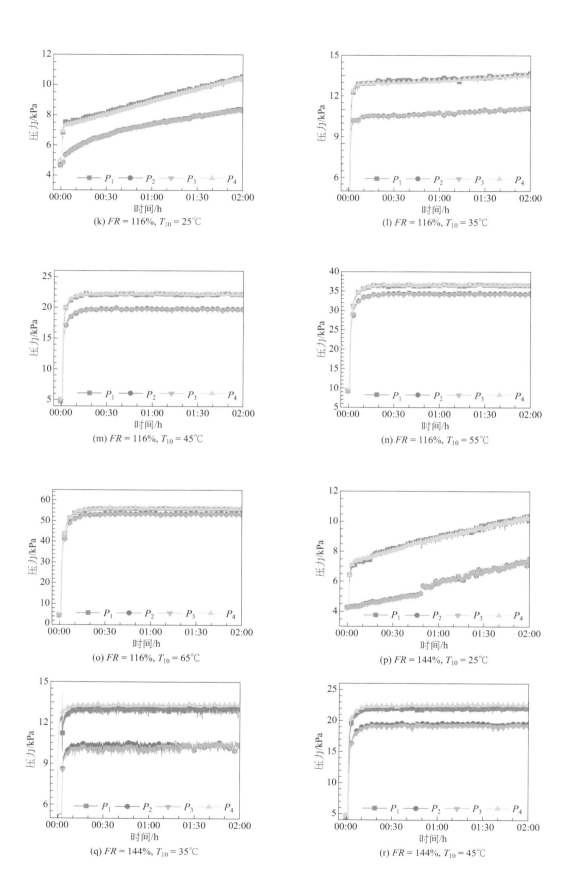

(k) $FR = 116\%$, $T_{10} = 25\,^{\circ}\!C$

(l) $FR = 116\%$, $T_{10} = 35\,^{\circ}\!C$

(m) $FR = 116\%$, $T_{10} = 45\,^{\circ}\!C$

(n) $FR = 116\%$, $T_{10} = 55\,^{\circ}\!C$

(o) $FR = 116\%$, $T_{10} = 65\,^{\circ}\!C$

(p) $FR = 144\%$, $T_{10} = 25\,^{\circ}\!C$

(q) $FR = 144\%$, $T_{10} = 35\,^{\circ}\!C$

(r) $FR = 144\%$, $T_{10} = 45\,^{\circ}\!C$

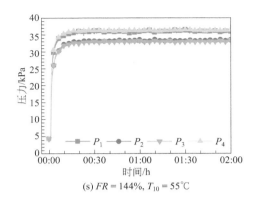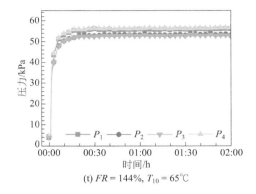

(s) $FR = 144\%$, $T_{10} = 55℃$　　　　　　　　　(t) $FR = 144\%$, $T_{10} = 65℃$

图 4-13　不同 FR 和 T_{10} 条件下建筑集成用 TPTL 在直接启动与循环过程中的压力响应

当 $T_{10} \geqslant 35℃$ 时，T_1 和 $T_3 \sim T_6$ 以及全部压力监测点的读数在热源加载后的 20 ~ 190s 内呈现出接近垂直的变化趋势直到启动过程结束；随后 T_1 和 $T_3 \sim T_6$ 以及全部压力监测点的读数保持平稳变化趋势；与此同时，T_2 的读数则呈现出先快速上升而后突然下降的变化趋势（启动标志），但 T_2 在快速启动和循环的过程中的上升幅度并不明显，随后 T_2 长时间保持平稳上升趋势，直至达到相对稳定状态。此外，在相同 FR 条件下，随着 T_{10} 的上升，TPTL 沿工质循环方向的环向温度梯度以及蒸发段与冷凝段压力差均逐渐减小；同时，在相同 T_{10} 条件下，随着 FR 的上升，热管环向温度梯度也逐渐减小，并在 T_{10} 为 65℃、FR 为 144% 时可得到最低环向温度梯度值，但蒸发段与冷凝段压力差并未呈现出明显单调增 / 减趋势。

简而言之，当 $T_{10} \geqslant 35℃$ 时，建筑集成用 TPTL 在所研究 FR 下均能成功启动并维持正常运行。对于正常的直接启动，TPTL 蒸发器内部工质受到加热作用将立刻发生蒸发相变，气态工质或气液混合物在浮力推动下逸出到蒸发器出口并进入气体上升管路，随后气态工质或气液混合物进入冷凝器并受到嵌管层的冷却而发生冷凝相变，同时工质所携带的热量也被持续释放至复合墙体中，最终冷凝后的液态工质在重力作用下再次回流至蒸发器中，循环过程随之建立。

当 $T_{10}=25℃$ 时，建筑集成用 TPTL 各温度监测点变化趋势以及蒸发段与冷凝段的压力变化趋势在不同 FR 条件下则不尽相同。对于温度响应：低 FR 条件下（例如 60%）的瞬态温度响应与较高热负荷下（即 $T_{10} \geqslant 35℃$ 时）的瞬态响应类似；而高 FR 条件下的温度瞬态响应则与低 FR 条件或者较高热负荷条件下的响应完全不同。以 $FR=144\%$ 为例，仅 T_1 在热源加载后呈现快速上升的趋势，而 T_2、T_4 和 T_5 则表现出缓慢上升趋势，直到 48mins 时 T_4 出现下降。压力响应变化趋势更为复杂：低 FR 条件下（如 60%），在经历热源加载后的短暂快速上升后，各压力监测点读数维持相对稳定变化趋势，但各压力监测点压力值差别较小，并直至 90mins 后才逐渐建立起蒸发段与冷凝段压力差；而高 FR 条件下蒸发段压力监测点 P_1 和 P_4 虽然在热源加载后快速上升，但冷凝段压力监测点 P_2 和 P_3 则始终维持缓慢上升的趋势直至结束，蒸发段与冷凝段压差也始终维持相对稳定。在 $FR=144\%$ 条件下，尽管冷凝的液态工质开始从冷凝器流出并返回蒸发器入口，但此时 TPTL 仍无法建立起稳定循环，冷凝器入口可以观察到周期性温度波动，蒸发器出口和冷凝器进口间以及冷凝器进口和出口间的温度梯度也很明显，这也表明此时 TPTL 的传热性能较差。这些发生在高 FR 时的现象会随着 FR 的降低而逐渐得到改善，例如 $FR=116\%$ 时，可以观察到蒸气到达冷凝器入口所需时间更短，T_2 与 T_1 几乎同时上升，虽然蒸发器和冷凝器之间仍然存在温度梯度，但二者的温度差明显减小，冷凝器内部的温度梯度也逐渐消失。

以上发生在 $T_{10}=25℃$ 时的实验现象可解释为，在较低热负荷条件下，更高的 FR 需要更高的循环驱动力来克服回路循环热阻。热负荷较低即热源温度与室内设定温度接近时，较低 FR 条件下热管内部工质输运和能量传递更为高效，这是因为在较高 FR 条件下蒸发器内积聚的工质在顺利启动前需要更长工质预热时间，同时蒸发器内部及部分气体上升管路中过多的工质此时也会成为蒸气逸出的额外阻力。在预热过程结束后，也仅有少量蒸气可以到达冷凝器并在冷凝器中发生冷凝相变，随后返回蒸发器并形成"完整的循环"。由于蒸发器中蒸气逸出量较少，导致循环驱动力相对不足，冷凝器入口温度也发生振荡，并形成较为明显的温度梯度。需要特别指出的是，在进行低热负荷（即 $T_{10}=25℃$ 的）试验时，热源温度随着实验的进行而逐渐升高，这是由实验过程中蒸发器吸收的热量小于循环水泵自身功耗导致的，而随着传热能力的不断提升，这一现象也随之消失。

4.2.2 间歇启动过程瞬态热响应特性

PTABS 在部分工况下可能受到环境变化和运行控制的影响，因此本节对建筑集成用 TPTL 在间歇启动控制模式下的瞬态响应特性进行了实验研究。图 4-14 和图 4-15 分别给出了四种不同 FR（60%、88%、116% 和 144%）及五种不同热源温度（25℃、35℃、45℃、55℃和 65℃）下建筑集成用 TPTL 在间歇启动过程中的瞬态温度和压力响应变化。间歇启动实验结果表明，系统可在全部五种热源温度下完成间歇启动并可适应运行模式的间歇变化，再次证实 PTABS 的技术可行性。瞬态温度和压力响应结果还表明，建筑集成用 TPTL 在高热负荷和低热负荷条件下的间歇启动过程同样存在着一定程度的差异。

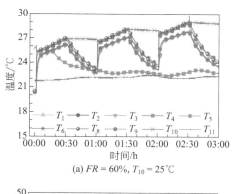

(a) $FR = 60\%$, $T_{10} = 25℃$

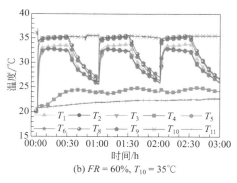

(b) $FR = 60\%$, $T_{10} = 35℃$

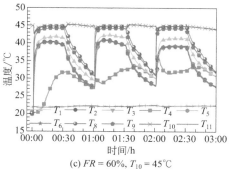

(c) $FR = 60\%$, $T_{10} = 45℃$

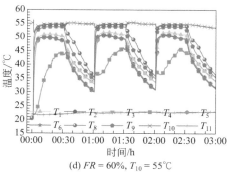

(d) $FR = 60\%$, $T_{10} = 55℃$

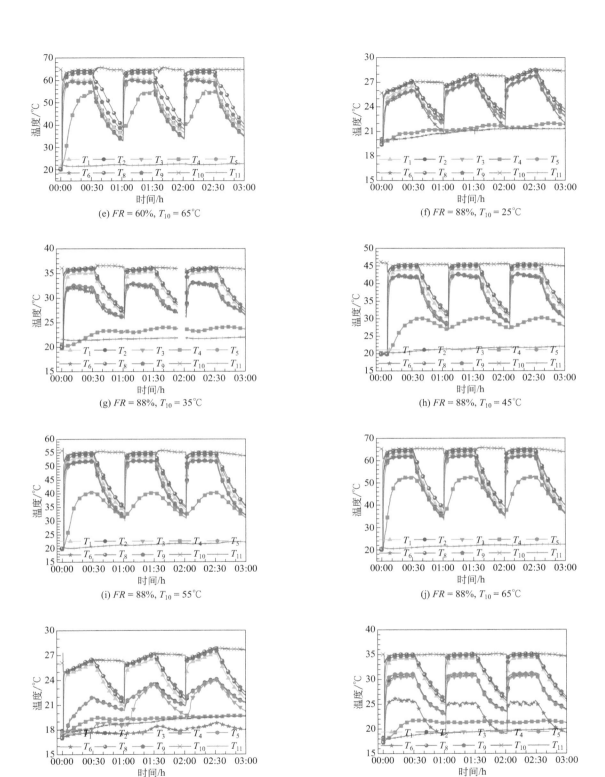

(e) $FR = 60\%$, $T_{10} = 65℃$

(f) $FR = 88\%$, $T_{10} = 25℃$

(g) $FR = 88\%$, $T_{10} = 35℃$

(h) $FR = 88\%$, $T_{10} = 45℃$

(i) $FR = 88\%$, $T_{10} = 55℃$

(j) $FR = 88\%$, $T_{10} = 65℃$

(k) $FR = 116\%$, $T_{10} = 25℃$

(l) $FR = 116\%$, $T_{10} = 35℃$

图 4-14

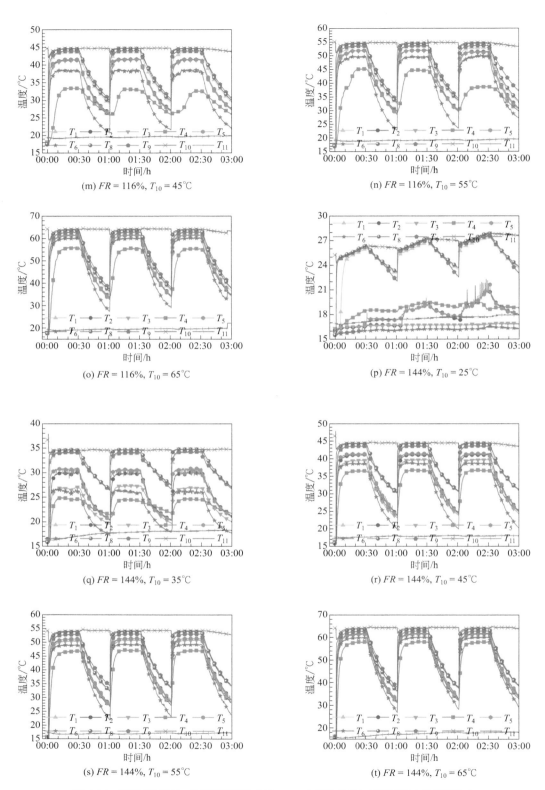

(m) $FR = 116\%$, $T_{10} = 45℃$

(n) $FR = 116\%$, $T_{10} = 55℃$

(o) $FR = 116\%$, $T_{10} = 65℃$

(p) $FR = 144\%$, $T_{10} = 25℃$

(q) $FR = 144\%$, $T_{10} = 35℃$

(r) $FR = 144\%$, $T_{10} = 45℃$

(s) $FR = 144\%$, $T_{10} = 55℃$

(t) $FR = 144\%$, $T_{10} = 65℃$

图 4-14 不同 FR 和 T_{10} 条件下建筑集成用 TPTL 在间歇启动与循环过程中的温度响应

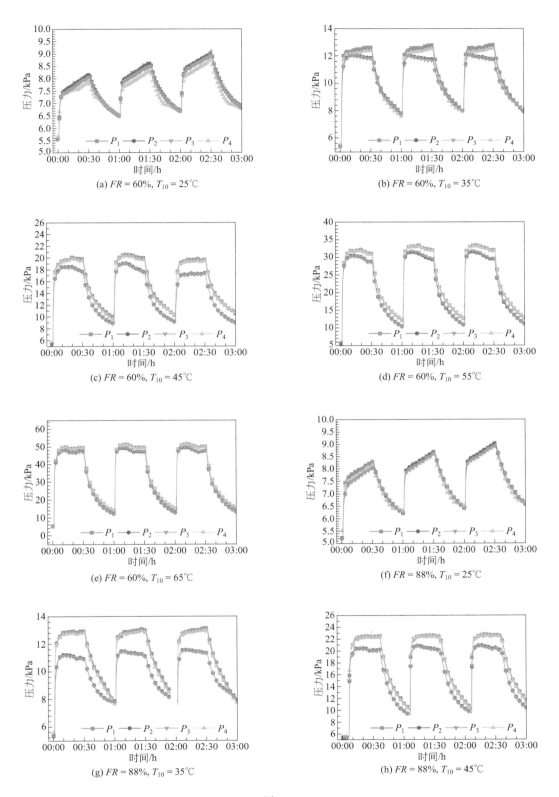

(a) $FR = 60\%$, $T_{10} = 25°C$

(b) $FR = 60\%$, $T_{10} = 35°C$

(c) $FR = 60\%$, $T_{10} = 45°C$

(d) $FR = 60\%$, $T_{10} = 55°C$

(e) $FR = 60\%$, $T_{10} = 65°C$

(f) $FR = 88\%$, $T_{10} = 25°C$

(g) $FR = 88\%$, $T_{10} = 35°C$

(h) $FR = 88\%$, $T_{10} = 45°C$

图 4-15

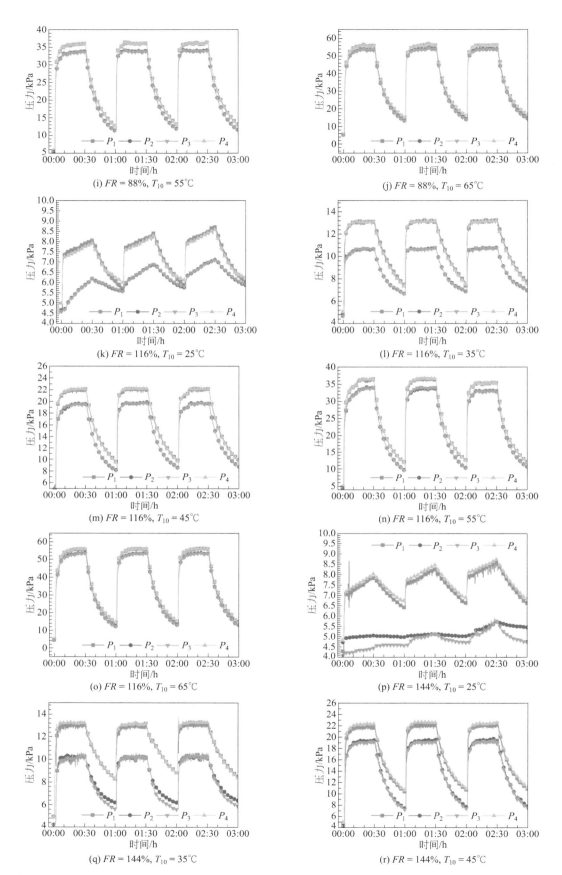

(i) $FR = 88\%$, $T_{10} = 55\,^{\circ}\text{C}$

(j) $FR = 88\%$, $T_{10} = 65\,^{\circ}\text{C}$

(k) $FR = 116\%$, $T_{10} = 25\,^{\circ}\text{C}$

(l) $FR = 116\%$, $T_{10} = 35\,^{\circ}\text{C}$

(m) $FR = 116\%$, $T_{10} = 45\,^{\circ}\text{C}$

(n) $FR = 116\%$, $T_{10} = 55\,^{\circ}\text{C}$

(o) $FR = 116\%$, $T_{10} = 65\,^{\circ}\text{C}$

(p) $FR = 144\%$, $T_{10} = 25\,^{\circ}\text{C}$

(q) $FR = 144\%$, $T_{10} = 35\,^{\circ}\text{C}$

(r) $FR = 144\%$, $T_{10} = 45\,^{\circ}\text{C}$

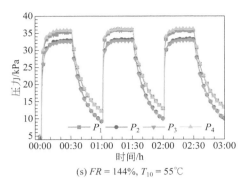 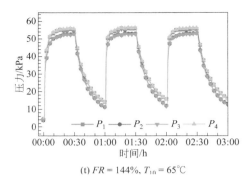

(s) $FR = 144\%$, $T_{10} = 55℃$　　　　　　　　　(t) $FR = 144\%$, $T_{10} = 65℃$

图 4-15　不同 FR 和 T_{10} 条件下建筑集成用 TPTL 在间歇启动与循环过程中的压力响应

当 $T_{10} \geqslant 35℃$时，温度监测点 T_1 和 $T_3 \sim T_6$ 的读数以及全部压力监测点的读数在蒸发段加载热源后的短时间内呈现出接近垂直的上升变化直到启动过程结束，随后 T_1 和 $T_3 \sim T_6$ 以及全部压力监测点的读数保持相对平稳的变化直至卸载热源；在此过程中，温度监测点 T_2 的读数呈现出先快速上升后突然下降的变化（启动标志），由于启动过程时间持续较短，T_2 在快速启动和循环的过程中的上升幅度同样并不明显，T_2 的读数启动完成后则继续保持长时间平稳上升直至热源卸载。简而言之，当 $T_{10} \geqslant 35℃$时，建筑集成用 TPTL 在所研究的四种 FR 条件下均能成功进行间歇启动并维持正常工作运行。

进一步的，对于 $T_{10} \geqslant 35℃$的间歇启动，首次启动与循环过程与前述直接启动与循环过程一致，但二次启动过程及后续启动过程则产生一些变化。实际上，二次启动时系统的初始状态与首次启动并不一致，二次启动是在首次启动与循环过程中热源被卸载半小时的基础上再次加载热源，此时整个系统的初始状态并未恢复至首次启动时的初始状态。可以看出，二次启动时系统的背景温度相比首次启动时要高，这相当于二次启动前对系统进行了"预热"。受此影响，二次启动过程中相应温度和压力监测点的瞬态响应更为迅速，启动所需时间相对首次启动也更短。类似的，由于三次启动时系统的初始状态与二次启动前较为类似，因此三次启动与循环过程中的瞬态温度和压力响应特征与二次启动较为类似。

当 T_{10} 设定为 $25℃$时，不同 FR 条件下的首次启动过程中，建筑集成用 TPTL 各温度监测点沿回路变化以及蒸发段与冷凝段的压差变化同直接启动与循环过程类似，但二次启动及后续再次启动与循环过程同样出现了一些新变化。其中，在低 FR 条件下（如 60%），受首次启动后背景温度整体得到提升的影响，系统在二次启动时温度和压力监测点的瞬态响应更加迅速，二次启动过程中温度监测点 T_2 可在极短时间下降，因此启动所需时间相对首次启动也更短。当 FR 上升到 88% 时，还可看出二次启动后 TPTL 沿循环方向的温度梯度相对首次启动不但得到明显改善，循环的稳定性也有所提升。简而言之，当 $T_{10} = 25℃$时，建筑集成用 TPTL 在所研究的低 FR 下可成功进行间歇启动和维持正常运行。

上述结果也为未来 PTABS 的运行控制提供了有益参考，尤其是在热源温度接近室内设定温度的条件下。在保温隔热情景下，直接启动相对间歇启动来说不稳定，并且只有在系统 FR 较低条件下才能正常启动，此时系统若无充液率调控措施将在一定程度上限制 PTABS 在高热负荷条件下的应用。通过间歇加载热源的方式或者在启动前对蒸发段提前进行"预热"，则可以帮助 PTABS 在低热负荷条件下更加快速地建立稳定和可靠循环，同时低热负荷条件下 TPTL 的启动对充液率的要求也将更加宽松，由此在系统未配备充液率调控措施的情形下辅助功能应用场景乃至直接供能应用场景所受到的影响也会大幅减少。

4.3 关键性能参数对启动与循环过程的影响分析

4.3.1 充液率和热源温度对系统热阻影响

前文详细介绍了建筑集成用 TPTL 在直接和间歇启动过程中的瞬态温度和压力响应特性，本节则首先借助热阻指标对上述正交实验进行总结，以进一步评估 FR 和 T_{10} 对建筑集成用 TPTL 能量传输性能的影响。图 4-16 中给出了不同 FR 条件下建筑集成用 TPTL 的总热阻（R_{sy}）及其各组成部分随 T_{10} 的变化。结果表明，在所研究四种 FR 条件下，R_{sy} 及其除冷凝器热阻（R_c）外的各子项热阻均随 T_{10} 的升高而下降。R_c 首先随 T_{10} 的升高而增大，并且在 T_{10}=55℃时达到最大值，且最大值范围为 0.84～0.91℃/W，而后 R_c 随 T_{10} 的进一步升高出现轻微下降。与蒸发器热阻（R_e）和传输热阻（R_t）相比，相同 FR 条件下 R_c 的变化幅度较小，最大差值也仅为 0.02℃/W（发生在 FR=144%、T_{10}=35℃和55℃时），但 R_c 在 R_{sy} 中所占比例始终最高。FR 为 144% 时，R_c 比例从 58.6%（T_{10}=35℃）迅速升高至 94.4%（T_{10}=65℃）。

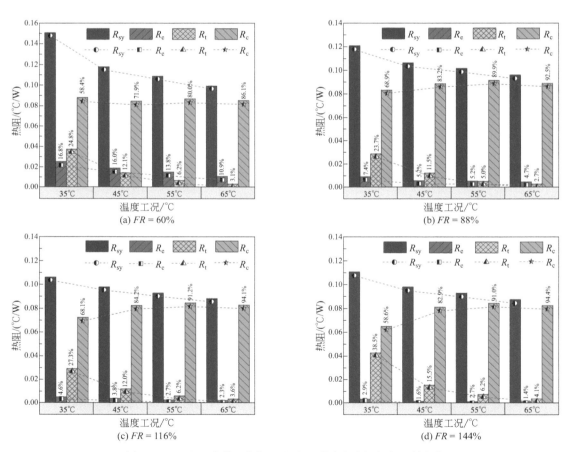

图 4-16 不同 FR 条件下总热阻（R_{sy}）及其各组成部分随 T_{10} 的变化

以上 R_c 变化可作如下解释：实验中复合墙体的嵌管层是由细沙填充的，嵌管层热扩散能力相对不足，当 T_{10} 提高至较高水平时，蒸发段吸收热量无法及时有效地通过冷凝段注入嵌管层及其相邻区域。因此，逐渐提升的注热负荷与嵌管层材料较低的热扩散能力之间的不匹配程度在逐渐扩大，导致嵌管层及其邻近区域出现较为严重的热堆积现象。由式（4-7）可知，随着热堆积现象的加剧，R_c 在总热阻中所占比例也随之增大，并在 T_{10} 为 65℃时达到最大，范围为 86.1% ～ 94.4%。

另外，随着 T_{10} 逐渐升高，R_e 和 R_t 在 R_{sy} 中所占比例逐渐减小，二者合计最高仅占 14%（FR=60%，T_{10}=65℃）。复合墙体的汇测更受关注（以冬季工况为例），而 TPTL 冷凝段处于第一类传热边界条件下，嵌管层热扩散能力对 PTABS 的热传输性能影响非常关键。上述结果也表明：PTABS 的嵌管段是制约复合墙体整体热传输效率的主要瓶颈。为提升 PTABS 的能量传输效率，今后应同步优化嵌管层的保温隔热能力和热扩散能力，积极探索适用于复合墙体的建筑材料。

图 4-16 中的结果还表明：当 T_{10}=35℃时，R_e 小于 R_t，但随 T_{10} 的进一步升高，R_t 的下降速率明显快于 R_e，T_{10} 每增加 10℃，R_t 则要相应减少 47.8% ～ 64.3%。这一变化也表明，T_{10} 较低时 TPTL 中的蒸气输出速率相对较低，循环驱动力相对不足，使得 R_t 所占比例要大于 T_{10} 较多的情形。理论上，较高的 T_{10} 有利于产生更大的循环驱动力来克服回路热阻。随着 T_{10} 的升高，蒸气质量流量将显著增加，R_t 所占比例也将逐渐减小至最小值。T_{10} 相同时，R_t 随着 FR 的增加先减小后增大，当 FR 为 88% 时，R_t 最小，说明此时 TPTL 内部传输效率较高。

考虑到复合墙体冷凝段热阻受嵌管层材料影响较大，本节进一步利用热源至冷凝器壁面的热阻叠加值即注热热阻（R_{ht}）来评价建筑集成用 TPTL 的注热效率。图 4-17 给出了不同 T_{10} 和 FR 条件下 R_{ht} 的变化情况，可以看出：不同 T_{10} 条件下，FR 为 60% 时的 R_{ht} 明显大于其他三种 FR 条件下所得结果，说明由于 TPTL 处于工质欠充，蒸发器出口出现了过热现象；类似地，由于工质过充，R_{ht} 在 FR 为 116% 时出现拐点并开始增大。与工质欠充不同，随着 T_{10} 的升高，过充现象将逐渐得到改善，R_{ht} 在 FR 为 144%、T_{10} 为 65℃时可以达到最低，这也表明最佳 FR 随着 T_{10} 的升高而增大。不同 T_{10} 条件下的 R_{ht} 总体呈现"凹"形分布特征，除 T_{10} 为 65℃外，FR 为 116% 时"凹"形曲线斜率接近零。R_{ht} 在 T_{10} 为 65℃、FR 为 144% 时最小，但与 FR 为 116% 时的 R_{ht} 相差较小，仅为 5.9%。因此，从 R_{ht} 的角度来看，最佳充液率为 116%。

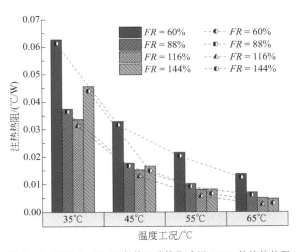

图 4-17　不同 T_{10} 和 FR 条件下建筑集成用 TPTL 的注热热阻（R_{ht}）变化

4.3.2　充液率和热源温度对启动速度影响

启动速度（S）是建筑集成用 TPTL 的另一重要特性。启动时间一般是指达到相对稳定的传热状态（如达到最大传热量并维持变动范围在 5%[2]，或从加载热负荷到蒸发器入口出现温度陡降[3]）所需时长。相比前者，直接观测温度监测结果可避免进行二次数据处理和潜在误差的发生，所以本节采用以温度代替传热量并考虑初始状态和外部环境的 S 值来评价建筑集成用 TPTL 的启动特性。

不同 T_{10} 和 FR 条件下 TPTL 的 S 值如图 4-18 所示。可以看出，不同 T_{10} 条件下 TPTL 均可以顺利启动，且在低 T_{10} 条件下 S 值也可达到 0.06℃/s（FR=60%）。随着 T_{10} 的升高，S 值得到迅速提升。在 T_{10} 相同且保持相对较低的条件下，较低 FR 条件下的 S 值相对更高，但不同 FR 之间的 S 值差值随 T_{10} 的升高而逐渐减小。例如，在 T_{10} 为 55℃和 65℃时，不同 FR 条件下的 S 值最大差值分别为 12.8% 和 4.7%，明显要低于 35℃时的 48.8%。此外，除 65℃外的其他 T_{10} 条件下，即使 TPTL 处于欠充状态，FR 为 60% 时 S 值也最高。这一现象也表明，较低的 FR 使得蒸发器内部的流动阻力较低，有利于 TPTL 的快速启动，而流动阻力的影响会随着 T_{10} 的升高而逐渐减弱，因为 TPTL 内部的驱动力得到了较快的提升。

从 R_{ht} 值和 S 值均可以看出，所研究的复合墙体在不同运行条件下的最佳充液率并非固定值（在 116% 附近）。实际应用中可以通过适当降低 FR 以获得更高的 S 值，用于复合墙体的保温隔热情景以及中性情景；而对于应用于辅助供能甚至直接墙面供能情景的复合墙体，可以适当提高 FR 以获得较低的 R_{ht} 值。

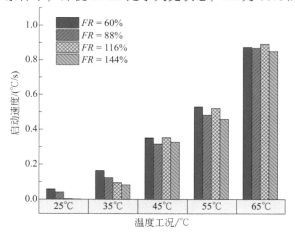

图 4-18　不同 T_{10} 和 FR 条件下建筑集成用 TPTL 的启动速度（S 值）变化

4.4　正向持续运行过程热特性分析

4.4.1　瞬态热响应特性

PTABS 通过较长时间向围护结构注入热量可以满足不同应用场景下建筑的用能需求。如果说由于建筑集成用 TPTL 的启动过程是一个典型的非稳态过程，其启动成功与否以及在此过程中所展示出的传热特性关系到 PTABS 能否进行正常工作，那么启动后稳定运行阶段的动态特性则对其长期运行稳定性和可靠性来说至关重要。针对正向稳定运行过程中的运行状况和传热特性，本节对建筑集成用 TPTL 原型进行了 12h 持续运行检测，同时通过红外热像仪对复合墙体单元的表面温度场进行了持续观测，并计算了相应的总热阻以及注热量，为了解建筑集成用 TPTL 从启动阶段到运行阶段的热特性提供参考。

图 4-19 和图 4-20 中分别给出了建筑集成用 TPTL 原型在正向持续运行过程中的瞬态温度和压力响应结果，图中结果是在最佳 FR（116%）以及四种不同 T_{10}（35℃，45℃，55℃和65℃）条件下获得的。正向持续运行过程中的温度和压力瞬态响应结果显示，无论是在何种所研究 T_{10} 条件下，TPTL 在长期运行过程中均可以维持稳定运行状态，这也再次表明 PTABS 应用于不同场景的可行性和可靠性。

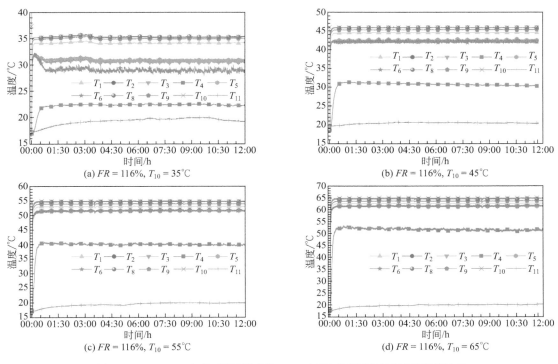

图 4-19 *FR*=116% 条件下建筑集成用 TPTL 在正向持续运行过程中的温度响应

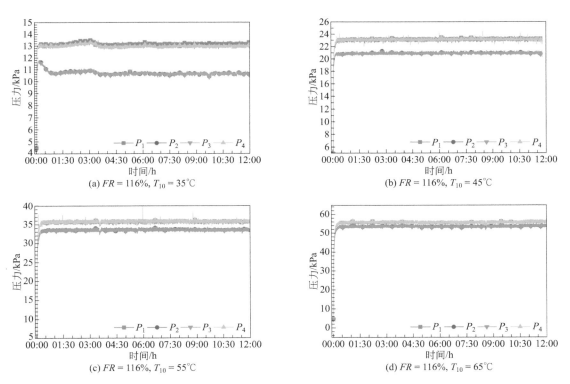

图 4-20 *FR*=116% 条件下建筑集成用 TPTL 在正向持续运行过程中的压力响应

从图 4-19 中温度监测点 T_2、T_3、T_8 和 T_9 的响应曲线还可看出：稳定运行过程中，注热温

度与 T_{10} 之间存在一定差值（2～4℃），并且这一差值随着 T_{10} 的逐渐提升而下降。这也预示着，在需要借助 PTABS 达到围护结构精准温度控制的应用场景中，源端温度可适当提高 2～4℃以克服 TPTL 内部循环阻力可能造成的注热温度相对不足的情况。此外，图 4-19 和图 4-20 中冷凝段进出口温度监测点 T_2 和 T_3 以及冷凝段进出口压力监测点 P_2 和 P_3 的曲线基本重合，说明冷凝段内部工质的冷凝放热过程（注热过程）是沿程均匀一致的，在认为测量仪器本身没有测量误差的情况下，冷凝段沿程温度梯度也仅有 0.1℃，并未出现明显温度梯度。以往主动式 TABS 系统以显热热交换方式为显著特征，在向建筑围护结构注入能量的过程中必然引起沿程温度梯度的出现，且随着管路变长以及水温上升，沿程温度梯度还会更加趋于明显。而沿程温度梯度的存在会导致诸多建筑围护结构以及自身运行安全等潜在问题，例如热应力可能导致围护结构内部及表面出现裂纹等。而采用以潜热热交换方式为特征的 PTABS 则不会出现明显的沿程温度梯度问题，同时潜热热交换方式相比传统主动式 TABS 的注热效率更高。

图 4-21 给出了建筑集成用 TPTL 原型在正向持续运行过程中主要管段的压差变化。PTABS 实现围护结构"低"负荷甚至"负"负荷的原理在于其可以通过低品位或可再生能源的注入在围护结构中筑起一道虚拟温度隔绝界面，从而可有效屏蔽室外气候对室内环境的影响。建筑集成用 TPTL 是一种利用热源和热汇两端的工质密度差即自身相变驱动的高效传热系统，这也是 PTABS 相比主动式 TABS 可进一步削减自身运行能耗的根本原因。总之，随着热源温度的不断增加，系统内部的压力随之快速上升，TPTL 可提供的循环驱动力也更大，考虑到在两端高度差一定的条件下系统所需驱动力并未发生明显改变，因此内部工质的循环速率将更大，这也符合质量流量随加热功率的增加而增加的变化情况。

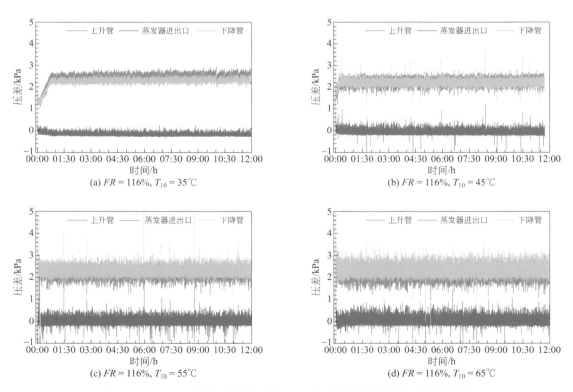

图 4-21　FR=116% 条件下建筑集成用 TPTL 在正向持续运行过程中的压差变化

4.4.2　温度场分布

对于 PTABS 技术，除了需要探究建筑集成用 TPTL 在短期启动以及长期运行过程中的能量传输特性外，其与围护结构集成后所形成的复合墙体热特性对于验证技术的可行性以及未来进一步开展设计优化也很重要。因此，在正向持续运行过程的实验基础上，图 4-22 中给出了复合墙体在正向持续运行实验中前 2h 内的等距红外图像变化（间隔时间为 0.5h），这里 FR 为 116%，T_{10} 分别为 25℃、35℃、45℃、55℃和 65℃。从图 4-22 中可以看出：在所研究的五种 T_{10} 条件下，复合墙体内表面在 0.5 h 时即出现温度上升，且内表面温度提升效果随着 T_{10} 提升也更加明显。因此，红外热像监测结果也验证了复合墙体应用于建筑热管理的可行性。

图 4-23 中进一步以 T_{10} 为 35℃和 55℃为例，给出了复合墙体在正向持续运行实验中 12h 内的等距红外图像变化，这里间隔时间为 2h。从图 4-23 可以看出：在蒸发段加载热源后，当建筑集成用 TPTL 成功启动并持续运行时，尽管复合墙体内墙表面温度分布逐渐出现不均匀现象，但墙体内表面边界到砖层与保温层界面之间的区域温度明显有所升高，且随着时间的持续或 T_{10} 的升高，提升效果更加明显。上述现象主要得益于 TPTL 快速的瞬态热响应特性，从而使得热源产生的热量可以在短时间内被传递并注入复合墙体中。随着运行时间的持续，砖层与保温层之间形成了一条清晰的热分界线，大部分被注入的热量可用于设计目的。与此同时，由于复合墙体嵌管层的热扩散性能较差，通过红外图像还可以在复合墙体中观察到较为明显的热堆积现象，这也验证了前文对热堆积的分析。因此，为了进一步提升建筑集成用 TPTL 的能量传输效率，改善复合墙体的热堆积现象以实现获得更为均匀的内表面温度的目的，今后应寻找适宜的嵌管层材料并对复合墙体的结构设计展开更加深入的理论和实验研究。

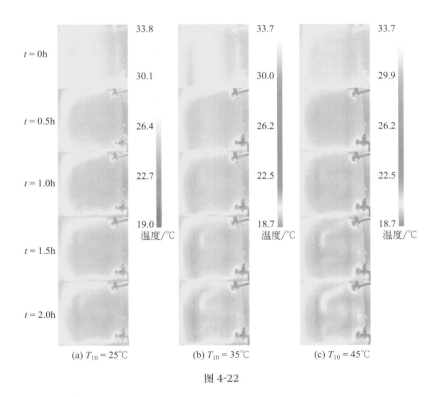

图 4-22

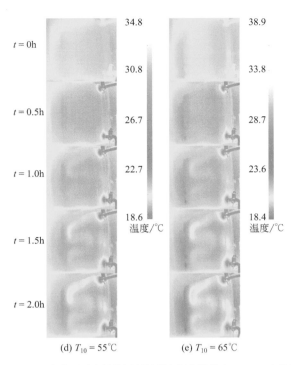

(d) $T_{10} = 55℃$　　　　(e) $T_{10} = 65℃$

图 4-22　FR=116% 条件下正向持续运行过程中复合墙体在 0 ～ 2h 内的温度场变化

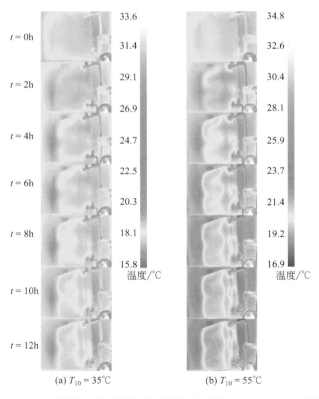

(a) $T_{10} = 35℃$　　　　(b) $T_{10} = 55℃$

图 4-23　FR=116% 条件下正向持续运行过程中复合墙体在 0 ～ 12h 内的温度场变化

4.4.3 热阻与注热特性

图 4-24 中给出了 PTABS 检测单元在充液率为 116%、四种不同 T_{10} 条件下的逐时和累计注入热量随时间的变化结果。从图 4-24 中可以看出：复合墙体单元的逐时注入热量受初始温度分布的影响较大，并随着运行的持续而逐渐趋于稳定；同时，注入热量（尤其是累计注入热量）与运行时间之间近似呈线性关系，但由于嵌管层内热量逐渐发生积聚，逐时注入热量呈现缓慢减少趋势，且这一趋势在较高热源温度下更为明显。由图 4-24(b) 中还可看出，四种不同 T_{10} 条件下的累计注入热量变化曲线的斜率均为正值，且随着 T_{10} 的升高而增大。与图 4-24(a) 中所示的逐时注入热量变化曲线相比，图 4-24(b) 所示的累计注入热量曲线更接近直线，这也表明所研究的复合墙体单元能够保持长期稳定的注热能力。

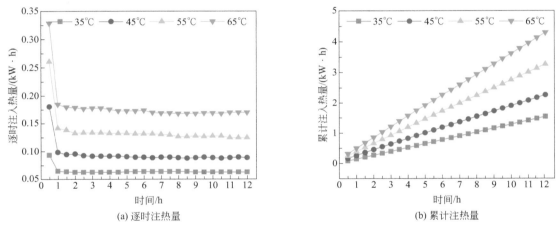

(a) 逐时注热量　　　　　　　　　　　　(b) 累计注热量

图 4-24　PTABS 在正向持续运行过程中注入热量变化

图 4-25 中给出了 PTABS 实验检测单元在充液率为 116%、四种不同 T_{10} 条件下的总热阻和注热热阻随时间变化的结果。从图 4-25(a) 可以看出：随着运行时间的推移，系统的总热阻出现快速下降，但下降的趋势在逐渐减缓。由图 4-24(a) 中数据可知，逐时注热量在正向持续运行过程中基本保持稳定，而 T_{10} 也基本保持恒定，因此总热阻的下降主要是由嵌管层平均温度的上升引起的。此外，由于初始阶段嵌管层平均温度较低，在热堆积不明显的情况下 T_{10} 与嵌管层平均温度的差值快速减小，因此总热阻在初始阶段随之快速下降。但随着热堆积现象的逐渐加剧，T_{10} 与嵌管层平均温度的差值缩小速率也在逐渐下降，因此总热阻在随后阶段的下降幅度也趋于平缓。与此同时，注热热阻是蒸发器热阻与传输热阻之和，可以反映系统整体注热效率的高低。从图 4-25(b) 可以看出，系统的注热热阻在持续 12h 的运行过程中呈现线性化的缓慢上升，且 T_{10} 越高上升斜率越低，这也表明建筑集成用 TPTL 注热效率在注热过程中可长期保持在相对稳定的水平。

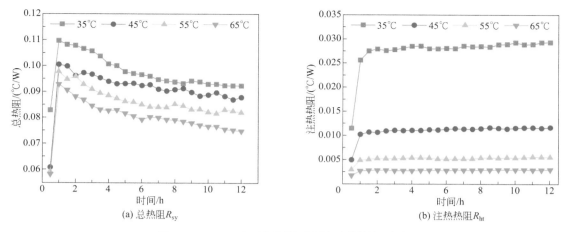

(a) 总热阻R_{sy} (b) 注热热阻R_{ht}

图 4-25 PTABS 在正向持续运行过程中传热热阻变化

4.5 反向启动与循环过程热特性分析

4.5.1 系统压降与重力作用分析

本节建立了建筑集成用 TPTL 回路的简化压降模型，着重分析了重力对系统运行的影响，以便分析使用紧凑型蒸发器作为 TPTL 蒸发器的回路正、反循环现象。在建立简化的压降模型时，假设蒸发器出口有轻微过热，冷凝器出口有轻微过冷，因此气路和液路中的流体流动都可以作为单相流动。

建筑集成用 TPTL 回路的总压降主要包括四部分，表示为：

$$\Delta P_{loop} = \Delta P_{ep} + \Delta P_{gl} + \Delta P_{cd} + \Delta P_{ll} \tag{4-14}$$

对于输气管道中的单相蒸气流，压降可分为两部分：

$$\Delta P_{gl} = \Delta P_{gl,g} + \Delta P_{gl,f} \tag{4-15}$$

输气管道中的重力压降表示为：

$$\Delta P_{gl,g} = \pm \rho_v g H_{gl} \tag{4-16}$$

式中，g 为重力加速度，m/s^2；H_{gl} 为蒸气上升段高差，m；ρ_v 为蒸气密度；"+" 和 "−" 分别表示与重力方向相反和相同的蒸气流。

$$\Delta P_{gl,f} = 2L_{gl} f_v G^2 / (D\rho_v) \tag{4-17}$$

式中，L_{gl} 为蒸气上升段管路长度，m；f_v 为蒸气摩擦系数；G 为单位质量流量；D 为管道直径，m。

对于液路中的单相流体流动，同样，可以通过以下方法获得压降：

$$\Delta P_{ll} = \Delta P_{ll,g} + \Delta P_{ll,f} \tag{4-18}$$

使用以下方法评估液体管道中的重力压降：

$$\Delta P_{\mathrm{ll,g}} = \pm \rho_{\mathrm{l}} g H_{\mathrm{ll}} \tag{4-19}$$

式中，ρ_{l} 为液态工质密度，$\mathrm{kg/m^3}$；H_{ll} 为液体下降段高差，m；"+"和"−"分别表示液体在重力的相反方向和相同方向流动。

液体管路中的摩擦压降由下式给出：

$$\Delta P_{\mathrm{ll,f}} = 2 L_{\mathrm{ll}} f_{\mathrm{l}} G^2 / (D \rho_{\mathrm{l}}) \tag{4-20}$$

对于式（4-17）和式（4-20），蒸气（$k=v$）和液体（$k=l$）的摩擦系数定义为：

$$f_k = \begin{cases} 16/Re_k, & Re_k < 2300 \\ 0.079/Re_k^{0.25}, & 2300 \leqslant Re_k < 20000 \\ 0.046/Re_k^{0.20}, & Re_k > 20000 \end{cases} \tag{4-21}$$

式中，Re_k 为雷诺数。

气体管线和液体管线中的流体和蒸气质量流量表示为：

$$G = G_{\mathrm{l}} = G_{\mathrm{v}} = 4 m_{\mathrm{l}} / (\pi D_{\mathrm{l}}^2) = 4 m_{\mathrm{v}} / (\pi D_{\mathrm{v}}^2) \tag{4-22}$$

式中，G_{l} 和 G_{v} 分别为液态工质和气态工质单位质量流量，$\mathrm{kg/(m^2 \cdot s)}$；$m_{\mathrm{l}}$ 和 m_{v} 分别为液态工质和气态工质的质量流量，kg/s；D_{l} 和 D_{v} 分别为液体下降管和蒸气上升管直径，m；ρ_{v} 为蒸气密度，$\mathrm{kg/m^3}$。

本书中冷凝器和蒸发器的流道结构相似（即圆管），因此以冷凝器的压降为例。凝汽器压降采用 Ali-Chehade 模型[5]进行评估。凝汽器分为两相区和单相区，凝汽器内的压降是上述两个区的压降之和。

$$\Delta P_{\mathrm{cd}} = \Delta P_{\mathrm{cd,tp}} + \Delta P_{\mathrm{cd,sp}} \tag{4-23}$$

对于冷凝器的两相区，压降由重力、摩擦力和动量共同作用：

$$\Delta P_{\mathrm{cd,tp}} = \Delta P_{\mathrm{cd,tp,g}} + \Delta P_{\mathrm{cd,tp,f}} + \Delta P_{\mathrm{cd,tp,m}} \tag{4-24}$$

冷凝器两相区的重力压降表示为：

$$\Delta P_{\mathrm{cd,tp,g}} = \pm [\alpha \rho_{\mathrm{v}} + (1-\alpha) \rho_{\mathrm{l}}] g H_{\mathrm{cd,tp}} \tag{4-25}$$

式中，α 为冷凝器中的空隙率。

使用 ASHRAE 手册[6]评估两相摩擦压降：

$$\Delta P_{\mathrm{cd,tp,f}} = 2 L_{\mathrm{cd,tp}} G_{\mathrm{cd}}^2 \left\{ \left[2 \phi_{\mathrm{cd,v}}^2 \, f_{\mathrm{cd,v}} x / D_{\mathrm{cd}} \rho_{\mathrm{v}} \right]_{\mathrm{out}} - \left[2 \phi_{\mathrm{cd,v}}^2 \, f_{\mathrm{cd,v}} x / D_{\mathrm{cd}} \rho_{\mathrm{v}} \right]_{\mathrm{in}} \right\} \tag{4-26}$$

式中，x 为蒸气干度；$L_{\mathrm{cd,tp}}$ 为冷凝段内两相段管路长度，m；G_{cd} 为冷凝段内两相段单位质量流量，$\mathrm{kg/(m^2 \cdot s)}$；$D_{\mathrm{cd}}$ 为冷凝段管路直径，m。

蒸气两相倍增器 $\phi_{\mathrm{cd,v}}^2$ 计算如下：

$$\phi_{\mathrm{cd,v}}^2 = (1 + 1.8 \chi_{\mathrm{tt}}^{0.9})^2 \tag{4-27}$$

式中，χ_{tt} 为 Martinelli 数。

蒸气摩擦系数 $f_{cd,v}$ 如下：

$$f_{cd,v} = 0.045/(G_{cd}D_{cd}/\mu_v)^{0.2} \tag{4-28}$$

式中，μ_v 为动力黏度，Pa·s。

冷凝器中的两相动量压降[5]：

$$\Delta P_{cd,tp,m} = G^2\left\{\left[\frac{(1-x)^2}{\rho_l(1-\alpha)} + \frac{x^2}{\rho_v\alpha}\right]_{out} - \left[\frac{(1-x)^2}{\rho_l(1-\alpha)} + \frac{x^2}{\rho_v\alpha}\right]_{in}\right\} \tag{4-29}$$

对于冷凝器的单相区域，压降是重力和摩擦力的贡献：

$$\Delta P_{cd,sp} = \Delta P_{cd,sp,g} + \Delta P_{cd,sp,f} \tag{4-30}$$

重力和摩擦力引起的压降定义为式（4-30）和式（4-31）。

$$\Delta P_{cd,sp,g} = \pm\rho_l g H_{cd,sp} \tag{4-31}$$

式中，$H_{cd,sp}$ 为冷凝段内单相段高差，m。

$$\Delta P_{cd,sp,f} = 2L_{cd,sp}f_l G_{cd}^2 /D_{cd}\rho_l \tag{4-32}$$

式中，$L_{cd,sp}$ 为冷凝段内单相段管路长度，m；f_l 为液体摩擦系数。

建筑集成用 TPTL 本质上属于分离式热管，目前人们普遍认为 TPTL 循环的驱动力来自气体上升管和液体下降管之间的两相流体密度之差[7]。实际上，以下事实仍需在今后得到注意。以往研究中使用的热管蒸发器多为非紧凑型换热器，极少数热管蒸发器使用的虽为紧凑型换热器，但这些研究中的"蒸发器出口"相比"蒸发器进口"存在"优势角度"，如图 4-26（a）所示。在存在"优势角度"的情况下，工质在受到所加载热负荷的作用下吸收热量相变蒸发，随即相变产生的蒸气直接从"蒸发器出口"迅速离开，从而在经历一系列的流动和换热过程后最终形成正向循环。对于复合墙体，正向循环意味着来自蒸发器的蒸气从冷凝器上部通道注入，然后冷凝后形成的液态工质从冷凝器下部通道流出。需要注意的是，当正向循环得到建立时，与液态工质流动方向一致的重力本身属于整个回路驱动力的一部分，此时重力的存在将会促进内部的流动和换热过程。然而，实际中由于系统的安装或存在其他特殊控制措施，"蒸发器入口"也可能相对"蒸发器出口"存在"优势角度"，如图 4-26(b) 所示。这种情况下，蒸发器在受到所施加热负荷的作用后产生的蒸气将在"蒸发器入口"而非"蒸发器出口"聚集，甚至蒸气可进一步从"蒸发器入口"逸出并沿液体下降管进入冷凝器中，并在冷凝器中放热冷凝后形成液态工质，随后经蒸气上升管回流至"蒸发器出口"，最终形成与正向循环相应的反向循环。对于复合墙体，反向循环意味着来自蒸发器的蒸气从冷凝器下部通道注入，冷凝后形成的液态工质从冷凝器上部通道流出。当反向循环得到建立时，与液态循环工质流动方向相反的重力则成为了循环流动必须克服的阻力，此时重力的存在将会阻碍内部的流动和换热过程。

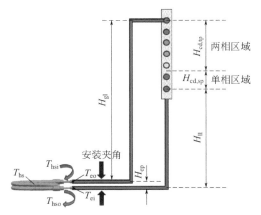

(a) 正向启动与循环过程驱动压头和阻力分布

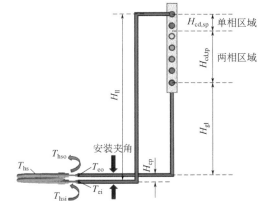

(b) 反向启动与循环过程驱动压头和阻力分布

图 4-26 蒸发器出口与进口安装角度对启动与循环过程的影响

4.5.2 瞬态热响应特性

前文中给出了建筑集成用 TPTL 的简化压降模型，并从理论上分析了重力对循环驱动力的影响。理论分析表明，如果密度差能够克服包括冷凝器内重力压降在内的全部回路压降，则系统具备进行反向启动并维持运行的可能。在正向启动与运行过程中，建筑集成用 TPTL 的蒸发器出口要比入口高出 29mm。为了验证在特定安装和运行条件下建筑集成用 TPTL 在实际中是否可以实现反向启动和运行，本节对同一蒸发器安装角度进行了调整，最终使得"蒸发器入口"比"蒸发器出口"高出 29mm，然后按照上述正向启动和循环测试中的相同步骤对实验系统进行再次测试。为避免引起歧义，本节中有关命名仍与前文保持一致。

图 4-27 和图 4-28 分别给出了在两种不同 FR（88% 和 144%）和三种不同 T_{10}（35℃、45℃和55℃）条件下建筑集成用 TPTL 的瞬态温度和压力响应结果。从图 4-27 可以看出：FR 为 88% 时，T_{10} 为 55℃与 T_{10} 为 35℃和 45℃的温度响应特性完全不同；同时，FR 为 144% 时，T_{10} 为 45℃和 55℃与 T_{10} 为 35℃的温度响应特性也完全不同。以上两种 FR 条件下，后者的瞬态温度响应特性与正向启动和循环过程基本一致，而前者则与正向启动和循环过程存在较大差异。

在前者启动和循环过程中，一旦蒸发器处加载热负荷，"蒸发器入口"和"液体下降管线"温度监测点 T_4 和 T_6 的读数依次呈现出快速上升变化，这也意味着大量蒸气从"蒸发器入口"处逸出，并通过"液体下降管线"进入冷凝器中，然后这些蒸气在冷凝器内部对所携带的热量进行释放并将其注入复合墙体中，从而进一步相变冷凝成为液态工质。此后，记录"气体上升管线"的温度监测点 T_5 的读数随之上升，而"蒸发器出口"的温度监测点 T_1 的读数则发生陡降，表明冷凝后的液态工质借由"气体上升管线"回流至蒸发器中。最后，整个系统成功建立起与正向循环流动方向完全相反的逆向循环。因此，改变蒸发器的安装位置对 TPTL 内部的流动特性甚至流动方向有着重要的影响。

在正向启动和运行过程中，由于循环工质的流向与重力一致，冷凝器中工质的重力（特别是冷凝后的液体部分）是 TPTL 驱动力的重要组成部分。然而，在反向启动和运行过程中，TPTL 的驱动力不仅要克服各管段存在的摩擦压降，还要克服由于工质流动方向与重力场方向

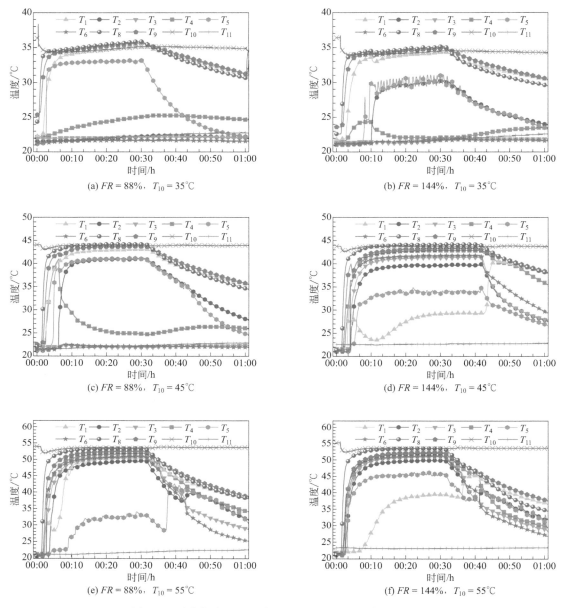

图 4-27　建筑集成用 TPTL 在反向启动与循环过程中的温度响应

不一致而引起的冷凝器内部额外重力压降。可以预测，与正常启动和运行过程相比，反向启动和运行过程中 TPTL 的总压降更大。因此，在热负荷不变的情况下，蒸发器和冷凝器之间的压差将被迫增大以保证成功启动和长期运行过程的维持。图 4-28 中对应工况下 TPTL 内部的瞬态压力响应结果支持了这一判断，结果表明："冷凝器出口"处压力监测点 P_3 的读数明显要比"冷凝器进口"处压力监测点 P_2 的读数低，而"蒸发器进口"和"蒸发器出口"之间的压差则可以基本忽略不计。

　　然而，一旦停止对蒸发器的加热（即卸载热源），蒸发器内的蒸气输出量便会迅速减少，TPTL 内部的循环驱动力也将随之减少。如图 4-27 所示，T_1 和 T_5 的读数在热源循环泵关停后不久便出现了突然上升的变化，表明这一时刻 TPTL 内部已无法再继续维持反向循环，而当

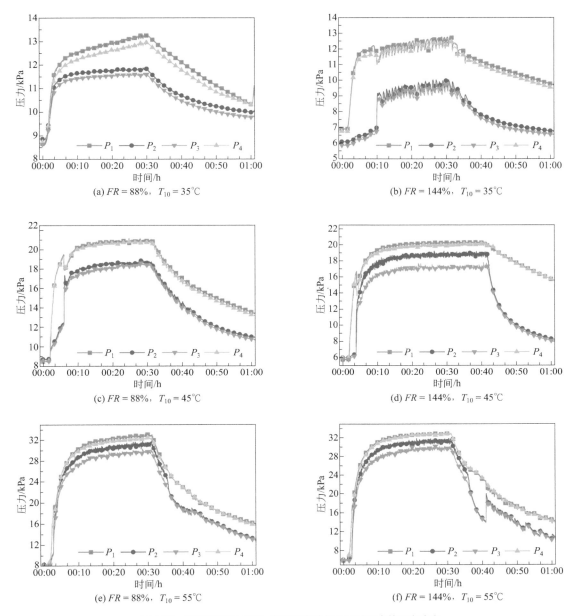

图 4-28 建筑集成用 TPTL 在反向启动与循环过程中的压力响应

TPTL 的驱动力小于循环的总压降时，循环方向便会再次发生改变。图 4-28 中的压力响应结果也验证了上述判断。从图 4-28(b) 可以观察到，在 TPTL 循环方向切换前，冷凝器内部沿程存在较为明显的压力降，而在热源卸载之后，上述压力降很快又得到消除。因此，与上述压力差相对应的冷凝段工质重力压降对热管循环流动和传热过程具有重要影响。

在反向启动和循环过程中，TPTL 沿程特别是冷凝段出现了较为明显的温度梯度，且温度梯度在 FR 为 144% 时更加明显。显然，在实际运行中特别是在建筑应用的场景中应避免出现沿程温度梯度，因为温度梯度的存在无疑会导致嵌管层内部出现注热不均匀的现象。但同时也应注意，虽然反向启动和循环不利于实现 TPTL 的高效传热，但反向启动和循环在一些特殊情景下也有其特殊应用价值。例如，尽管在正常的正向启动和循环实验场景下，建筑集成用

TPTL 的冷凝段进出口温差仅约 0.1℃，这一温降相对于主动式 TABS 而言也几乎可忽略不计，整个复合墙体也可获得良好的注热性能和温度分布，但 TPTL 进出口温度差随着冷凝器管道不断增长仍存在变大可能。因此，在复合墙体嵌管层沿嵌入管道的温度梯度超出一定约束值时，采用反向启动和循环控制可以进行逆向加热以减小沿嵌入管道的温度梯度，从而实现更加均匀的围护结构蓄释能目的。

4.5.3　温度场分布

图 4-29 和图 4-30 给出了复合墙体在 FR 分别为 88% 和 144% 时以及在三种不同 T_{10}（35℃、45℃和 55℃）条件下反向间歇启动和运行过程中的等距红外图像变化过程，红外观测时间段为 0 ~ 2.5h，间隔时间为 0.5h。

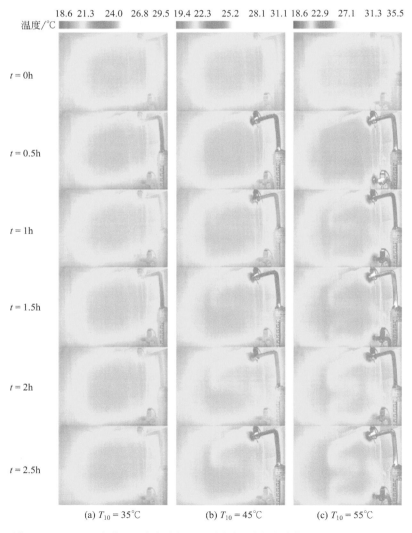

图 4-29　FR=88% 条件下反向启动与循环测试过程中复合墙体 0 ~ 2.5h 温度场变化

从图 4-29 可以看出：当 T_{10} 为 55℃时，墙体表面温度在 0.5 h 时已有所上升，而 T_{10} 为 35℃和 45℃时，墙体表面温度在 0.5h 时则基本没有变化。从图 4-30 可以看出：T_{10} 为 45℃和 55℃时，墙体表面温度在 0.5h 时已有所上升，而 T_{10} 为 35℃时则同样没有变化。与此同时，对于反向启动测试中仍保持正向启动的部分工况而言，复合墙体的表面温度相对正向启动也有所不同。例如，FR 为 88%、T_{10} 为 45℃时，复合墙体表面温度在 1h 时才明显有所上升，而在正向启动测试中则早在 0.5h 时已有所上升。这一现象也表明，在实际的 PTABS 设计和运行中，蒸发器的安装位置和角度也非常重要，在无特殊的反向控制需求时要严格确保蒸发器处于合理的安装位置，以避免注热效果出现大幅衰减的不利结果。

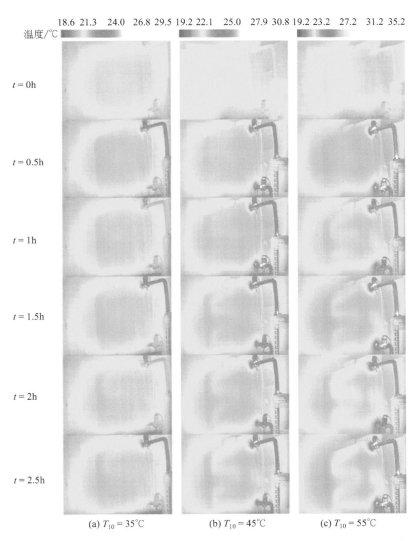

图 4-30　FR=144% 条件下反向启动与循环测试过程中复合墙体 0 ～ 2.5h 温度场变化

参考文献

[1] Amer B, Gottschalk K, Hossain M. Integrated hybrid solar drying system and its drying kinetics of chamomile[J]. Renewable Energy, 2018, 121:539-547.

[2] Cao J, Pei G, Chen C, et al. Preliminary study on variable conductance loop thermosyphons[J]. Energy Conversion and Management, 2017, 147:66-74.

[3] Li J, Lin F, Niu G. An insert-type two-phase closed loop thermosyphon for split-type solar water heaters[J]. Applied Thermal Engineering, 2014, 70(1):441-450.

[4] 胡名科. 太阳能集热和辐射制冷综合利用的理论和实验研究 [D]. 合肥：中国科学技术大学, 2017.

[5] Chehade A, Louahliagualous H, Masson S, et al. Experimental investigations and modeling of a loop thermosyphon for cooling with zero electrical consumption[J]. Applied Thermal Engineering, 2015, 87(87):559-573.

[6] ASHRAE. Handbook of Fundamentals[M]. US: ASHRAE inc., 2013.

[7] Aung N, Li S. Numerical investigation on effect of riser diameter and inclination on system parameters in a two-phase closed loop thermosyphon solar water heater[J]. Energy Conversion and Management, 2013, 75(5):25-35.

第 5 章

被动式热激活复合墙体
热工性能

第 3 章中通过自主设计和搭建的实验检测系统对 PTABS 尤其是建筑集成用 TPTL 在不同启动和运行条件下的能量传输特性进行了实验研究，对实验中所呈现的外在物理现象及其内在规律进行了探讨和分析，实验验证了 PTABS 的技术可行性。作为 PTABS 在建筑中的具体应用形式，被动式热激活复合墙体的热工性能将直接影响该技术在低能耗建筑中的应用，而 TPTL 的一体化集成以及低品位冷／热源的被动注入无疑将改变复合墙体的动态传热特性，但目前尚缺少这一方面的定性和定量研究。为此，本章首先建立了复合墙体三维瞬态传热模型，并通过前文中的实验数据和独立性测试对数值模型的可靠性与准确性进行了验证。随后，以不同气候区的典型城市应用为例，基于所建立的数值模型对不同季节工况下复合墙体的瞬态传热过程进行了仿真模拟，探究了相应工况下复合墙体的热响应特性及其内部温度分布特征，并与参考墙体进行了对比分析。

5.1 被动式热激活复合墙体几何模型

5.1.1 ANSYS Workbench 软件介绍

ANSYS Workbench 是 ANSYS 公司推出的一款协同仿真平台，被广泛应用于解决涉及各种复杂结构静力／动力学、刚体／流体动力学、电磁场以及耦合场等问题的仿真模拟。复合墙体动态传热过程数值模拟是一个典型的 CFD 问题，而 ANSYS Workbench 中耦合了当前最为成熟的商用 CFD 仿真软件——Fluent 求解器。利用 ANSYS Workbench 可以方便地对研究对象进行建模和计算，并得到具有足够精度的预测结果，从而可以针对一些难以开展大规模实验的工程问题展开探索和优化，进而为实际工程设计和运行提供理论参考和数据支撑。

　　基于 Fluent 求解器的 ANSYS Workbench 软件操作界面以及仿真流程分别如图 5-1 和图 5-2 所示。其中，Fluent 模块由以下五部分组成：几何模型建立、网格划分处理、前处理、迭代求解和后处理。仿真流程的一般步骤如下：首先借助 ANSYS 中 DesignModeler 建立复合墙体几何模型，再通过 Meshing 对几何模型进行网格划分和边界命名，并将生成的计算节点信息导入 Fluent 求解器，随后在经过一系列的控制参数和求解参数设置、初始条件和边界条件设置以及迭代步长和步数设置后，最终运行所建立的数值模型并得到相应仿真条件下的模拟数据。

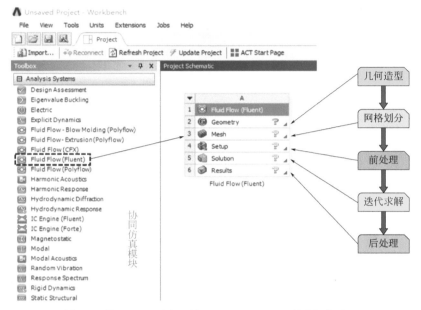

图 5-1　基于 Fluent 求解器的 ANSYS Workbench 软件操作界面

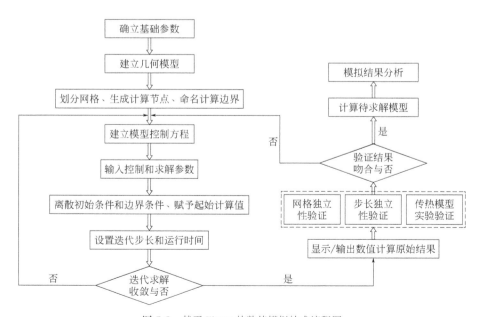

图 5-2　基于 Fluent 的数值模拟技术流程图

5.1.2 几何模型

以往有关主动式热激活建筑围护结构的研究和应用大多以砖砌墙体或混凝土墙体为主，如图 5-3 所示。其中，对于典型的 240 砖砌复合墙体，可以简化为内外两侧水泥砂浆抹灰层、外保温层和两层砖层，并且砖层之间附加有一层水泥砂浆嵌管层用于流体管道的嵌入和固定。对于典型的混凝土复合墙体，其构造和建造相对简单，只需在混凝土层浇筑之前将流体管道预先固定安装，随后再进行整体浇筑即可完成，并且流体管道位置也可以根据实际建造需要灵活调整。

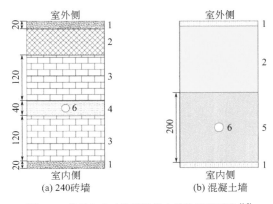

图 5-3　常见主动式热激活复合墙体剖面示意 [1,2]
1—水泥砂浆；2—保温材料；3—黏土砖；4—水泥砂浆；
5—混凝土；6—管道

本书对被动式热激活复合墙体热特性的研究不局限于单一材质的集成应用，而是更加全面地考察了 PTABS 与各种轻质和重质墙体集成后的热特性。本章则以典型的混凝土墙体为例，对复合墙体的动态热响应特性以及内部温度场进行研究，其他类型墙体的研究包含在后续章节中。图 5-4 所示为复合墙体的 3D 几何结构、剖面结构及其传热单元（即数值模拟中的实际计算域），包括：内/外抹灰层、结构层、保温层和流体管道。复合墙体相关的几何参数和材料物性参见表 5-1。由于不同气候区外墙的热工参数限值各不相同 [3-6]，不同城市应用的复合墙体厚度也各不相同，本书在进行相应气候区计算案例的设置时均予以考虑，所研究四个气候区的保温层厚度实际取值依次为 88mm（严寒地区/哈尔滨市）、64mm（寒冷地区/天津市）、36mm（夏热冬冷地区/上海市）和 22mm（夏热冬暖地区/广州市）。由于嵌管直径、间距和位置等设计参数均被列为后文中不确定性和全局敏感性分析的输入参数，这里不做过多探讨。另外，结构层/嵌管层的热导率和比热容、流体管道的热导率以及抹灰层的外表面辐射热吸收系数也被列为后文的不确定性和全局敏感性分析的输入参数，具体内容可参见第 5、6 章。

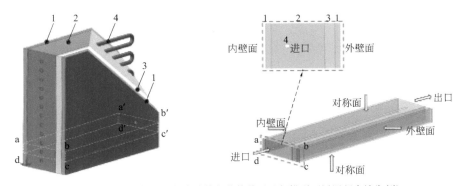

图 5-4　被动式热激活复合墙体与传热单元几何模型（以混凝土墙为例）
1—抹灰层；2—结构层/嵌管层；3—保温层；4—流体管道

表 5-1 被动式热激活复合墙体单元相关参数信息

墙体组成	厚度 /mm	热导率 / [W/(m・℃)]	密度 /(kg/m³)	比热容 / [J/(kg・℃)]
抹灰层	20	0.93	1800	1050
结构层	200	1.74	2500	1050
保温层	88/64/36/22	0.042	30	1380
流体管道	18（直径）	398	8930	386

5.1.3 网格划分

网格划分是数值模拟研究的重要环节之一，网格划分一般是指对 CFD（流体）和 FEA（结构）模型进行离散化处理，从而将求解域分解成若干可以得到精确解的基本单元。通常，需要首先选取网格划分方法，再进行全局和局部网格的控制，随后生成、预览网格并检查网格划分的质量，同时还可以根据网格划分质量再次进行全局和局部网格控制，直至获得满足数值计算要求的网格划分结果。需要注意的是，网格划分并非网格越密或者网格数量越多越好，网格划分中一般仅需要对那些发生复杂传热过程或存在应力集中的区域进行局部的网格加密，而在变化趋势相对缓和的区域则可以适当降低网格的密度，从而在确保计算精度的条件下加快整体计算的收敛进程。

复合墙体中的流体管道的壁厚通常仅有几毫米，而流体管道的长度一般可以达到数米乃至数十米，因此流体管道的长度和壁厚比值的数量级一般能达到 10^3 甚至更高，这极大地增加了几何模型的网格划分难度。在建立几何模型的过程中，本书利用 Fluent 求解器中的虚拟壁厚功能赋予了流体管道壁厚。本书的网格划分采用了六面体网格自动划分方法，横向和纵向网格划分采取了局部控制边界节点数量的方法，如图 5-5 所示。这里以其中一个模拟算例为例，最终的网格划分结果如图 5-6 所示。在衡量网格划分结果的主要评价指标中，该算例网格划分结果的单元畸变度（skewness）平均值低于 0.1，而网格单元质量（element quality）平均值也高于 0.6。

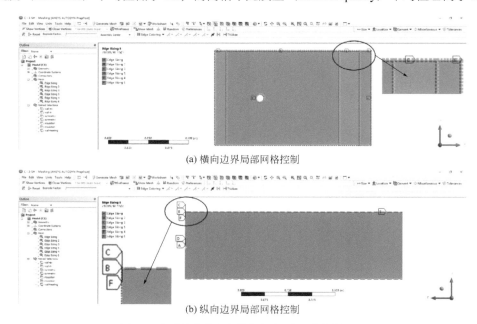

(a) 横向边界局部网格控制

(b) 纵向边界局部网格控制

图 5-5 复合墙体横向与纵向边界局部网格控制设置

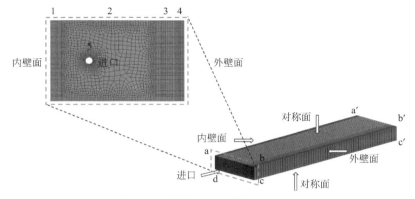

图 5-6　复合墙体实际网格划分结果示意

5.2　被动式热激活复合墙体数学模型

5.2.1　三维非稳态传热过程

如图 5-7 所示，复合墙体传热单元的动态传热过程是一个复杂的非稳态传热过程，包括：a. 工质与流体管道间的相变换热过程；b. 流体管道管壁的热传导过程；c. 流体管道外壁面与结构层的热传导过程；d. 结构层内部的热传导过程；e. 结构层外侧壁面与保温层内侧壁面的热传导过程；f. 保温层内部热传导过程；g. 保温层外侧壁面与外抹灰层内侧壁面的热传导过程；h. 外抹灰层内部热传导过程；i. 外抹灰层外侧边界与室外空气间的对流换热过程；j. 外抹灰层外侧边界与太阳间的辐射换热过程；k. 外抹灰层外侧边界与室外环境间的辐射换热过程；l. 结构层内侧壁面与内抹灰层外侧壁面的热传导过程；m. 内抹灰层内部热传导过程；n. 内抹灰层内侧边界与室内空气间的对流换热过程。以上复合墙体的动态传热过程在热量注入阶段和停止注入阶段有所区别。在注入阶段，借助流体管道内相变工质的蒸发和冷凝过程，低品位热量可以注入并蓄存在复合墙体中，过程 a.-c. 对复合墙体的动态传热过程的影响较大。而在停止注入阶段，不会发生工质与流体管道间的相变换热过程，过程 b.-c. 的影响可以忽略不计。

本书对复合墙体动态传热过程做出以下几点必要假设：a. 流体管道为等间距布置，考虑温度分布对称性，嵌管间中间界面可看成对称或绝热界面；b. 流体管道与结构层紧密接触，复合墙体各层同样紧密接触，忽略界面间的接触热阻；c. 所有材料均匀且各向同性，物性参数为常数并始终保持恒定；d. 考虑墙体外表面与环境间的长波辐射换热，并与太阳辐射换热以及对流换热一并转化为室外综合温度[7]；e.TPTL 的注入能力在其完成启动后可以够保持基本恒定，并且注入能力一般在蒸发段和冷凝段温度差降低至驱动温差以下时才会完全降低为零，因此实际注入和停止注入过程相对模拟注入和停止注入过程略有延迟，本书假设在接通或切断冷热源的同时即进入稳定注入或停止注入状态；f. 建筑集成用 TPTL 内部潜热热交换过程的蒸发 / 凝结换热系数要显著高于主动式 TABS 内部显热热交换过程的对流换热系数，第 3 章中长时间运行实验结果也显示冷凝段进出口温差始终小于 0.1℃，因此忽略复合墙体内部 TPTL 沿流动方向的温度降。

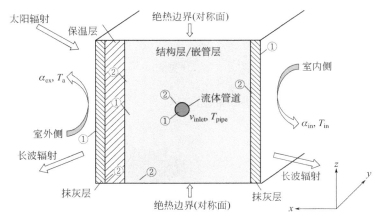

图 5-7 被动式热激活复合墙体动态传热过程示意
①—流 - 固耦合边界；②—固 - 固耦合边界

5.2.2 控制方程与单值性条件

复合墙体中固体计算域的能量控制方程如式（5-1）所示：

$$\left.\frac{\left(\rho c_{\mathrm{p}}\right)}{\lambda}\right|_{k}\frac{\partial T}{\partial \tau}=\frac{\partial^{2} T}{\partial x^{2}}+\frac{\partial^{2} T}{\partial y^{2}}+\frac{\partial^{2} T}{\partial z^{2}}+S_{\varphi} \tag{5-1}$$

式中，ρ 为密度，kg/m³；c_{p} 为定压比热容，J/kg·℃；λ 为热导率，W/(m·℃)；T 为温度，℃；τ 为时间，s；S_{φ} 为源项；下标 k 表示外抹灰层（$k=1$），保温层（$k=2$），结构层 / 嵌管层（$k=3$）和内抹灰层（$k=4$）。

对于复合墙体内表面，墙体以导热的方式向内表面界面传递热量，而这一热量传递到界面后又以对流的方式散失到室内环境中，导热传递的热量和对流散失的热量两者相等。即复合墙体内表面传热边界可以由式（5-2）描述：

$$\left.\lambda_{\mathrm{in}}\frac{\partial T}{\partial x}\right|_{\mathrm{in}}=\alpha_{\mathrm{in}}\left(T_{\mathrm{i}}-T_{\mathrm{in}}\right) \tag{5-2}$$

式中，λ_{in} 为内抹灰层热导率，W/(m·℃)；α_{in} 为内表面对流换热系数，W/(m²·℃)；T_{in} 为内表面温度，℃；T_{i} 为室内设定温度，℃。

对于复合墙体外表面，墙体以导热的方式向外表面界面传递热量，而墙体外表面又同时吸收来自太阳短波辐射热量，并且又以长波辐射和对流换热的方式向周围环境散热，导热传递的热量与辐射换热以及对流散失的热量两者相等。即复合墙体外表面传热边界可以由式（5-3）描述 [7]：

$$\left.\lambda_{\mathrm{ex}}\frac{\partial T}{\partial x}\right|_{\mathrm{ex}}=\alpha_{\mathrm{ex}}\left(T_{\mathrm{a}}-T_{\mathrm{ex}}\right)+\rho_{\mathrm{s}}I-R_{\mathrm{ES}} \tag{5-3}$$

式中，λ_{ex} 为外抹灰层热导率，W(m·℃)；α_{ex} 为外表面对流换热系数，由式（5-4）[7] 得到，W/(m²·℃)；T_{a} 为室外环境温度，℃；T_{ex} 为外表面温度，℃；ρ_{s} 为外表面辐射热吸收系数；I 为太阳辐射强度，W/m²；R_{ES} 为外表面与周围环境间的长波辐射换热，W/m²。

$$\alpha_{ex} = 5.62 + 3.9v \tag{5-4}$$

式中，v 为室外空气流速，m/s。

式（5-4）中复合墙体外表面吸收来自太阳的短波辐射以及它与室外环境之间进行的对流换热可以简化为与室外综合温度之间进行的对流换热，室外综合温度的计算如式（5-5）所示：

$$T_{ex} = \frac{I\,\rho_s}{\alpha_{ex}} + T_o \tag{5-5}$$

复合墙体嵌内管壁面在冷量或热量注入和停止注入阶段的边界可以分别由式（5-6）和式（5-7）定义：

$$T_{pipe} = T_{hs}, \tau \in \tau_{charing} \tag{5-6}$$

$$\left(\frac{\partial T}{\partial x} + \frac{\partial T}{\partial y} \right) \bigg|_{pipe} = 0, \tau \notin \tau_{charing} \tag{5-7}$$

式中，T_{pipe} 为复合墙体嵌管内壁面温度，℃；T_{hs} 为冷源或热源的温度，℃；$\tau_{charing}$ 为冷源或热源的注入周期，s。

复合墙体不同嵌管间的中间界面和传热单元两端为绝热边界，定义如下：

$$\frac{\partial T}{\partial y}\bigg|_{symmetry} = 0 \quad 且 \quad \frac{\partial T}{\partial z}\bigg|_{symmetry} = 0 \tag{5-8}$$

在进行迭代计算前需要对计算域进行初始化，初始条件可由式（5-9）定义：

$$T_{\tau=0} = T_{in} \tag{5-9}$$

5.3 被动式热激活复合墙体模型验证

复合墙体动态传热过程是一个包含时间尺度的四维空间问题，对其进行离散化将得到两种不同的离散网格，即几何网格和时间网格。在开展数值模拟工作前，不仅需要确保传热模型具备可靠性，同时也需要确保迭代计算所得结果与迭代计算所用几何模型的网格数量以及迭代计算过程设置的步长之间不再具有关联性。数学模型的可靠性可以利用实验检测数据进行校核，而计算结果的独立性则需要针对网格划分和步长设置分别进行几何网格独立性验证和时间网格独立性验证。

5.3.1 网格独立性验证

5.3.1.1 几何网格独立性验证

实际上，将几何模型离散成由一定数量的几何单元所形成的组团这一过程本身即为一种近似行为，因此模拟结果与真实结果之间必然存在一定误差。然而，通过将几何模型的网格划分至足够精细的程度来减少数值计算误差的做法在实践中是不可取的。一方面，随着离散后所得计算单元数量的逐渐增多，计算结果中的舍入误差也会逐渐积聚增大；另一方面，在确定网格数量的过程中，还需要充分考虑计算的经济性。总体而言，网格划分需要遵循以下原则：在保证迭代计算结果可靠性的前提下尽量减少模拟计算时长和占用资源。检验网格划分质量和效率最好的方法是进行网格独立性试验验证，即在不断缩小网格尺度的条件下观察模拟结果的"收敛性"和"一致性"。模拟结果一般会随着网格单元的细化而逐渐进入收敛域，而随着网格尺寸的进一步减小，结果的收敛程度基本保持不变，在部分情况下甚至反而变差从而导致结果离开收敛域，因此在结果落入收敛域的网格划分方案中网格数量稍大的方案一般被认为是较优的划分方案。

本书采用了局部控制边界尺寸的结构化几何网格划分方法。为确保不同模拟案例的几何网格划分结果的高效性和可靠性，本节以其中一个算例在冬季三个自然日的运行为例，对其几何网格的独立性验证过程进行介绍，该算例基本参数如表 5-2 所列。本节设计了九种不同几何网格划分方案，在几何模型 X、Y 和 Z 三个方向上的边界和嵌管周向边界上的划分份数以及最终的网格数量、网格质量（Element Quality）和畸变比（Skewness）等信息如表 5-3 所列。

表 5-2 网格独立性验证涉及算例基本信息

应用情景	嵌管间距 / 直径 /mm	注入温度 /℃	注入时长 /h	室内设定温度 /℃	气候区
冬季保温	310/24	22	3	21	天津市

表 5-3 算例几何网格划分方案及其他信息

方案	X	Y	Z	嵌管	网格数量	网格质量	畸变比	计算时长 /min
1	14	10	15	5	4305	0.67	1.5×10^{-1}	≈ 7
2	19	15	15	5	5835	0.63	2.3×10^{-1}	≈ 7
3	19	15	20	7	8880	0.61	1.1×10^{-1}	≈ 7
4	19	15	20	10	7980	0.64	1.0×10^{-1}	≈ 7
5	24	25	30	10	21840	0.62	7.4×10^{-2}	≈ 8
6	24	25	60	10	43680	0.79	8.3×10^{-2}	≈ 10
7	48	50	60	20	157320	0.65	3.7×10^{-2}	≈ 18
8	48	75	60	20	499680	0.65	5.2×10^{-2}	≈ 46
9	48	100	60	20	1109160	0.64	5.8×10^{-2}	≈ 145

图 5-8 和图 5-9 分别给出了不同几何网格划分方案（Mesh 1 ～ 9）下复合墙体内表面温度和嵌管表面热流变化。从图 5-8 可以看出，不同网格划分方案对模拟计算结果造成了影响，表明进行几何网格独立性验证的必要。从整体和局部温度变化还可看出，方案 4 ～ 7 的变化相对较小，可认为已构成计算结果的收敛域，在方案 5 和方案 6 几乎重叠情况下，可认为网格数量更少的方案 5 更优。从图 5-9 中热流的整体和局部变化也可看出，方案 4 ～ 7 的变化也相对较小，同样在方案 5 和方案 6 几乎重叠情况下，可认为方案 5 更优。网格精细不一定意味着结果更加准确，方案 9 的网格数量最为精细，但结果并未落入收敛域中。图 5-10 进一步给出了不同几何网格划分方案下算例的整体计算时长变化，随着离散单元数量的增多，计算时长也急剧增大，方案 5 不仅计算结果相对准确，而且计算耗时也相对较低。

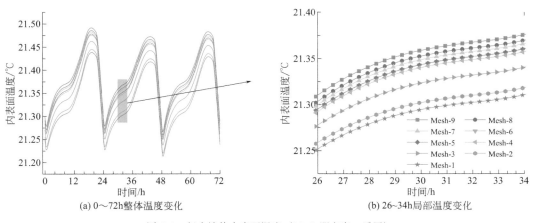

(a) 0～72h整体温度变化   (b) 26~34h局部温度变化

图 5-8 复合墙体内表面温度（Mesh 即方案，后同）

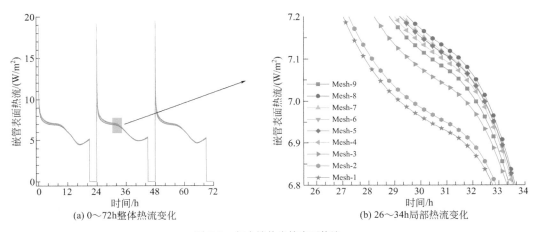

(a) 0～72h整体热流变化   (b) 26~34h局部热流变化

图 5-9 复合墙体嵌管表面热流

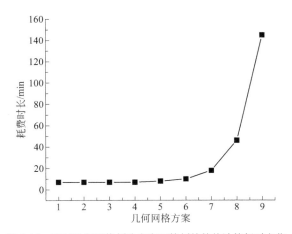

图 5-10 不同几何网格划分方案下算例的数值计算耗时变化

5.3.1.2   时间网格独立性验证

本节以上述相同算例为例进一步对时间网格独立性进行验证，七种时间网格划分方案参见表 5-4。图 5-11 和图 5-12 分别给出了不同时间网格划分方案下复合墙体在三个自然日运行期间的内表面温度和嵌管表面热流变化。从图 5-11 中内表面温度的 72h 整体变化和 8h 局部变化可以看出，随着时间步长的逐渐缩小，各步长方案对应内表面温度变化也逐渐趋于一致，步长 30s 至步长 240s 的四种步长方案计算结果基本接近一致。从图 5-12 中嵌管热流的 72h 整体变化和局部变化也可看出，虽然 240s 的步长方案在热源停止注入的瞬间与更小步长方案的计算结果相比存在略微差别 [如图 5-12(c) 所示]，但整体来看步长缩小至 240s 时计算结果收敛性已足够好，可以满足数值模拟要求。图 5-13 进一步给出了不同时间网格划分方案下算例整体计算时长变化，可以看出随着时间步长逐渐缩小，计算时长（计算代价）同样也急剧增大。相比较于 240s 的方案，120s 方案不仅计算所得结果更加准确，而且计算耗费时长也并未明显增加，因此后文中相关算例的时间步长采用了 120s。

表 5-4　时间网格独立性验证方案信息

方案	1	2	3	4	5	6	7
时间步长 /s	1800	900	600	240	120	60	30

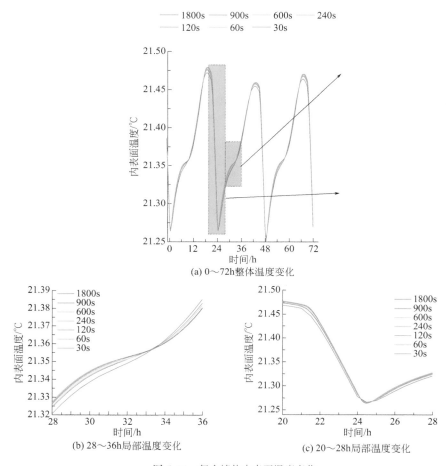

图 5-11　复合墙体内表面温度变化

5.3.2　数学模型实验验证

为验证数学模型的可靠性，在 ANSYS 中建立了与第 3 章中复合墙体检测单元一致的几何模型，并在耦合上述数学模型的情况下对其动态传热过程进行了模拟。实验验证采用了四组持续注热工况的实验数据，其中三组为 12h 运行检测（热源温度为 35℃、55℃和 65℃），一组为 20h 运行检测（热源温度为 45℃）。

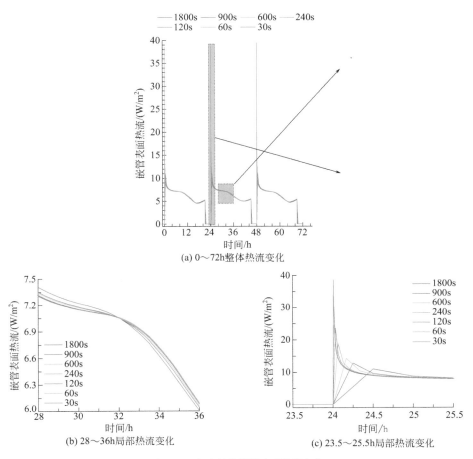

(a) 0～72h整体热流变化

(b) 28～36h局部热流变化

(c) 23.5～25.5h局部热流变化

图 5-12 复合墙体嵌管表面热流变化

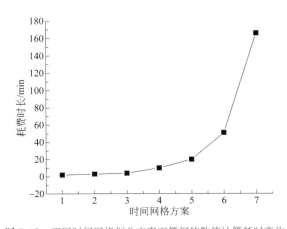

图 5-13 不同时间网格划分方案下算例的数值计算耗时变化

图 5-14 显示了不同热源温度条件下 TPTL 冷凝段进出口温度变化。可以看出，冷凝段温度在实验开始后即可快速达到稳定状态，并且冷凝段进出口的温度差值在实验过程中始终维持

在0.1℃以内，实验结果再次表明将复合墙体的热量注入过程近似看成恒温注热过程的合理性。

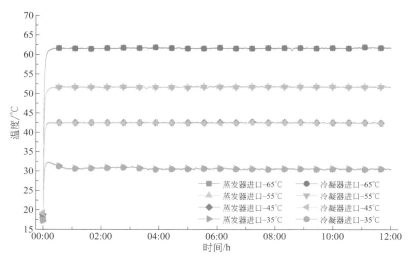

图5-14 不同热源温度下复合墙体嵌管进出口温度实测值变化

图5-15给出了四组持续运行工况下采用数值模拟与实验检测所得复合墙体内表面温度值的对比。可以看出，复合墙体内表面温度的实验值与模拟值在不同热源温度条件下的变化趋势高度一致，模拟结果与实验结果最大绝对误差值不超过0.3℃，相对误差值不超过1.2%。综上所述，本章所建立的复合墙体数学模型是可靠的，可用于对其热特性开展进一步数值模拟研究。

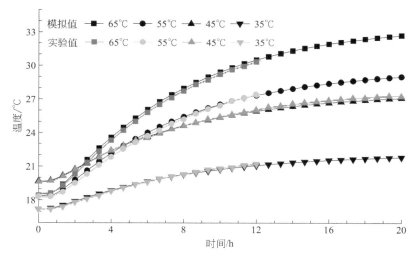

图5-15 不同热源温度下复合墙体内表面温度变化实测值与模拟值对比

5.4 夏季工况传热分析

TPTL的一体化集成和低品位冷/热源的注入无疑将改变围护结构自身能量特性，为探究上述变化对夏季工况条件下复合墙体动态传热过程的影响，本节以复合墙体在天津和广州地区的应用为例进行了模拟分析。同时，也对比了复合墙体与普通节能墙体以及未采取任何保温措施的无保温墙体间的热特性，并以南向和北向为例考虑了建筑朝向的影响。模拟中所用到的夏季气象参数来源于《中国建筑热环境分析专用气象数据集》[8]，如图 5-16 所示。其中，天津地区选取的典型时段为 8 月 7 ～ 13 日，广州地区选取的典型时段为 7 月 26 日～ 8 月 1 日。考虑到起始阶段墙体自身蓄放热会对墙体热特性产生一定影响，所有算例均提前一周计算。流体管道的管间距为 200mm，嵌管位于结构层中间位置，注入的低品位冷源温度为 20℃、23℃和 26℃，室内设定温度为 26℃。

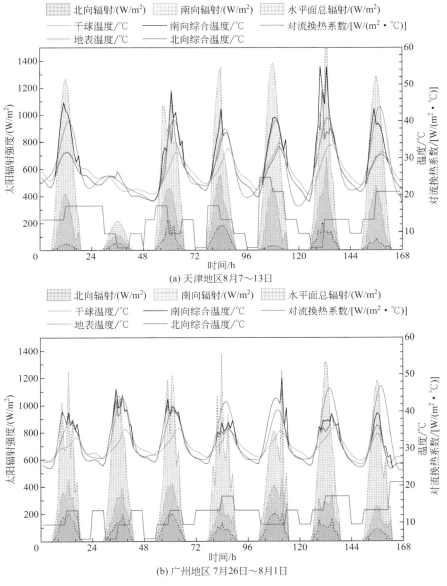

图 5-16 夏季天津和广州地区典型时段气象参数

5.4.1 复合墙体表面热响应特性

图 5-17 ～图 5-19 给出了天津地区夏季典型时段不同墙体的逐时热响应变化以及热负荷改善情况。夏季工况下，墙体内外表面及嵌管表面逐时热响应特性以南向墙体为例进行了重点分

析，北向对应数据这里未给出模拟数据但也将对其进行探讨。当热流密度为正时，说明室外空气综合温度高于墙体外表面温度或室内设定温度高于墙体内表面温度，此时室外环境向墙体传递热量或室内环境向墙体传递热量；反之，则表示墙体向室外环境传递热量或墙体向室内环境传递热量。对于嵌管：当热流密度为负时，表明 PTABS 在向墙体中注入低品位的冷能。

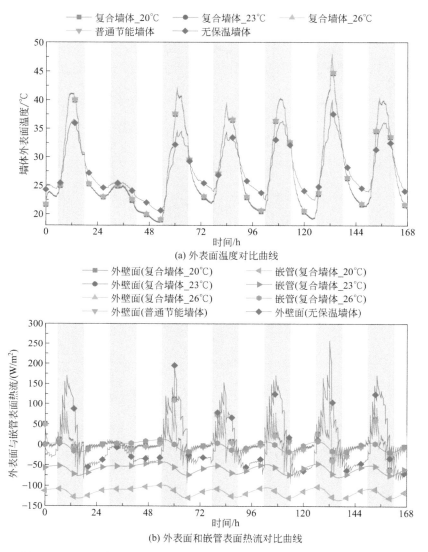

图 5-17　夏季天津地区南向墙体外表面与嵌管表面逐时热响应（8 月 7 ～ 13 日）

　　墙体外表面温度和热流主要受到室外热环境（即室外空气综合温度）变化的影响，而室内热环境的影响则相对要低。采用保温措施后，围护结构 R 值明显增大，保温层以外的墙体外表面热特性（有 / 无嵌管）受室内热环境的影响进一步下降，但受室外热环境的影响则在上升。图 5-17（a）显示，有 / 无嵌管墙体的外表面温度在白天均显著增大并趋近于室外空气综合温度，在夜间则会明显下降并同样趋近于室外环境温度。普通节能墙体由于外表面温度和室外环境温度间的温差大幅减小，其外表面热流相比无保温墙体明显下降［图 5-17(b)］，通过墙体外表面的累计传热量降幅达 84.0%，而北向对应比例为 86.1%。与此同时，在冷源的持续注入影响下，复合墙体结构层温度相对较低，因此复合墙体外表面的累计传热量相比普通节能墙体有所上升。复合墙体中出现上述冷能损失是该类技术的正常现象之一，而复合墙体的冷能损失率由于保温层的存在实际并不高。例如，当冷源温度设定为 26.0℃时，复合墙体外表面累计传热量相比普通节能墙体增加了 9.9%，北向墙体则相应增加 8.5%。随着冷源温度下降，虽然外表面累计传热量增加比例快速上升，在冷源温度为 20.0℃时为 317.4%，但外表面的额外冷损失也仅占累计注入冷能的 10.4%，对注入冷能的影响并不明显。此外，从图 5-17(b) 还可看出，随着冷源温度的降低，嵌管表面热流会逐渐上升，嵌管的注冷能力也随之增强，并且冷源温度每下降 1.0℃时，嵌管表面热流随之增加约 19.0W/m²。

建筑室内热舒适度以及 HVAC 能耗一般受墙体内表面热特性直接影响。图 5-18(a) 表明：普通节能墙体可以很好地拉平夏季无保温墙体的整体温度波动，但其内表面温度在模拟周期的大部分时间内仍要高出室内设定温度，这也预示着室外热量仍会持续不断地通过内表面向室内释放，由此产生了大量需要由 HVAC 承担的冷负荷；而在进一步嵌入流体管道并注入低品位冷源后，复合墙体内表面温度可进一步被拉平甚至低于室内设定温度，此时通过复合墙体内表面的累计传热量也随之减小甚至降为负值。

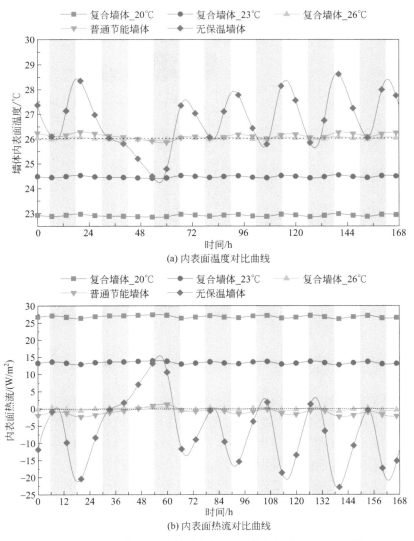

图 5-18　夏季天津地区南向墙体内表面逐时热响应（8 月 7 ～ 13 日）

如图 5-19 所示，当冷源温度设为 26℃时，南向复合墙体内表面累计传热量即冷负荷相比普通节能墙体降幅达 85.2%，而北向对应比例为 79.0%。随着冷源温度降低，冷负荷降幅进一步增大并超过了 100%，说明冷负荷实质上已经降低为零，此时复合墙体逐渐在转变为向室内提供辅助供冷。室内热舒适度与墙体内表面的 MRT 值紧密相关。当冷源温度降至 20℃时，复合墙体内表面温度可维持在 22.9℃，整体降幅达到 3.1℃，如图 5-18(a) 所示。此外，从图 5-18(b) 还可看出，随着冷源温度的下降，复合墙体内表面热流也随之下降，这是因为冷源温度的下降会导致内表面温度随之降低，从而致使低温的内表面可以从室内吸收更多的热量，并且冷源温度每降低 1.0℃，内表面热流会相应降低约 4.5W/m²。综上可见，复合墙体的夏季传热特性与普通节能墙体之间具有显著差别，PTABS 不仅可以降低建筑围护结构的夏季冷负荷，同时也可有效提升室内空间的热舒适性。

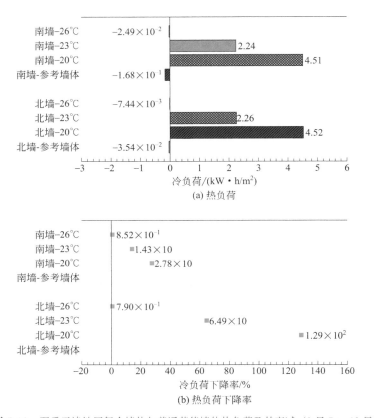

图 5-19 夏季天津地区复合墙体与普通节能墙体热负荷及其衰减（8 月 7 ～ 13 日）

类似的，图 5-20 ～图 5-22 给出了广州地区夏季典型时段（7 月 26 日～ 8 月 1 日）不同墙体的逐时热响应变化及其热负荷改善情况。夏季工况下，广州地区不同墙体内 / 外表面及嵌管表面逐时热响应特性分析同样是以南向墙体为主展开的，北向模拟结果也将在此讨论。从图 5-20 中室外综合温度的变化可以看出，虽然天津和广州地区的室外综合温度在日间相差并不大，但广州地区的夜间室外温度整体相比天津地区要高出 2.5 ～ 7.5℃，并且广州地区的室外综合温度在更长时段内要高出算例中所使用的最高冷源温度（即 26℃）。因此，复合墙体在广州地区应用后的外表面温度和热流出现了明显的分层，如图 5-20 所示。

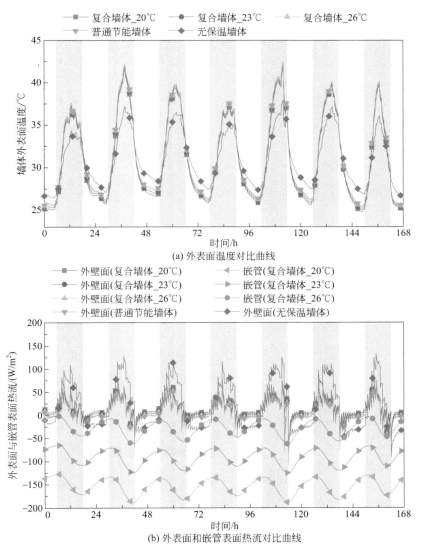

(a) 外表面温度对比曲线

(b) 外表面和嵌管表面热流对比曲线

图 5-20 夏季广州地区南向墙体外表面与嵌管表面逐时热响应（7 月 26 日～ 8 月 1 日）

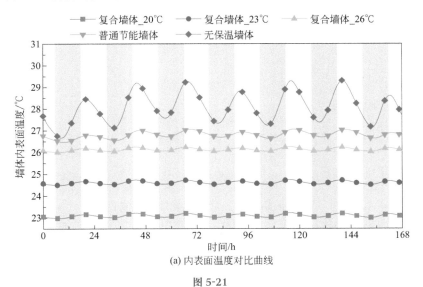

(a) 内表面温度对比曲线

图 5-21

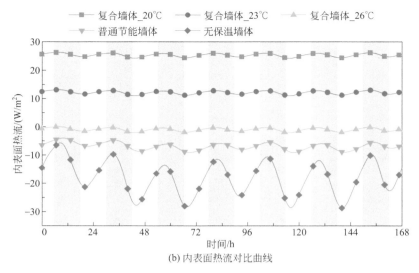

(b) 内表面热流对比曲线

图 5-21　夏季广州地区南向墙体内表面逐时热响应（7 月 26 日～ 8 月 1 日）

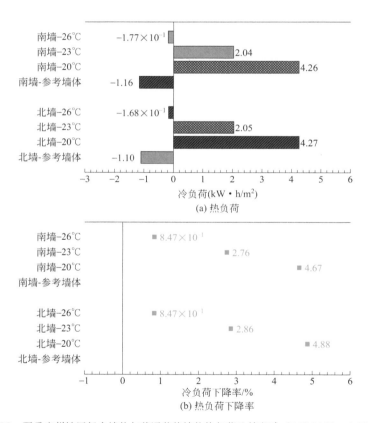

(a) 热负荷

(b) 热负荷下降率

图 5-22　夏季广州地区复合墙体与普通节能墙体热负荷及其衰减（7 月 26 日～ 8 月 1 日）

　　从图 5-20(b) 可以看出：采用保温措施后，普通节能墙体外表面的累计传热量相对无保温墙体的降幅达 61.5%，相比天津地区要低 22.5 个百分点，说明低纬度地区夏季普通节能墙体外表面累计传热量削减效果与高纬度地区有较大差别，采用保温措施带来的削减效果在夏热冬暖地区有所下降；与此同时，北向墙体外表面的累计传热量降幅与南向基本持平，说明低纬度地区的削减效果与朝向关系不大。在普通节能墙体中嵌入流体管道并注入低品位冷源后，复合墙体外表面累计传热量增幅在冷源温度为26℃时为25.1%，相比天津地区高出15.2个百分点，说明随着复合墙体应用气候区的逐渐南移，复合墙体外表面的夏季冷能损失也将随之增大。此外，由于广州地区室外综合温度整体较高，通过墙体外表面的冷损失有所上升，复合墙体嵌管表面的热流也更大，并且冷源温度每降1.0℃，嵌管表面热流会增大23.0W/m²左右，相比天津地区提升约21.0%。

图5-21中的模拟数据表明：普通节能墙体虽然也可以很好地拉平无保温墙体的整体温度波动，但广州地区普通节能墙体的内表面温度在模拟时段内始终要高出室内设定温度1.0～2.0℃。普通节能墙体内表面累计传热量（冷负荷）相比无保温墙体下降了61.5%，相比天津地区的数据要低出23.7个百分点。以上数据表明：南方地区采用保温措施后对夏季负荷的改善效果相比北方地区要差，依靠保温措施在南方地区可以减少夏季围护结构的冷负荷，但要想完全依靠外墙保温的方式使得南方建筑达到低冷负荷的效果则非常困难，需要由HVAC系统承担的冷负荷依旧较大。而在普通节能墙体中嵌入流体管道并注入与室内设定温度相同的26℃的冷源后，复合墙体内表面温度则可以被进一步被拉平甚至低于室内设定温度。如图5-22所示，在冷源温度为26℃时，复合墙体内表面累计传热量（冷负荷）相比普通节能墙体的降幅可达84.7%，相对无保温墙体则达到了94.1%。而当冷源温度降至20℃时，复合墙体内表面温度可以稳定维持在23.0℃左右，对内表面MRT的改善效果程度与天津地区基本一致，而复合墙体内表面累计传热量（冷负荷）的降幅则高达467.0%，冷负荷已完全被消除并且已经在为室内提供辅助供冷。此外，从图5-21(b)中还可看出，复合墙体内表面热流随着冷源温度每降低1.0℃而上升约4.5W/m²，也与天津地区基本一致。可以看出，夏季在不同气候区应用复合墙体主要会对嵌管的注热性能以及外表面的传热特性产生影响，而对内表面的传热影响相对要小很多。

5.4.2 复合墙体内部温度场

图5-23和图5-24分别给出了天津和广州地区夏季典型日南向普通节能墙体以及3种不同冷源温度条件下复合墙体由内至外的温度分布曲线。从图5-23(d)和图5-24(d)中不同时间点的温度变化可以看出，普通节能墙体保温层左侧区域温度波动幅度相比保温层内部及其右侧区域的波动幅度明显得到减小，但仍存在一定程度的波动，并且内表面的温度最小值始终要大于室内设定温度，尤其是地处夏热冬暖气候区的广州地区，其内表面温度平均高出室内设定温度约1.0℃。

对于复合墙体而言，保温层左侧区域温度波动幅度相比普通节能墙体得到改善。冷源温度为26℃时，天津地区夏季应用复合墙体后内表面平均温度与室内设定温度基本一致，由围护结构引起的冷负荷可以得到消除，而广州地区夏季对应内表面平均温度则降至26.1℃，仅高出室内设定温度0.1℃，相比普通节能墙体则下降了0.7℃，改善效果也非常明显。当冷源温度降至23℃时，天津地区复合墙体的内表面平均温度可维持在24.5℃，广州地区相应可维持在24.6℃；当冷源温度进一步降至20℃时，天津地区复合墙体的内表面平均温度可维持在22.9℃，广州地区对应可维持在23.1℃。因此，当冷源温度与室内设定温度相同时，复合墙体可以基本实现围护结构零冷负荷的技术效果，而在冷源温度低于室内设定温度时，PTABS则还可实现为室内空间提供辅助供冷的技术效果。

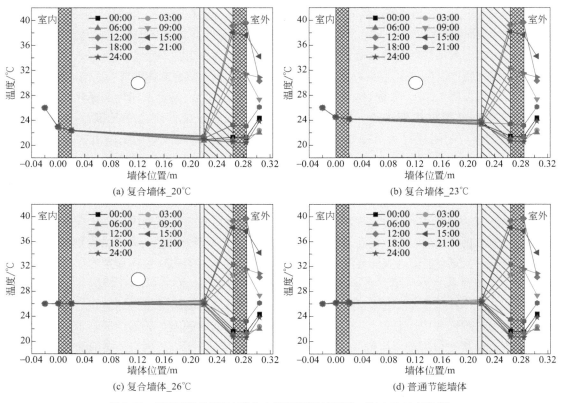

图 5-23 夏季天津地区南向墙体内部温度随时间变化（以 8 月 12 日为例）

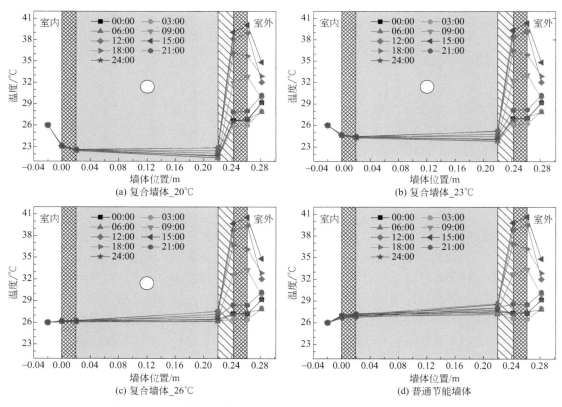

图 5-24 夏季广州地区南向墙体内部温度随时间变化（以 7 月 31 日为例）

图 5-25 进一步给出了夏季广州地区南向不同墙体横截面处的温度场变化云图。从无保温墙体温度场云图变化可看出，由于没有保温层和嵌管作用，夏季外部热扰可较快传入墙体内表面，由外至内的墙体温度梯度相对较小，并且内表面温度长时间维持在 29℃甚至更高。而在采取保温措施后，夏季室外热扰可较好地被阻隔在普通节能墙体保温层以外，特别是在白天太阳辐射期间，普通节能墙体保温层两侧的温度梯度尤其明显，这也验证了保温层在阻隔夏季室外热扰方面可以起到一定作用。但需要注意的是，普通节能墙体的内表面温度虽然相比无保温墙体有所下降，但仍长时间高于室内设定温度，建筑室内热环境依然有较大提升空间。复合墙体温度分布与普通节能墙体和无保温墙体则完全不同，其内部存在一个明显低于室内设定温度的低温区域并且完全阻隔了室内外热量传递，这也是 PTABS 可起到室内环境屏障作用的直接体现。同时，由于低品位冷源的注入，嵌管周边区域存在热堆积现象，这也与第 3 章中的实验分析相吻合。

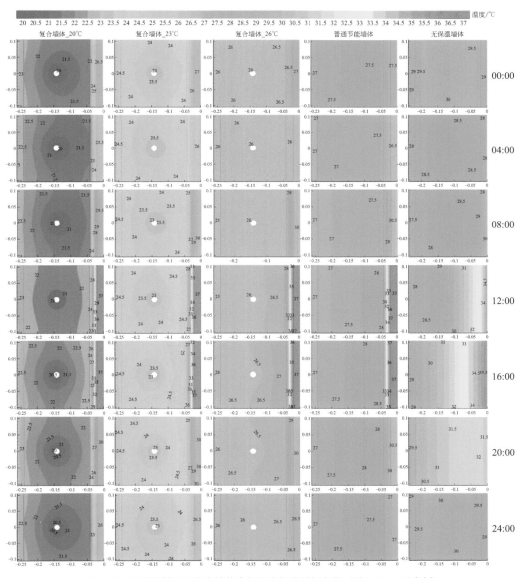

图 5-25 夏季广州地区南向墙体内部温度场随时间变化（以 7 月 31 日为例）

5.5 冬季工况传热分析

本节以复合墙体在天津和哈尔滨地区的应用为例对其冬季动态传热过程进行了模拟研究。所用到的气象参数[8]如图 5-26 所示，天津地区选取的典型时段为 1 月 15 ～ 21 日，哈尔滨地区选取的典型时段为 1 月 18 ～ 24 日。注入热源温度为 18℃、21℃和 24℃，室内设定温度为 18℃。

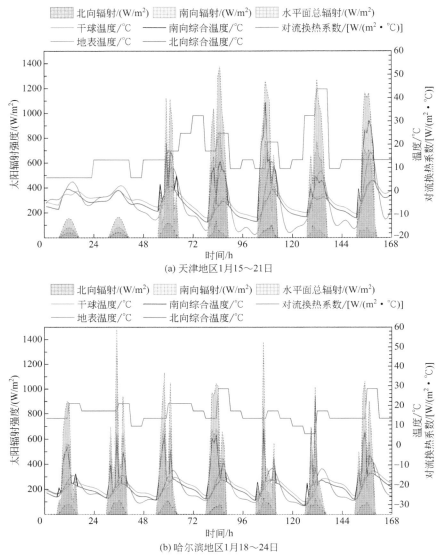

(a) 天津地区1月15～21日

(b) 哈尔滨地区1月18～24日

图 5-26 冬季天津和哈尔滨地区典型时段气象参数

5.5.1 复合墙体表面热响应特性

图 5-27 ～图 5-29 给出了天津地区冬季典型时段不同类型墙体的逐时热响应变化以及热负荷改善情况。其中，内 / 外表面及嵌管表面逐时热响应特性以北向墙体为例进行了重点分析，这里南向对应模拟数据未给出但本节也将对其进行探讨。当热流密度为正时，表明室外空气综

合温度高于墙体外表面温度或室内设定温度高于墙体内表面温度，此时室外环境向墙体传递热量或室内环境向墙体传递热量；反之，则表示墙体向室外环境传递热量或墙体向室内环境传递热量。对于 TPTL 嵌管：热流密度为正时，表明 PTABS 在向墙体注入热量。

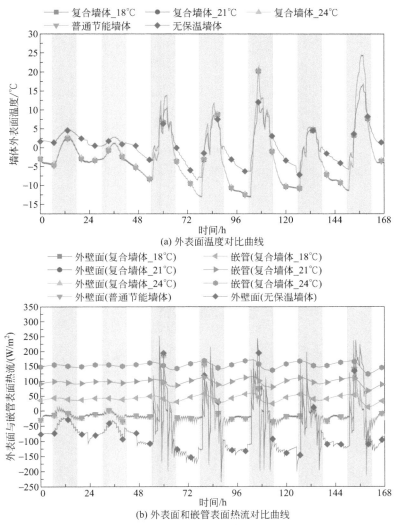

(a) 外表面温度对比曲线

(b) 外表面和嵌管表面热流对比曲线

图 5-27　冬季天津地区北向墙体外表面与嵌管表面逐时热响应（1 月 15 ～ 21 日）

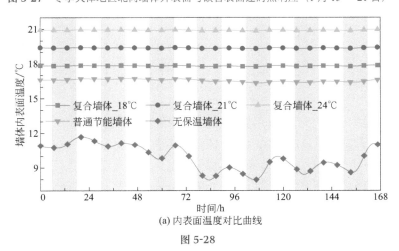

(a) 内表面温度对比曲线

图 5-28

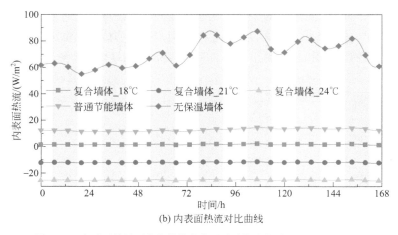

图 5-28　冬季天津地区北向墙体内表面逐时热响应（1 月 15 ～ 21 日）

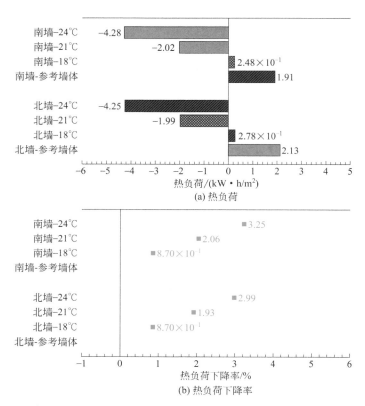

(a) 热负荷

(b) 热负荷下降率

图 5-29　冬季天津地区复合墙体与普通节能墙体热负荷及其衰减（1 月 15 ～ 21 日）

图 5-27 中的模拟结果表明：采用保温措施后，由于围护结构 R 值得到明显提升，普通节能墙体和复合墙体保温层以外的区域以及墙体外表面热特性受室内环境影响程度下降，并且更易受到室外环境影响。其中，普通节能墙体和复合墙体外表面温度在白天上升并趋近于室外空气综合温度，在夜间则明显下降并趋近于室外环境温度。与此同时，普通节能墙体由于外表面温度和室外环境温度间的传热温差大幅减小，其外表面热流相比无保温墙体明显得到改善，通过外表面的累计传热量降幅达 82.1%，而南向墙体对应比例也达到了 81.9%。由于复合墙体在

热源持续注入下内部温度相对更高，在此过程中不可避免地会发生部分热量向室外泄漏的现象，因此其外表面累计传热量相比普通节能墙体要大，其中热源温度为 18.0℃时的累计传热量增幅为 10.2%，而南向墙体对应增幅基本持平。此外，随着热源温度的逐渐上升，嵌管表面热流会逐渐上升，嵌管注热能力也随之增强。在所研究范围内，热源温度每上升 1.0℃，嵌管表面热流将增加 18.6W/m²。

图 5-28 中的模拟数据表明：普通节能墙体可以很好地拉平冬季无保温墙体的整体温度波动，但普通节能墙体内表面温度在模拟时段内仍要低于室内设定温度值 1.5℃，这也表明热量仍然会持续不断地通过内表面向室外散失，由此产生需要由 HVAC 承担的热负荷；而在普通节能墙体中嵌入流体管道并注入低品位热源后，复合墙体内表面温度可进一步被拉平甚至高于室内设定温度，从而可为室内空间提供辅助供热，此时通过内表面的累计散热量也进一步减小甚至变成负值；当热源温度为 18℃时，复合墙体内表面累计散热量（热负荷）相比普通节能墙体的降幅达 87.0%，而随着热源温度的提升，热负荷降幅进一步扩大甚至超过 100%，说明热负荷实质上已经降低为零并且此时复合墙体在向室内提供辅助供热（图 5-29）；而当热源温度升至 24℃时，复合墙体内表面温度可稳定维持在 20.9℃，整体提升幅度达 2.9℃，这也表明复合墙体内表面 MRT 随着热源温度的上升而改善。此外，从图 5-28(b) 中还可看出，随着热源温度上升，复合墙体内表面热流也随之下降，这是因为热源温度的上升会导致内表面温度随之上升，从而致使高温的内表面可以向室内空间释放更多的热量，并且热源温度每下降 1.0℃，复合墙体内表面热流便会相应降低约 3.9W/m²。综上所述，复合墙体的冬季热特性与普通节能墙体之间也存在显著差别，复合墙体不仅可以降低建筑围护结构的冬季热负荷，并且同时也可有效提升室内空间的热舒适性。

哈尔滨地区纬度较高，属于严寒气候区，冬季更为寒冷。图 5-30 ～图 5-32 分别给出了哈尔滨地区冬季典型时段不同类型墙体逐时热响应变化及其热负荷改善情况。哈尔滨地区墙体内／外表面及嵌管表面逐时热响应特性同样以北向墙体为例进行重点分析，南向对应模拟数据这里未给出但也将对其进行分析。

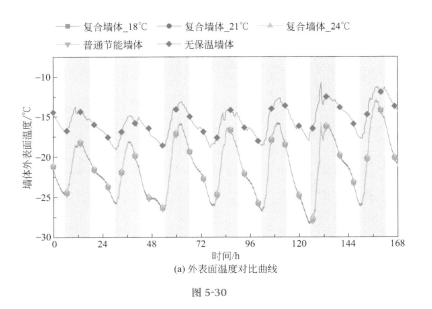

(a) 外表面温度对比曲线

图 5-30

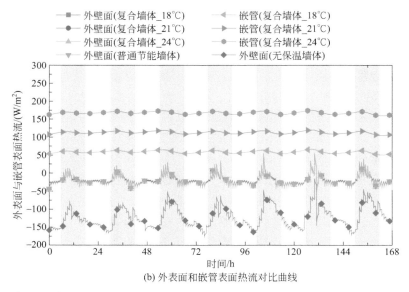

(b) 外表面和嵌管表面热流对比曲线

图 5-30　冬季哈尔滨地区北向墙体外表面与嵌管表面逐时热响应（1 月 18～24 日）

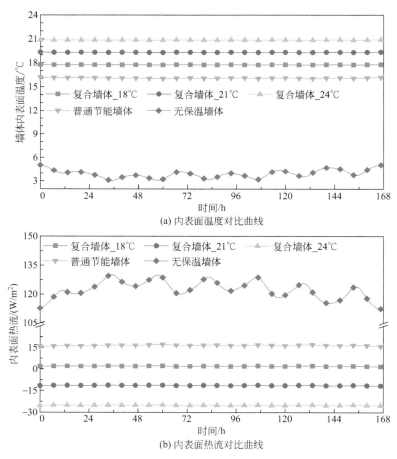

(a) 内表面温度对比曲线

(b) 内表面热流对比曲线

图 5-31　冬季哈尔滨地区北向墙体内表面逐时热响应（1 月 18～24 日）

从图 5-30(a) 中可以看出：采用保温措施后，哈尔滨地区北向普通节能墙体外表面温度相比无保温墙体下降了 5.9℃，而天津地区对应降幅为 3.4℃。图 5-30(b) 中的模拟结果表明：采用保温措施后，普通节能墙体外表面的累计传热量相比无保温墙体的降幅达到了 86.4%，而南向墙体外表面的累计传热量降幅与北向基本持平；当墙体中嵌入流体管道并注入低品位热源后，复合墙体外表面的累计传热量增幅在热源温度为 18℃时仅为 7.6%，说明注入热量并未发生大规模损失。在设计阶段遵守墙体热工参数限值并且模拟设置参数一致条件下，哈尔滨地区复合墙体外表面累计传热量增幅相比天津地区还要低出 2.6 个百分点，这也说明了随着复合墙体应用气候区的北移，由于保温层厚度的增加复合墙体外表面的冬季热能损失反而会下降。从图 5-30(b) 中还可看出，由于哈尔滨地区室外综合温度整体较低，通过墙体外表面的热损失也更大，嵌管表面热流也更大，并且热源温度每上升 1.0℃，嵌管表面热流会增加大约 18.7 W/m²，与天津地区基本持平。

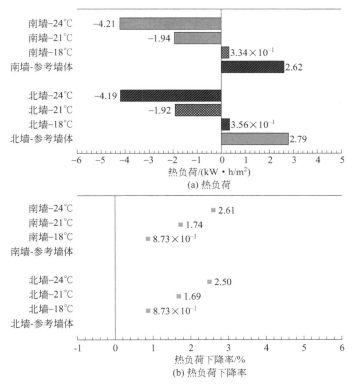

图 5-32　冬季哈尔滨地区复合墙体与普通节能墙体热负荷及其衰减（1 月 18 ～ 24 日）

图 5-31(a) 中的模拟数据表明：普通节能墙体虽然也可较好地拉平无保温墙体的整体温度波动，但哈尔滨地区普通节能墙体内表面温度在模拟时段内始终低于室内设定温度值约 1.9℃，相比天津地区要高出 0.4℃，内表面 MRT 值更低。哈尔滨地区普通节能墙体内表面累计传热量相比无保温墙体下降 86.4%，相比天津地区要高出 4.3 个百分点。以上数据表明：在北方地区单纯地依靠保温措施可以减少冬季围护结构热负荷，但需要由 HVAC 承担的热负荷依旧较大。而在墙体中嵌入流体管道并注入与室内设定温度相同的 18℃热源后，复合墙体内表面温度可被进一步拉平并接近室内设定温度，温差值也仅为 0.2℃，相比仅依靠保温措施提升了 1.7℃。在热源温度为 18℃条件下，复合墙体内表面累计传热量（热负荷）相比普通节能墙体的降幅达 87.3%（图 5-32），相比无保温墙体则达到了 98.3%，对冬季传热特性的改善效果非常显著。当热源温度升至 24℃时，复合墙体内表面温度同样也可稳定维持在 20.9℃左右，对内表面 MRT 值的改善效果与天津地区基本一致。此外，从图 5-31(b) 中还可看出，热源温度每上升

1.0℃，复合墙体内表面热流随之下降约 4.0W/m²，相比天津地区减小约 11.1%。可以看出，冬季在不同气候区应用复合墙体主要对嵌管的注热性能以及外表面传热特性产生影响，而对内表面的影响相对要小很多。

5.5.2　复合墙体内部温度场

图 5-33 和图 5-34 给出了天津和哈尔滨地区冬季典型日北向普通节能墙体与三种不同热源温度条件下复合墙体由内至外的温度分布曲线。从图 5-33(d) 和图 5-34(d) 可以看出：普通节能墙体保温层左侧区域温度分布曲线的波动幅度相比保温层内部及其右侧区域明显要小，但仍存在温度波动，并且普通节能墙体内表面的温度最小值始终要低于室内设定温度，尤其是地处严寒气候区的哈尔滨地区，其内表面温度平均低于室内设定温度约 1.9℃。复合墙体保温层左侧区域温度分布曲线的波动幅度相比普通节能墙体进一步缩小。冷源温度为 18℃时，天津地区冬季应用复合墙体后内表面平均温度与室内设定温度差值仅为 0.2℃，这也意味着由围护结构引起的热负荷可得到大幅削减，而哈尔滨地区冬季对应内表面平均温度可升至 17.7℃，相比普通节能墙体提升了 1.6℃，改善效果同样明显。当热源温度升至 24℃时，天津地区和哈尔滨地区复合墙体内表面平均温度均可维持在 19.3℃；而当热源温度为 20℃时，天津地区和哈尔滨地区复合墙体内表面平均温度均可维持在 20.9℃。因此，当热源温度与室内设定温度相同时，复合墙体可以基本实现围护结构零热负荷的技术效果，而在热源温度高于室内设定温度时，PTABS 则还可实现为室内空间提供辅助供热的技术效果。

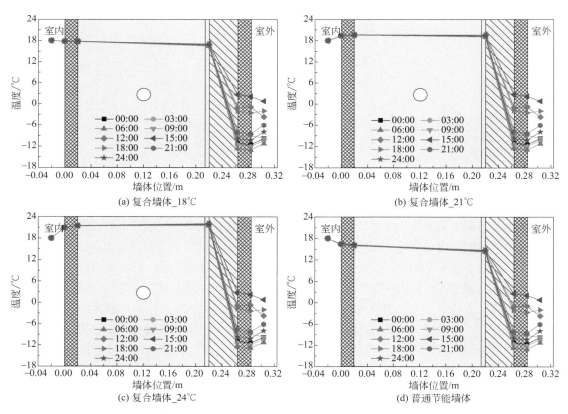

图 5-33　冬季天津地区北向墙体内部温度随时间变化（以 1 月 20 日为例）

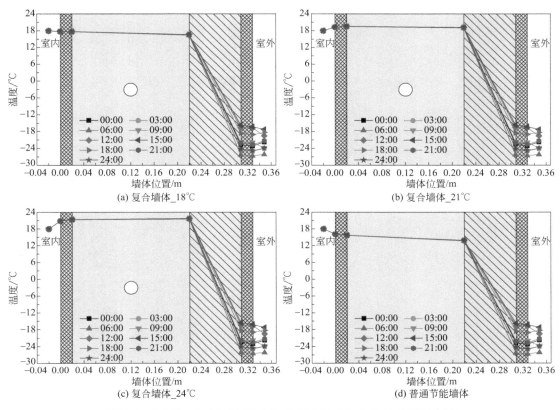

图 5-34 冬季哈尔滨地区北向墙体内部温度随时间变化（以 1 月 23 日为例）

进一步的，图 5-35 给出了冬季天津地区北向不同墙体横截面处的温度场云图变化。从无保温墙体的温度场云图变化可看出，由于没有保温层和嵌管的作用，冬季外部热扰可较快传入无保温墙体内表面，由外至内的墙体温度梯度相对较小，并且内表面温度长时间维持在 8.0℃左右甚至更低，建筑室内热环境较为恶劣。而在采取保温措施后，室外热扰可较好地被阻隔在普通节能墙体保温层以外，特别是在夜间，普通节能墙体保温层两侧温度梯度尤其明显，也验证了保温层在阻隔冬季室外热扰方面可起到较好的作用。但需要注意的是，普通节能墙体内表面温度虽然相对无保温墙体得到明显提升，但仍长时间低于室内设定温度，建筑室内热环境依然有较大改善空间。复合墙体的温度分布则与普通节能墙体和无保温墙体均不同，其内部存在一个明显高于室内设定温度的高温区域并且阻隔了室内外的热量传递，该区域在冬季起到了室内环境的热屏障作用，另外结构层中嵌管周边区域由于热量的注入也存在着热堆积的现象。

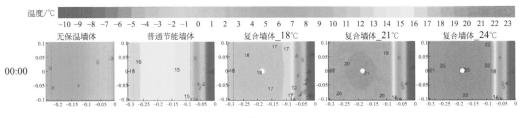

图 5-35

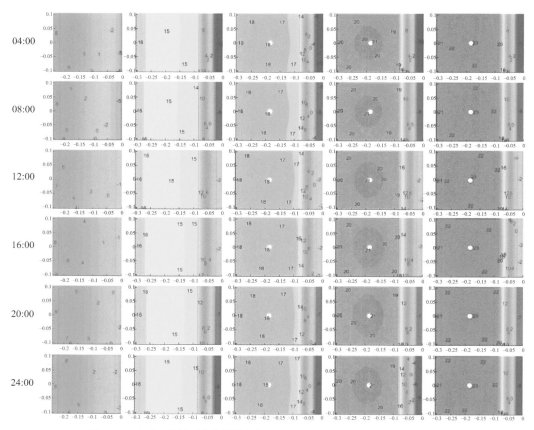

图 5-35 冬季天津地区北向墙体内部温度场随时间变化（以 1 月 20 日为例）

参考文献

[1] Zhang C, Wang J, Li L, et al. Dynamic thermal performance and parametric analysis of a heat recovery building envelope based on air-permeable porous materials[J]. Energy, 2019, 189:116361.

[2] Krajík M, Sikula O. The possibilities and limitations of using radiant wall cooling in new and retrofitted existing buildings[J]. Applied Thermal Engineering, 2020(164):114490.

[3] Shen C, Li X. Energy saving potential of pipe-embedded building envelope utilizing low-temperature hot water in the heating season[J]. Energy and Buildings, 2017, 138:318-331.

[4] JGJ 26—2010. 严寒和寒冷地区居住建筑节能设计标准 [S]. 北京：中国建筑工业出版社，2010.

[5] JGJ 134—2010. 夏热冬冷地区居住建筑节能设计标准 [S]. 北京：中国建筑工业出版社，2010.

[6] JGJ 75—2012. 夏热冬暖地区居住建筑节能设计标准 [S]. 北京：中国建筑工业出版社，2013.

[7] Zhu L, Yang Y, Chen S, et al. Numerical study on the thermal performance of lightweight temporary building integrated with phase change materials[J]. Applied Thermal Engineering, 2018, 138:35-47.

[8] 中国气象局气象信息中心气象资料室 . 中国建筑热环境分析专用气象数据集 [M]. 北京：中国建筑工业出版社，2005.

第6章

被动式热激活复合墙体
不确定性和敏感性分析方法

　　被动式热激活复合墙体的热特性受到设计、运行和材料物性等诸多参数的共同影响，这给其设计和应用的不确定性带来了额外的复杂性，同时也增加了在实际参数值与设计过程中假定值之间存在偏差情况下做出次优决策的风险。在这种情况下，了解复合墙体热特性的不确定性以及识别出关键的不确定性参数对其设计和优化具有重要意义。不确定性分析（uncertainty analysis，UA）和敏感性分析（sensitivity analysis，SA）正是解决上述问题的方法。其中，UA 主要用于研究给定不确定输入参数时模型输出的可变性，它可以帮助建模者回答"我的模型输出有多么不确定"的问题，而 SA 则是对 UA 的重要补充，旨在量化不同输入参数对模型输出不确定性的贡献大小[1]。UA 主要是通过抽样仿真实现的，通过对不同的不确定输入参数样本重复评估确定性模型，然后再通过计算统计度量、识别模式等寻求变量模型输出的统计特征。本章针对复合墙体热特性筛选出总计 12 个影响参数，并采用拉丁超立方抽样方法针对不同应用场景分别设计出了 200 组样本。此外，还针对复合墙体热特性 SA 方法的选用及其执行平台进行了详细介绍，并利用皮尔逊相关系数法对前述抽样组合进行了相关性检验分析。

6.1　不确定性和敏感性分析工作流程

　　本书所采用的 UA 和 SA 分析技术流程如图 6-1 所示。整个流程可划分为三个阶段，即前处理阶段、不确定性模型执行阶段和后处理阶段。

　　在前处理阶段中，首先需要在所有输入参数中（包括确定性和不确定性两种）提取出风险输入变量，并确定风险输入变量及其阈值范围；在此基础上，借助 R 语言软件进行拉丁超立方抽样，并以分层和随机的抽样方式生成满足本研究所需样本数量的风险输入变量样本库；此外，在 ANSYS 中建立复合墙体几何模型并耦合前文所建立的动态传热模型，对数学模型的可靠性进行校验。

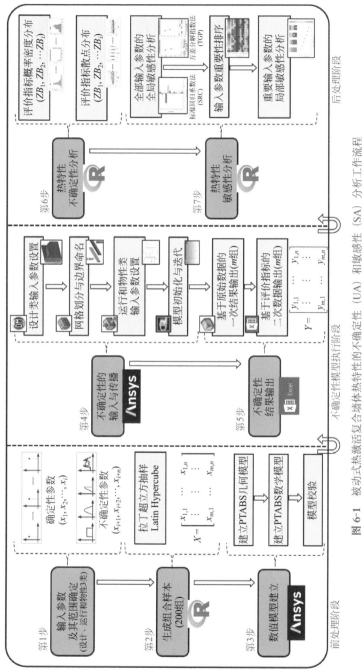

图 6-1　被动式热激活复合墙体热特性的不确定性（UA）利敏感性（SA）分析工作流程

随后进入不确定性模型执行阶段，该阶段主要是风险输入变量不确定性在模型中的输入、传播和输出。首先，依据前处理阶段得到的研究样本库中各个组合样本中的设计类输入参数在 ANSYS 中建立相应几何模型，同时进行网格划分和边界命名，随后耦合动态传热模型并设置其他风险输入变量，最后依次迭代运行各样本组合对应数学模型。在完成以上不确定性的输入和传播后，导出各样本组合对应原始数据，并借助所建立的评价指标体系进行二次数据处理和结果输出。

在得到基于评价指标的二次数据输出的基础上，随即进入工作流程中的后处理阶段。这一阶段主要借助数学处理方法对不确定性输出结果进行统计分析，从而得到风险输入变量与输出结果之间的内在关联机制。在后处理阶段中，通过编制程序并借助 R 语言软件可以得到各评价指标的概率密度分布、散点分布以及 SRC 和 TGP 分析结果，最终所得分析结果可用于指导 PTABS 的进一步理论研究、实际工程设计和后期运行控制。

6.2 复合墙体热特性不确定度表征

6.2.1 输入参数筛选

作为一种主要依赖低品位冷/热源注入从而实现分隔室内外空间热环境的建筑保温隔热技术，主/被动式热激活建筑围护结构的性能受到多方面因素的共同影响。目前，科研人员针对主动式热激活建筑围护结构以及相关领域研究对象的性能已开展了一些较为基础的理论和实验研究工作，但由于研究侧重点有所差异，因此所涉及的影响因素也不尽相同。本节对以往主动式热激活建筑围护结构及相关典型研究工作中所涉及的影响因素进行了汇总，可为复合墙体热特性研究中的输入参数选择提供借鉴，如表 6-1 所列。

表 6-1　主动式热激活围护结构及其典型研究涉及影响因素汇总

类别	影响因素	不同研究团队涉及影响因素					
设计类	嵌管间距	Hegarty[2]	—	—	—	Xu[12]	—
	嵌管直径	Hegarty[2]	—	—	—	—	—
	嵌管位置	Hegarty[2]	—	Yu[8]	—	—	—
	朝向	—	Li[3]	—	—	—	—
运行类	流速	Hegarty[2]	—	Yu[9]	Ibrahim[10]	—	—
	冷热源温度	—	Li[3]	Yu[8]	—	Xu[12]	—
	室内设定温度	—	—	—	Ibrahim[10]	—	—
	注热/冷时长	—	—	—	—	—	Gwerder[14]
	气象因子	Hegarty[2]	Li[3]	Yu[9]	Ibrahim[10]	—	—
材料物性类	嵌管层热导率	Hegarty[2]	—	—	—	Xu[12]	—
	嵌管层比热容	Hegarty[2]	—	—	—	—	—
	嵌管热导率	Hegarty[2]	—	—	—	—	—
	外表面辐射热吸收系数	Hegarty[2]	—	—	Ibrahim[10]	—	—

Hegarty 等 [2] 针对一种在建筑外立面内嵌流体管道的混凝土集热器进行了参数化实验和模

拟研究，研究过程中影响因素的选取主要考虑了对混凝土集热器的集热效率以及室内环境影响较大的几类参数，包括：材料物性类参数（如混凝土和管道的热导率与比热容、外表面辐射热吸收系数与发射率）、几何结构类参数（如管道间距、直径、埋深以及集热器厚度等）和运行控制类参数（如循环流量）。Li 等[3-7]侧重对主动式热激活围护结构的动态传热和节能潜力进行研究，并借助一次能源节约率、运行费用下降和投资回收期等评价指标研究了不同城市、朝向和水温对性能的影响。Yu 等[8,9]借助瞬态传热模型针对水温、流速、嵌管位置以及气候区对内嵌毛细管网的主动式热激活围护结构的影响进行参数化模拟研究。Ibrahim 等[10,11]和 Xu 等[12,13]也分别就气候区、流速、室内设定温度和外表面辐射热吸收系数以及嵌管间距、水温和墙体热导率对主动式热激活围护结构热特性影响进行了理论和实验研究。Gwerder 等[14]针对主动式TABS 的间歇运行时长进行了探讨，以便在满足室内热舒适性的前提条件下尽可能地降低主动式 TABS 的运行能耗。

虽然针对主动式热激活围护结构的研究已涵盖不同类型的多种影响因素，但各研究团队的侧重点差异明显，导致目前仍缺乏较为全面的系统性揭示。PTABS 中相变驱动的潜热热交换方式替代了主动式 TABS 水泵驱动的显热热交换方式，有效解决了困扰当前 TABS 的能量传输效率、驱动耗能以及其他潜在技术风险，但 PTABS 的传热过程和运行机制也更加复杂。被动式热激活复合墙体热特性除受到室外气象因子（如干球温度、风速、太阳辐射强度、地表温度、天空辐射温度等）和室内设定温度影响外，还受到朝向和材料、保温层厚度和位置、嵌管层位置和材料、嵌管直径和布置方式以及嵌管内部流动换热特性（如运行模式）的影响。综合PTABS 的技术特点并参考现有 TABS 研究，本书将上述影响因素分为设计类、运行类和材料物性类三类：设计类影响因素为嵌管位置、间距、直径和墙体朝向；运行类影响因素为冷热源温度、室内设定温度、注热/冷时长和气候区（气象因子）；材料物性类影响因素有外表面辐射热吸收系数、嵌管层热导率、嵌管层比热容和嵌管热导率。其中，气候区影响是指从严寒至夏热冬暖四个不同热工分区中分别选取一个典型城市应用 PTABS 以考察气象因子的影响。

6.2.2　输入参数范围确定

不同领域研究对象输出结果（评价指标）的敏感性一般均会受到输入参数（影响因素）取值范围的影响，输入参数范围过窄或过宽都具有一定的弊端。输入参数一般分为确定性和不确定性两种。因此，合理地选取输入参数取值范围对于复合墙体热特性的 UA 和 SA 很重要。如表6-2 所列，本书在对国内外主动式热激活建筑围护结构相关研究和应用案例的调研和分析基础上，最终确定了被动式热激活复合墙体热特性输入参数的取值范围。其中，严寒、寒冷、夏热冬冷和夏热冬暖气候区的气象因子分别选择的是哈尔滨、天津、上海和广州四个城市的气象数据。

表 6-2　被动式热激活复合墙体热特性输入参数及其阈值范围

类别	输入参数	简称	范围	单位
设计类	嵌管间距	PS	[30，350][12,10,15,16]	mm
	嵌管直径	PD	[6，27][17,18,191,16]	mm
	嵌管位置	PL	[0，200]	mm
	朝向	OT	东、南、西、北	

类别	输入参数	简称	范围	单位
运行类	热 / 冷源温度	HT	[16，26][3,20]	℃
	室内设定温度	IS	[16，26][3,20,21]	℃
	注热 / 冷时长	CD	[0，24]	h
	气象因子	CZ	严寒、寒冷、夏热冬冷、夏热冬暖	
材料物性类	嵌管层热导率	Mtc	[0.14，0.4][16,22-24]	W/(m・℃)
	嵌管层比热容	Msc	[570，1600][16,22-24]	J/(kg・℃)
	嵌管热导率	Ptc	[0.17，380][25]	W/(m・℃)
	外表面辐射热吸收系数	RA	[0.42，0.91][25,26]	

6.2.3 抽样设计方法

UA 和 SA 的目的在于在整个输入参数的空间范围内探索复合墙体热特性模型输出的变化。目前，UA 和 SA 方法主要有两种[27-29]：一种是局部逼近法，即泰勒分解法；另一种是抽样法，如蒙特卡洛抽样法（Monte Carlo sampling，MCS）和拉丁超立方抽样法（Latin hypercube sampling，LHS）。泰勒分解法相对简单，但存在产生不准确逼近和不正确结果的风险，所以在不平滑模型中应用效果不佳。对于抽样法，在进行 UA 和 SA 过程中，一般首先利用适宜的抽样方法从预先确定的输入参数阈值空间中提取足够数量的输入参数并形成输入参数样本组合，随后再对输入参数样本组合逐一进行模拟计算，最后借助机器学习方法建立输入参数组合与输出评价指标的函数对应关系，再通过以上得到的函数关系确定输入参数对模型输出不确定性的贡献大小以及输入参数间的交互作用。

考虑到 PTABS 涉及的输入参数种类和数量均较多，本书拟采用抽样法对复合墙体热特性的不确定性进行研究。在以上两种抽样法中，最早诞生于第二次世界大战期间的 MCS 是一种使用随机数或伪随机数从概率分布中抽样的技术，如今该技术已被广泛应用在一系列包含复杂随机行为的数学问题的研究中。借助 MCS 抽取得到的样本完全是随机组成的，在输入参数阈值范围内，每次抽样会随机从该阈值内随机挑选一个数值放入样本中。然而，MCS 样本通常也面临数据过度集中的缺陷，尤其是在样本数量偏少时很可能出现部分区域因没有被覆盖而产生"真空"，如此整个样本的代表性将大幅下降，甚至会因此得出错误结论。样本过度集中的问题引起了人们对分层抽样技术的重视，LHS 是简单随机抽样技术的一种更有效替代方法，它是分层随机抽样的一种特殊情况，可在较少样本数量情况下产生更具代表性的样本分布[30]。如图 6-2 所示，MCS 抽取的点明显集中分布在中间范围，而 LHS 抽取的点则均匀分布在各子区间范围内[31]。

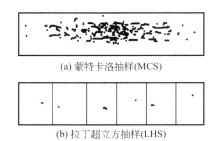

(a) 蒙特卡洛抽样(MCS)

(b) 拉丁超立方抽样(LHS)

图 6-2 MCS 抽样和 LHS 抽样对比示意[180]

对于一个具有 n 个维度（输入参数）的研究对象而言，LHS 抽样所需样本数量满足 $\geqslant 10n$ 的关系即可 [31-35]。LHS 抽样过程基本步骤如下：a. 将各个维度划分成 m 个互不重叠且长度相同的子区间，第 i 个子区间的阈值范围是 $[i/m，(i+1)/m]$；b. 在各个维度的每个子区间中随机抽取一个点；c. 从每一维中随机抽出步骤二中抽取的点，组成均匀分布的随机样本。

相对于单纯的分层抽样，LHS 方法的最大优势在于任何大小的抽样数目都很容易产生。LHS 方法相对 MCS 方法的显著改进在于其可以大幅减少样本数量。假设 y 是一个关于多个输入参数的线性函数，如式（6-1）所示，若同时运用 MCS 和 LHS 方法抽样，并对均值进行估计，二者的结果均可以由式（6-2）表示。两种方法所得标准差分别如式（6-3）和式（6-4）所示，而最终两种方法所得的标准差比值可参见式（6-5）。从式（6-5）得到的比值结果可以看出，LHS 方法相比 MCS 方法对样本数量的需求出现了大幅下降。

$$y = \sum_{i=1}^{d} a_i x_i \tag{6-1}$$

$$\bar{y} = \frac{1}{N} \sum_{n=1}^{N} f(x^n) \tag{6-2}$$

$$MCS: \quad E\left[(\bar{y} - \mu_y)^2\right] = \frac{1}{N} \sum_{n=1}^{d} a_i^2 \sigma_{x_i}^2 = \frac{1}{N} \sigma_y^2 \tag{6-3}$$

$$LHS: \quad E\left[(\bar{y} - \mu_y)^2\right] = \frac{1}{N^3} \sum_{n=1}^{d} a_i^2 \sigma_{x_i}^2 = \frac{1}{N^3} \sigma_y^2 \tag{6-4}$$

$$\Rightarrow \frac{E_{LHS}}{E_{MCS}} = \frac{\dfrac{1}{N^3} \sigma_y^2}{\dfrac{1}{N} \sigma_y^2} = \frac{1}{N^2} \tag{6-5}$$

6.2.4 抽样设计结果

本书选择的 LHS 抽样方法可减少 UA 和 SA 所需样本数量，而 LHS 方法所需样本数量一般达到输入参数数量的 10 倍即可满足要求 [31-35]。本节利用 LHS 方法对复合墙体热特性的 12 个输入参数进行了抽样设计，抽样样本的数量设定为 200 组，最终形成了一个具有 12 列和 200 行的样本矩阵，参见表 6-3。

表 6-3 复合墙体热特性 UA 和 SA 研究的样本组合（200 组）

序号	设计类				运行类				材料物性类			
	PS	PD	PL	OT	HT	IS	CD	CZ	Mtc	Msc	Ptc	RA
1	350	24	100	南	25.9	16.4	7	广州	3.30	1070	93	0.43
2	110	9	100	西	24.8	19.7	15	上海	1.14	785	247	0.55
3	230	21	140	西	19.1	25.1	20	天津	0.37	1422	337	0.62
4	70	15	140	北	16.1	16.6	21	哈尔滨	2.55	1239	272	0.88
5	230	24	20	南	21.7	21.8	13	天津	3.20	694	239	0.44
6	30	15	180	南	16.4	23.9	16	哈尔滨	2.48	995	101	0.78
7	110	21	20	东	20.0	24.4	8	广州	3.62	1321	120	0.50
8	290	9	140	北	18.9	24.8	23	上海	2.04	1373	91	0.89
9	250	18	60	东	19.6	26.0	22	上海	1.36	1292	65	0.43
10	250	12	20	北	24.3	23.8	19	天津	1.65	1215	309	0.76
11	330	18	140	北	25.0	16.2	12	上海	1.90	1460	153	0.58
12	170	24	20	西	23.4	18.8	6	广州	3.69	1134	268	0.75
13	210	15	180	北	23.3	18.6	8	天津	0.23	747	25	0.62
14	250	21	20	南	17.5	17.1	3	天津	1.97	1489	266	0.82
15	210	21	20	北	18.1	17.7	12	广州	1.12	1275	379	0.66
16	70	9	180	西	21.0	24.1	24	上海	1.29	1447	6	0.59
17	350	18	100	北	23.7	21.7	14	天津	2.59	850	76	0.69
18	90	6	140	北	16.1	17.3	11	上海	1.81	1119	59	0.54
19	310	12	180	东	22.7	25.0	20	天津	1.24	1470	126	0.50
20	290	9	20	西	16.9	21.9	7	天津	3.16	1384	250	0.72
21	110	6	60	北	17.0	20.1	18	天津	2.17	1299	298	0.61
22	330	24	60	东	22.9	22.1	12	上海	0.63	1366	122	0.90
23	150	24	100	西	20.2	19.6	3	上海	0.40	1512	321	0.49
24	90	9	140	南	23.5	24.6	2	上海	1.28	591	274	0.52
25	230	15	60	西	16.6	18.4	18	上海	2.07	773	359	0.60
26	290	6	60	北	25.3	22.2	5	广州	2.67	662	112	0.89
27	270	21	100	东	18.0	24.8	2	天津	0.58	762	104	0.46
28	330	6	100	南	16.5	18.1	8	哈尔滨	3.13	914	37	0.56
29	150	18	100	西	25.3	21.0	6	哈尔滨	3.57	1174	95	0.76
30	190	18	60	东	20.7	19.9	5	上海	1.71	1061	299	0.52
31	130	24	20	南	22.2	25.8	21	哈尔滨	3.99	958	54	0.79
32	250	21	60	西	19.7	23.5	5	哈尔滨	2.69	839	307	0.78
33	210	24	20	南	23.5	19.0	14	上海	2.31	1500	232	0.43
34	150	9	60	北	21.9	19.1	11	广州	2.16	847	134	0.62
35	350	15	180	南	21.8	16.8	2	广州	2.36	759	178	0.83

序号	设计类				运行类				材料物性类			
	PS	PD	PL	OT	HT	IS	CD	CZ	Mtc	Msc	Ptc	RA
36	50	24	60	南	18.3	17.8	5	天津	3.08	1153	184	0.91
37	310	24	60	西	24.9	22.7	23	上海	1.82	1583	157	0.54
38	270	21	100	东	18.4	22.4	1	广州	0.70	678	344	0.91
39	70	21	180	东	18.4	22.9	17	上海	2.09	728	42	0.69
40	310	18	60	东	24.9	17.5	2	天津	0.35	1550	314	0.62
41	110	21	20	南	21.2	25.9	11	广州	1.75	1409	228	0.65
42	70	21	140	东	25.2	16.1	7	上海	1.03	937	370	0.89
43	90	24	180	北	16.3	25.6	24	天津	3.97	901	346	0.63
44	30	15	100	西	20.6	24.9	1	天津	1.92	1209	60	0.73
45	50	6	60	北	24.5	17.1	23	广州	3.72	604	276	0.79
46	70	15	20	南	19.0	24.9	1	哈尔滨	2.46	1102	325	0.60
47	130	18	100	北	17.5	23.0	8	广州	3.92	1230	32	0.77
48	230	21	20	南	21.2	25.2	11	哈尔滨	1.98	641	377	0.83
49	150	12	180	东	20.4	18.0	2	天津	0.90	768	259	0.60
50	130	18	140	北	17.1	17.4	20	天津	3.69	809	9	0.75
51	190	24	60	西	25.8	22.2	0	天津	3.27	884	166	0.64
52	250	18	180	西	18.6	20.2	4	天津	2.73	1277	230	0.58
53	330	12	140	南	19.1	23.3	21	哈尔滨	0.93	607	185	0.71
54	210	12	140	西	17.8	21.1	14	广州	2.44	1543	66	0.75
55	230	12	180	西	18.8	19.1	24	天津	0.24	832	286	0.79
56	210	18	140	西	22.1	18.5	4	哈尔滨	2.87	1228	294	0.63
57	290	12	180	西	17.1	23.7	2	上海	1.95	963	331	0.55
58	70	24	140	南	20.0	25.2	9	哈尔滨	1.38	1165	325	0.81
59	210	27	60	北	21.3	25.5	0	哈尔滨	3.96	587	40	0.68
60	310	21	100	西	20.4	23.6	19	天津	0.19	1110	242	0.67
61	150	21	140	西	16.9	17.3	7	哈尔滨	3.00	669	136	0.79
62	110	12	100	北	23.9	24.6	12	天津	3.79	1261	14	0.80
63	350	18	20	西	18.2	18.9	12	哈尔滨	0.59	1559	125	0.51
64	90	18	100	东	16.5	23.7	13	广州	3.85	1039	331	0.52
65	50	27	60	南	24.7	21.4	21	天津	0.61	1248	161	0.69
66	290	15	20	北	17.4	18.3	17	上海	3.06	1486	1	0.52
67	130	27	180	西	17.7	23.6	1	广州	3.52	1527	52	0.82
68	170	12	180	北	25.5	22.9	6	上海	3.15	614	169	0.68
69	270	9	140	南	16.6	16.0	19	上海	2.95	1537	51	0.57
70	130	12	140	东	23.2	16.3	18	广州	0.67	1066	306	0.77
71	50	21	20	南	16.3	20.0	12	天津	0.55	1019	2	0.76

序号	设计类				运行类				材料物性类			
	PS	PD	PL	OT	HT	IS	CD	CZ	Mtc	Msc	Ptc	RA
72	250	18	100	西	18.9	20.3	17	哈尔滨	0.89	1220	362	0.57
73	50	6	180	西	21.6	20.4	1	哈尔滨	3.03	1375	172	0.58
74	230	18	60	南	21.3	16.9	7	天津	3.25	1326	151	0.68
75	50	12	100	东	20.9	21.5	4	广州	1.30	655	258	0.69
76	90	18	140	南	17.4	20.6	11	天津	3.74	867	373	0.73
77	250	15	20	南	24.4	24.5	6	哈尔滨	1.39	630	96	0.50
78	130	9	140	北	18.0	25.4	18	上海	3.93	1079	80	0.47
79	190	21	60	北	22.2	16.8	17	上海	0.70	617	141	0.65
80	350	27	140	西	17.6	19.9	10	天津	0.79	1188	375	0.86
81	50	12	180	东	20.8	24.4	17	上海	2.60	1084	128	0.78
82	90	24	100	南	17.0	21.9	2	哈尔滨	1.22	873	213	0.70
83	290	21	140	东	25.0	22.6	14	广州	0.93	1352	198	0.50
84	150	12	20	北	16.7	23.2	9	上海	2.24	1597	350	0.58
85	170	9	20	北	21.8	18.5	5	哈尔滨	1.61	1492	12	0.76
86	310	24	140	北	21.1	24.2	4	哈尔滨	0.76	1013	196	0.64
87	130	21	20	南	19.5	23.5	16	哈尔滨	2.90	1575	22	0.66
88	90	21	60	北	20.9	19.5	22	天津	3.42	1437	195	0.53
89	270	27	180	南	22.1	23.8	17	天津	1.88	1432	246	0.50
90	290	15	100	东	24.2	25.6	1	天津	0.37	1308	284	0.84
91	130	24	140	西	17.3	23.4	8	天津	3.41	1058	155	0.59
92	90	24	180	北	23.8	21.7	10	上海	3.31	786	36	0.73
93	150	6	180	北	16.2	17.8	19	天津	1.86	819	211	0.43
94	170	21	100	西	20.5	25.0	11	上海	1.20	778	349	0.74
95	330	18	100	北	17.9	24.5	18	天津	2.38	583	72	0.81
96	230	18	20	北	24.4	17.7	2	广州	2.89	834	200	0.57
97	230	21	180	北	18.5	25.9	2	哈尔滨	1.80	1034	192	0.55
98	170	6	60	东	23.8	18.8	14	上海	0.74	685	130	0.65
99	210	12	180	东	18.1	21.1	4	上海	2.25	1562	217	0.49
100	230	24	180	西	16.2	24.0	10	天津	2.44	1146	235	0.75
101	190	15	180	北	18.2	16.1	21	哈尔滨	1.84	1513	49	0.67
102	90	24	140	南	24.2	17.6	3	广州	0.43	1336	365	0.84
103	190	9	100	东	20.6	25.1	16	哈尔滨	0.28	1384	193	0.77
104	170	12	20	南	20.1	24.1	3	上海	0.20	919	287	0.48
105	110	27	60	南	19.6	20.1	16	上海	1.74	1392	289	0.80
106	290	21	180	西	24.3	19.2	11	广州	2.55	1507	347	0.54
107	170	18	180	东	25.8	21.2	23	广州	1.64	1520	99	0.47

序号	设计类				运行类				材料物性类			
	PS	PD	PL	OT	HT	IS	CD	CZ	Mtc	Msc	Ptc	RA
108	270	24	100	北	18.6	25.3	6	天津	0.86	755	139	0.54
109	70	6	60	西	25.2	23.1	4	哈尔滨	1.59	1211	328	0.86
110	210	15	100	北	20.8	19.5	20	天津	2.74	824	269	0.78
111	330	18	100	东	19.4	18.9	9	广州	3.90	1241	34	0.45
112	330	27	60	北	24.6	21.3	18	上海	2.64	885	147	0.90
113	310	9	140	西	18.3	20.3	15	哈尔滨	1.00	1478	44	0.71
114	290	24	60	西	19.9	17.9	6	天津	2.11	1451	254	0.72
115	190	9	180	东	19.3	25.3	1	天津	0.77	1528	215	0.70
116	30	21	100	南	21.5	22.8	6	广州	2.84	1181	145	0.87
117	90	15	140	东	21.0	20.4	3	天津	1.15	879	18	0.53
118	90	15	60	西	22.7	19.8	15	上海	3.82	637	181	0.85
119	50	15	20	西	20.2	19.7	12	广州	0.26	1564	116	0.86
120	250	15	60	东	21.9	18.2	5	广州	0.65	1195	334	0.76
121	50	12	180	北	25.6	17.5	0	上海	3.47	1593	368	0.70
122	330	9	140	北	25.4	18.1	20	上海	1.18	935	77	0.57
123	310	15	20	北	25.7	18.0	17	哈尔滨	0.45	896	87	0.59
124	30	15	20	西	22.8	18.6	18	哈尔滨	1.57	703	165	0.70
125	270	12	100	东	22.3	23.0	9	哈尔滨	2.20	967	361	0.58
126	310	18	100	东	24.6	19.3	4	天津	2.14	720	322	0.84
127	250	9	60	南	19.7	18.2	22	广州	0.15	1159	205	0.74
128	130	15	180	南	25.9	19.8	16	哈尔滨	3.63	736	211	0.66
129	50	12	60	北	19.5	22.3	10	哈尔滨	1.54	578	241	0.67
130	330	21	20	西	26.0	17.2	19	天津	3.39	992	10	0.61
131	190	18	20	东	21.1	16.9	1	广州	2.01	796	15	0.46
132	70	21	140	南	22.6	16.3	9	天津	0.16	1283	68	0.49
133	290	27	100	北	24.1	19.2	22	广州	3.36	1403	189	0.83
134	130	12	180	南	23.2	18.3	21	天津	2.36	1007	301	0.74
135	250	9	100	东	25.1	21.6	7	上海	2.93	1466	279	0.89
136	250	9	100	东	23.7	20.6	8	广州	1.42	596	371	0.72
137	30	21	140	南	18.7	23.3	8	哈尔滨	3.04	1338	82	0.45
138	90	18	20	南	19.2	22.6	19	广州	1.08	1096	222	0.82
139	330	12	180	西	22.0	22.8	16	广州	2.78	928	253	0.79
140	130	12	180	东	18.8	22.0	20	广州	1.32	705	262	0.48
141	270	12	20	南	23.9	19.6	7	上海	3.45	1250	279	0.81
142	170	18	100	南	19.8	22.1	13	上海	3.53	1001	355	0.64
143	70	27	140	南	22.8	16.7	13	天津	0.54	1548	80	0.44

序号	设计类				运行类				材料物性类			
	PS	PD	PL	OT	HT	IS	CD	CZ	Mtc	Msc	Ptc	RA
144	170	18	100	东	24.0	24.3	13	上海	2.53	1267	207	0.45
145	310	27	180	南	24.0	24.7	20	广州	3.59	1029	41	0.88
146	210	18	140	东	23.6	20.8	14	上海	3.27	1025	108	0.49
147	70	27	100	南	17.2	16.4	21	哈尔滨	3.79	1313	176	0.42
148	190	15	20	西	25.6	18.7	3	上海	2.34	741	98	0.88
149	150	15	180	东	20.3	20.8	19	天津	0.31	1149	318	0.80
150	290	9	140	北	25.4	19.0	4	广州	2.61	689	311	0.66
151	50	18	60	北	18.5	24.0	12	哈尔滨	3.23	1089	272	0.70
152	150	24	100	西	23.6	17.2	15	哈尔滨	3.49	1330	245	0.45
153	210	9	60	西	23.1	16.6	15	哈尔滨	1.52	1258	150	0.48
154	110	9	100	南	17.3	16.7	15	天津	2.98	1015	70	0.47
155	270	12	60	西	17.7	21.5	9	上海	1.69	1410	72	0.85
156	250	6	20	西	22.5	23.9	15	上海	2.40	1131	263	0.82
157	170	12	60	北	22.5	19.4	22	上海	2.79	984	29	0.63
158	310	15	140	东	17.9	23.1	5	广州	3.67	1587	304	0.59
159	210	15	20	南	20.5	25.8	7	广州	3.77	1203	110	0.61
160	110	27	100	南	24.8	25.4	23	哈尔滨	1.77	1573	365	0.84
161	150	27	20	东	22.3	21.6	19	广州	2.06	1093	338	0.68
162	170	24	60	西	20.1	20.5	15	广州	3.18	1354	86	0.51
163	190	9	140	东	19.3	17.4	19	广州	0.30	978	144	0.71
164	210	21	180	北	23.0	21.8	22	天津	2.68	1049	48	0.85
165	230	24	60	东	19.4	22.5	10	广州	0.51	1046	20	0.87
166	330	18	180	西	24.5	21.3	10	广州	0.98	643	180	0.85
167	270	9	100	北	23.3	22.5	14	广州	1.09	1115	342	0.63
168	330	12	60	西	17.6	19.3	23	哈尔滨	0.80	1358	106	0.53
169	230	21	180	东	21.6	25.5	8	哈尔滨	3.61	802	228	0.88
170	150	15	20	南	19.2	18.7	13	上海	2.96	1417	207	0.56
171	310	12	100	南	21.4	23.2	18	哈尔滨	3.10	733	226	0.74
172	50	21	140	东	22.9	20.0	17	上海	1.45	854	55	0.64
173	290	15	140	南	25.1	20.7	6	哈尔滨	2.00	945	89	0.77
174	270	24	60	东	20.3	23.4	7	广州	1.46	924	256	0.72
175	150	9	60	西	16.7	22.4	12	广州	3.36	1288	29	0.52
176	270	9	60	东	16.4	16.2	9	广州	1.24	890	163	0.63
177	110	24	180	东	24.7	17.0	22	哈尔滨	3.54	816	116	0.83
178	110	12	20	西	19.8	25.7	5	广州	0.85	1427	291	0.53
179	50	12	180	南	25.7	21.4	21	上海	2.75	1442	159	0.90

序号	设计类				运行类				材料物性类			
	PS	PD	PL	OT	HT	IS	CD	CZ	Mtc	Msc	Ptc	RA
180	330	15	140	西	18.7	19.4	17	哈尔滨	0.47	950	202	0.81
181	110	12	140	北	22.4	20.9	16	天津	2.22	973	169	0.71
182	170	6	20	东	22.6	20.7	14	哈尔滨	1.05	863	352	0.87
183	270	9	60	南	22.4	17.0	23	哈尔滨	0.42	1397	317	0.56
184	250	9	20	西	25.5	22.7	23	广州	1.58	1475	62	0.61
185	290	9	20	东	21.7	22.0	3	天津	3.86	652	335	0.44
186	150	9	140	南	24.1	25.7	13	上海	0.49	713	6	0.42
187	110	18	60	南	17.8	22.3	10	哈尔滨	0.83	682	188	0.51
188	130	6	180	南	17.2	17.6	11	广州	2.86	905	143	0.67
189	230	9	140	东	19.9	20.2	20	广州	1.34	1302	132	0.90
190	190	6	140	东	21.4	17.9	3	哈尔滨	1.02	798	220	0.87
191	210	12	20	北	20.7	24.7	23	上海	2.51	716	238	0.47
192	30	15	60	北	19.0	24.2	15	哈尔滨	0.97	1141	356	0.55
193	110	27	100	东	23.1	20.9	5	上海	2.29	953	118	0.85
194	170	15	140	北	16.8	21.2	14	上海	1.50	667	295	0.45
195	190	18	100	北	21.5	16.5	24	天津	1.48	1193	174	0.56
196	350	6	20	东	23.4	18.4	9	上海	1.68	1172	283	0.89
197	190	24	180	西	16.0	24.3	13	哈尔滨	2.28	623	313	0.44
198	70	21	20	北	16.8	20.5	10	哈尔滨	2.81	1122	224	0.65
199	70	24	100	东	23.0	16.5	21	广州	3.87	573	25	0.46
200	310	24	180	西	22.0	21.0	13	天津	3.34	1347	111	0.48

6.3 复合墙体热特性全局敏感性分析方法选用

6.3.1 敏感性分析方法简介

6.3.1.1 敏感性分析基本概念

UA 侧重于量化模型输出结果的不确定性，而 SA 则用于确定导致输出结果变化或不精确的主要因素。本质上看，SA 就是利用所研究问题模型化后的数学性质去探索研究问题的内在特性。只要某一理论或实际问题可以进行建模，并且建模之后本身可以得到相对完整的输入和输出数据，就可以利用 SA 方法去研究和分析这一问题。因此，SA 方法近年来已被广泛应用于包含城市规划、建筑节能和产品开发等在内的各种领域 [27-30,36,37]。

借助 SA 方法可实现以下几点目的：

① SA 可帮助量化模型中不同输入参数对模型输出结果的响应，进而了解研究模型到底有多么不确定；

② 根据对输出结果响应的贡献大小，可识别出对研究模型影响较为重要输入参数，并获得这些输入参数对模型输出结果的影响规律；根据对输出结果响应的贡献大小，SA 还可帮助排除那些对模型输出结果影响不大的输入参数，进而可在剔除或固定这些不重要输入参数的情况下简化所研究模型；

③ 除了可帮助识别单个输入参数对模型输出的响应贡献外，SA 也可帮助识别不同输入参数的组合共同对模型输出结果的影响，以此得到不同输入参数间的交互影响机制；

④ SA 还可帮助核查模型是否正确客观地描述了研究问题，并且可通过消除荒谬的认知来完善输入空间；

⑤ 在以上基础上，SA 还可被进一步用于支持基于目标的优化研究。

6.3.1.2 敏感性分析方法分类

SA 有三种分类方法[29]，最常见的一种是分为局部敏感性分析（local sensitivity analysis，LSA）和全局敏感性分析（global sensitivity analysis，GSA）。其中，LSA 主要用于研究单个输入参数对模型输出结果的影响，即研究过程中每次仅控制一个参数在其输入空间内变化而其他参数固定不变，而 GSA 可量化输入参数在各自完整输入空间范围的影响，以同时确定它们对输出结果影响的权重，并根据其重要性级别进行排序。LSA 在实践中得到了广泛应用，实操过程简单易解，但 LSA 相对 GSA 存在明显不足之处，GSA 虽然计算时间有所增加，但其被认为是处理非线性、非加性和非单调模型更加通用的方法[36]。

SA 第二种分类是分为数学分析法（mathematical analysis，MA）、统计分析方法（statistical analysis，SA）和图解分析方法（graphical analysis，GA）[32]。MA 一般用于评价单个输入参数对输出结果的局部或者线性敏感性指数，由于该方法在应用中通常不考虑输出结果方差，从而通过 MA 得到的输入参数敏感性指数具有不确定性。SA 主要借助基于抽样样本的仿真手段来获得不同输入参数对模型输出结果响应的定量或定性敏感性指数分析结果，SA 的主要缺点是需要运行的样本数量较多，实操性较差。GA 方法则是以可视化图像的方式直观展现了输入参数对输出结果响应的统计结果，GA 的典型代表是散点图方法。

SA 方法还可分成筛选分析法（screening analysis，SA）和细化分析法（refined analysis，RA）两种[32]。Morris 方法是前者的典型代表，该方法在识别模型中包含多个重要参数时简单而有效，其计算成本是运行 r $(p+1)$ 个仿真模拟，其中 p 是输入参数数量，r 是重复次数。Morris 方法中有两种敏感性指数，平均 μ 因子用于评价输入参数对输出结果的总体影响，而标准差 σ 用于评价输入参数与其他输入参数间的相互作用和非线性效应影响。但 Morris 方法仅能对输入参数重要性进行排序，而不能量化它们对输出结果的影响，所以 Morris 方法一般用于输入参数的初步筛选和识别。RA 方法能够对模型的复杂特征进行充分考虑，其量化结果也更精准，但同样需要大量的抽样样本，因此实操性也不高。

复合墙体的输入参数种类和数量相比传统围护结构大幅上升，传热过程也更加复杂，其热特性并非由单个影响因素决定，且关键输入参数也可能受到输入参数间的交互作用影响。本书主要参照第一种 SA 分类方法来研究复合墙体在不同应用场景中的热特性，而借助更加科学的GSA 方法可以实现以下目标：a. 识别并筛选出不同应用场景下对复合墙体热特性评价指标影响最为重要和无影响的输入参数；b. 探索不同种类以及不同组合的输入参数对复合墙体热特性评价指标的协同影响机制，获得输入参数间的交互作用；c. 为 PTABS 的进一步理论研究和优化设计奠定基础。

6.3.2　全局敏感性分析方法选择

与 LSA 方法不同，GSA 方法不局限于分析得到特定输入空间点附近的函数关系，它可用于研究输入参数在整个输入空间上的影响，适用于各种复杂建模系统的分析研究。同时，GSA 方法还具有自我验证（self-vertification）功能，因此所得结果也更加可靠。目前常用的 GSA 方法有四种，分别是 Morris 筛选法（Morris screening method）、标准回归系数法（standardized regression coefficients method，SRC）、方差分解指数法（variance decomposition indices or sobol method）和基于元模型的树状高斯过程法（metamodel-based treed Gaussian processes method）。

6.3.2.1　Morris 筛选法

为了解决建筑模型输入参数过多的现实问题，Morris 于 20 世纪 90 年代最先提出该方法[37]，另一个常用于解决类似问题的方法是 Cotter 筛选法。Rivalin 等[29] 对 Morris 筛选法的选用进行了形象比喻：假设一个建筑模型中包含 50 个以上的输入参数，那么 SA 的第一步应是借助一种可扫描整个输入空间的筛选法来减少输入参数数量，以剔除那些对输出结果影响不大的输入参数。

Morris 筛选法属于一次改变一个输入参数（one factor at a time，OAT）的 GSA 方法，其计算成本是运行 r（$p+1$）个仿真模拟，p 是输入参数数量，r 是重复次数，并且使用计算得到的平均 μ 因子和标准差 σ 两个敏感性指标判断输入参数对输出结果的影响程度。假设模型为 $y=f(x_1, x_2, …, x_p)$，Morris 筛选法并不对单个输入参数进行直接抽样，而是将单个参数的阈值与 [0，1] 进行对应，并根据预设 OAT 试验次数水平 r 将其等长度划分 $\{0, 1/(r-1), 2/(r-2), …, 1\}$，因此 Morris 筛选法需要构建一个 r（$p+1$）的矩阵 A，如式（6-6）所示：

$$A = \begin{bmatrix} 0 & 1 & 1 & 1 & L & 1 \\ 0 & 0 & 1 & 1 & L & 1 \\ 0 & 0 & 0 & 1 & L & 1 \\ M & M & M & M & O & M \\ 0 & 0 & 0 & 0 & L & 1 \end{bmatrix} \tag{6-6}$$

矩阵 A 中每一纵列指代单个输入参数的样本，而两相邻纵列仅能有一个输入参数的数值不一样，其中 1 表示发生改变的输入参数，而 0 表示没有发生改变的输入参数。由于是 OAT 试验，这里假设矩阵 A 中向量 A^i 和 A^{i+1} 量的第 j 个数的数值发生改变，如式（6-7）所示：

$$A(i\,\&\,i+1) = \begin{bmatrix} x_1^* & x_1^* \\ M & M \\ x_{j-1}^* & x_{j-1}^* \\ x_j^* & x_j^*+V \\ x_{j+1}^* & x_{j+1}^* \\ M & M \\ x_p^* & x_p^* \end{bmatrix} \tag{6-7}$$

那么第 j 个输入参数的基本效应指数（EE）可由式（6-8）定义：

$$EE_j = \frac{f\left(x_1^*,\ldots,x_{j-1}^*,\ x_j^* + V, x_{j+1}^*\ \ldots,x_p^*\right) - f\left(x_1^*,\ldots,x_{j-1}^*,\ x_j^*, x_{j+1}^*\ \ldots,x_p^*\right)}{\Delta} \tag{6-8}$$

在完成式（6-8）中一次路径的计算基础上再重复进行 $r-1$ 次操作，逐一得到所有参数的 r 个基本效应指数（EE），并计算出相应的 μ 和 σ，其中前者用于比较影响程度的重要性和排序，后者主要用来评估输入参数间的交互影响。

$$\mu_j = \sum_{i=1}^{r} EE_j \big/ r \tag{6-9}$$

$$\sigma_j = \sqrt{\sum_{i=1}^{r} (EE_j - \mu_j)^2 \big/ (r-1)} \tag{6-10}$$

从实践中可知，Morris 筛选法适于系统复杂且输入参数庞大的模型问题。借助该法可有效提升分析效率，大幅降低计算总时长。因存在一定随机性，Morris 筛选法也存在局限性，在筛选过程中比较容易出现误差而不得不重复进行计算，而选择平均基本效应指数（EE）评价输入参数的影响程度，也可能因取值区间的随机性及计算结果正负值的抵消最终导致结果不能真实反映实际情况。

6.3.2.2　标准回归系数法（SRC）

SRC 方法属于众多回归法（regression methods）的一种，而回归法又属于众多逼近法（approximation methods）中的一种。回归法目前已在建筑性能模拟领域得到广泛应用，但该法一般要求所研究模型是线性的，以便得到一个可接受的近似值[33]。该模型至少需要 $n+1$ 个模拟，其中 n 是输入参数数目。使用回归法前，必须检查模型是否为线性。如果模型线性，可使用皮尔逊相关系数（Pearson's correlation coefficient，CC）、偏相关系数（partial correlation coefficient，PCC）和 SRC。如果模型非线性而是单调的，可采用斯皮尔曼相关系数（Spearman's correlation coefficient，SCC）、斯皮尔曼秩相关系数（Spearman rank correlation coeffcient，SRCC）、偏秩相关系数（partial rank correlation coefficient，PRCC）和标准化秩回归系数（standardized rank regression coefficients，SRRC）。如果模型既非线性且又非单调，则不能采用回归法开展 SA 工作。

运用 SRC 方法的敏感性分析流程一般是先假定模型输入参数和输出结果间存在线性相关关系，随后再建立起回归模型对其展开分析。在一个包含多个输入参数的多元回归模型中，决定系数（coefficient of determination，R^2）是判断拟合效果的重要指标之一，可以根据式（6-11）计算得到 R^2。

$$R^2 = 1 - \frac{\sum_{i=1}^{N} (\hat{y}_i - y_i)^2}{\sum_{i=1}^{N} (\hat{y}_i - \bar{y}_i)^2} \tag{6-11}$$

R^2 表示可通过回归模型得到的可解释数据百分比，R^2 越大则可通过回归模型解释的数据越多，回归效果越显著，同时回归模型也更趋近于线性模型，反之则更趋近于非线性模型。通常，R^2 在 0.7 及以上时，SRC 用于定性评估参数的重要性较为可靠，而 R^2 低于 0.7 甚至更低时则分析所得结果不应被视为可靠的。此外，还可检查 P 值（P-value）是否小于 1×10^{-2} 来检验回归系数是否具有显著性。

6.3.2.3　方差分解指数法（EFAST）

方差分解指数法具有较强的处理非线性和非单调模型能力，并且能够识别不同输入参数间的交互作用。在基于方差的 SA 方法中，扩展傅立叶幅度敏感性检验法（extended Fourier amplitude sensitivity test method，EFAST）最为常见。它由 Saltelli 等 [38] 在经典傅立叶幅度敏感性检验法（Fourier amplitude sensitivity test method，FAST）和基于方差 Sobol 指数法的基础上提出的一种同时适用于非线性和非单调模型的 SA 方法，也是分析复杂建筑物理问题的优先方法。例如，Singh 等 [27] 应用 EFAST 方法针对办公建筑中玻璃构件的设计变量对其自身能量特性和采光性能的影响开展 SA 工作，识别出窗墙比、玻璃类型、百叶窗类型（板条方向）和板条角度是关键影响因素，而立面朝向的影响则可以忽略不计。

EFAST 方法需要借助抽样方法将输入参数对模型输出结果的方差进行分解，这也是它可以应用于探索输入参数和输出结果间线性或非线性关系的原因。通过在同一样本集中计算并评价每个输入参数对总方差的贡献，包括用于评价单个输入参数对模型输出影响的一阶效应指数（first order sensitivity index，S_i），又称主效应指数（main effect index，S_i），以及用于评价参数间交互作用对模型输出影响的全效应指数（total order sensitivity index，S_{Ti}）。某一输入参数对应的 S_i 越大，表明该输入参数对模型输出的影响越显著，而某一输入参数的 S_{Ti} 越小，说明不仅该输入参数的 S_i 越小，对模型输出的影响越不显著，同时也说明该输入参数与其他输入参数的交互作用也越小。EFAST 方法的计算过程如下。

假设模型为 $y=f(x_1, x_2, \cdots, x_p)$，包含 p 个输入参数并且可以通过合适的转换函数转换成 $y=f(s)$。在此基础上，对其进行傅立叶变换，如下：

$$y = f(s) = \sum_{i=-\infty}^{\infty} \{A_i \cos(is) + B_i \sin(is)\} \tag{6-12}$$

$$A_i = \frac{1}{N_s} \sum_{p=1}^{N_s} f(s_p) \cos(w_i s_p) \tag{6-13}$$

$$B_i = \frac{1}{N_s} \sum_{p=1}^{N_s} f(s_p) \sin(w_i s_p) \tag{6-14}$$

式中，N_s 为取样数，则 i 有以下数学关系：

$$i \in \bar{Z} = \{-\frac{N_s - 1}{2}, \cdots, -1, 0, 1, \cdots, +\frac{N_s - 1}{2}\} \tag{6-15}$$

傅立叶级数的频谱曲线定义为：

$$\Lambda_i = A_i^2 + B_i^2 \tag{6-16}$$

则由输入参数 x_i 引起的模型输出结果方差为：

$$V_i = 2 \sum_{i=1}^{+\infty} \Lambda_i w_i \tag{6-17}$$

如此，模型的总方差可以分解为：

$$V = \sum_i V_i + \sum_{i \neq j} V_{ij} + \sum_{i \neq j \neq m} V_{ijm} + \cdots + \sum_p V_{i,j,m,L,p} \tag{6-18}$$

式中，V_i 为输入参数 x_i 单独引起的模型方差；V_{ij} 为输入参数 x_i 通过输入参数 x_j 作用贡献的耦合方差；V_{ijm} 为输入参数 x_i 通过输入参数 x_j 和 x_m 作用贡献的耦合方差；式（6-18）中的其他方差的含义可以以此类推。

在此基础上，借助归一化处理可得到输入参数 x_i 的 S_i，其计算公式如下：

$$S_i = \frac{V_i}{V} \tag{6-19}$$

此外，还可以得到输入参数 x_i 的 S_{Ti}，其计算公式如下：

$$S_{Ti} = \frac{V - V_{\sim i}}{V} \tag{6-20}$$

式中，$V_{\sim i}$ 指不包含输入参数 x_i 的其他所有输入参数方差的叠加值。

该方法有如下特点：应用 EFAST 方法进行敏感性分析所得结果来自大量的输入参数抽样，因此不但能够体现输入参数间影响强度的相对高低，也可量化不同输入参数对模型方差变化的贡献大小。应用该方法时，需要输入参数的概率分布及其不确定性阈值，而一般对输入参数采取均匀分布，因此输入参数范围对 SA 结果有较大影响。该方法考虑了输入参数间交互作用对模型的影响，SA 结果具有全局性，更加客观和全面。该方法不仅可用于多元输入参数变化对输出结果的敏感性分析，也可用于分析单个输入参数对模型输出的直接影响和间接影响。

6.3.2.4　基于元模型的 TGP 树状高斯过程法

基于方差的 SA 方法具有较高的计算精度和可靠性，但其需要对大量抽样所得样本进行计算，综合代价较高。实际上，GSA 方法中有一类元模型方法（meta-modelling methods），其主要包含两个步骤：首先，针对所建立的建筑物理模型依靠监督机器学习的方法建立起对应统计模型；然后，基于所建立的统计模型并结合方差分解指数法共同对模型进行敏感性分析。通过机器学习方法建立的统计模型相比原始模型的计算速度得到大幅提升，并且仍然可以得到模型输入参数与输出结果间的复杂关系，有效降低了复杂模型的 SA 代价[33]。较为常用的统计模型主要有高斯过程（Gaussian process，GP），多元自适应回归样条函数（multivariate adaptive regression splines，MARS），支持向量机（support vector machines，SVM）等。GP 方法在处理小样本、多元和非线性复杂问题时具有非常好的适应性，而树状高斯过程（treed gaussian process，TGP）是 GP 方法的一种并在建筑性能模拟领域得到广泛应用。TGP 方法整合了 MC 估计和模型输出方差，它是一种完全贝叶斯非平稳和非线性回归模型，计算所得敏感性指数也是基于区间估计而非固定数值，因此该方法除计算高效外还具有更高预测精度。

通过对四种 GSA 方法的介绍和比较，本书选择了其中两种所需模型较少的高效 SA 方法对复合墙体在不同应用场景下的热特性进行统计分析。两种方法分别是基于线性回归的 SRC 方法和基于元模型的 TGP 方法。其中，前者虽然仅适用于线性模型，但其计算过程简单高效且结果也便于理解。而后者虽然可靠性和预测精度更高，但一般被用于多元非线性模型。因此，使用两种不同的 GSA 方法可实现研究互补，更加全面地分析复合墙体热特性的影响机制，并通过研究得到更加适用于复合墙体的 GSA 方法，为未来的理论和实践研究奠定方法基础。

6.3.3　R 语言简介

接下来的研究工作主要应用了统计学软件——R 语言，作为复合墙体热特性模型生成及其 UA 和 SA 的统计分析工具。R 语言是 S 语言的一个分支，由新西兰奥克兰大学的 Ross 和 Robert 等[39] 于 20 世纪 80 年代提出并得名，可用于统计计算和图形绘制的语言和操作环境。R 语言的前身 S 语言是统计方法学研究的首选工具，而 R 语言则提供了一种可参与统计分析活动的共享和开源途径，并且一直由全球性研究社团在进行长期维护。

R 语言提供了多种统计（线性和非线性建模、经典统计检验、时间序列分析、分类、聚类等）和图形功能，具有高度可扩展性。其主要功能包括：可进行全流程统计分析，拥有顶尖水准的图形绘制能力，可便捷地从多个数据来源获取所需数据并转为所需形式，可便捷地控制数据输入和输出过程实现分支和循环。为灵活满足不同用户的各种需求，R 语言中集成了多样化的插件，目前 R 语言中已经收录各类插件超过 4000 个，而用户只需进行简单的查找、下载和安装即可方便地对上述插件进行调用并用于多样化的统计分析中，因此使用者不必耗费精力在复杂编程工作中，也提高了统计分析的整体效率。

6.3.4　输入参数相关性分析

在开展 UA 和 GSA 工作前，需要对研究对象所有输入参数进行因素间相关性分析（correlation analysis，CA）。广义上来说，CA 是对两个或多个具备相关性的输入变量进行统计处理，即两个输入变量的协方差与标准差之比，以便判断这两个输入变量之间或多个输入变量内部两两之间是否存在密切的相关程度。而对于 GSA 来说，输入参数间的相关程度直接影响 SA 方法的选取。

对于复合墙体热特性，在完成全部 12 种输入参数的 LHS 抽样设计后，本书依据计算得到的输入参数相关系数表并结合色阶显示方法描述了输入参数间的相关性，如图 6-3 所示。图中颜色深浅可直观显示相关性系数大小，相关系数数值范围为 [-1, 1]。不论对于正相关还是负

	PS	PD	PL	HT	IS	CZ	OT	CD	Mtc	Msc	Ptc	RA
PS	1											
PD	-0.04	1										
PL	-0.04	-0.01	1									
HT	0.13	0.02	-0.05	1								
IS	-0.03	0.1	0.02	-0.1	1							
CZ	0.07	-0.06	-0.04	0.13	-0.07	1						
OT	0.02	-0.04	-0.04	-0.07	-0.03	-0.14	1					
CD	0.01	-0.04	0.06	0.02	-0.08	-0.04	0.12	1				
Mtc	-0.12	0.13	0.01	-0.01	0.03	0.04	0.17	-0.02	1			
Msc	0.03	0.08	-0.05	-0.07	-0.03	0.05	-0.01	0.13	-0.04	1		
Ptc	0.01	-0.01	-0.05	-0.01	0.06	-0.03	-0.1	-0.14	-0.16	-0.03	1	
RA	0	0.01	0.02	0.13	0.03	0.01	-0.01	0.02	-0.02	-0.07	0.11	1

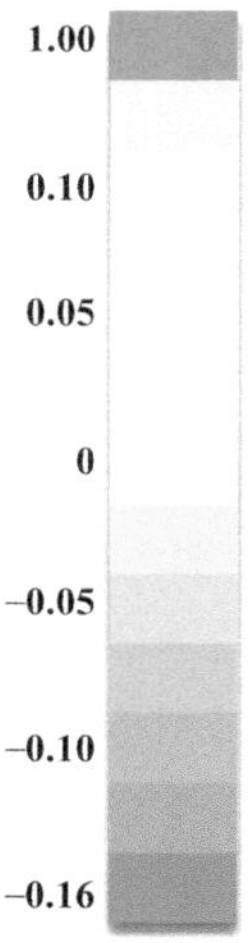

图 6-3　抽样设计后输入参数的相关系数色阶图

相关，对应色块颜色越深，表明两个输入参数间的相关性越强。图中对角线上相关系数为 1，表示输入参数的自相关性，在对角线以下区域，不同输入参数间的相关系数值范围为 [-0.16, 0.17]，并且 2/3 的相关系数绝对值小于或等于 0.05，说明绝大多数输入参数间基本不相关，其余输入参数间相关程度也较低。综合来看，可认为所研究输入参数间相互独立，采用基于线性回归的 SRC 方法和基于元模型的 TGP 方法是可行的。

6.4　热激活复合墙体热特性评价方法

如图 6-4 所示，受低品位冷热源注入、蓄存和释放等过程的影响，复合墙体传热过程较传统围护结构发生了显著变化，因此传统围护结构热特性评价指标无法完全适用于复合墙体。结合复合墙体特点，本书选取 3 类共计 6 个评价指标，3 类评价指标分别是内外表面传热特性、内表面热舒适度特性和嵌管层热激活特性。

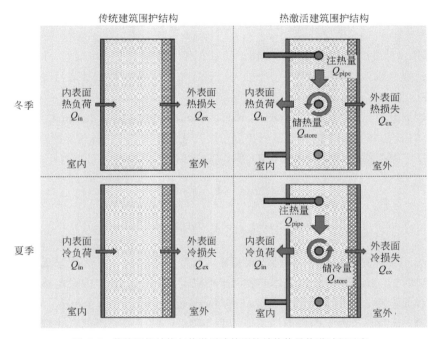

图 6-4　传统围护结构与热激活建筑围护结构热量传递过程示意

第一类评价指标——内外表面传热特性，复合墙体作为一种应用了新型保温隔热技术的建筑围护结构，围护结构负荷大小毫无疑问最受关注。由于流体管网的嵌入集成和低品位冷热源的注入，注入热量中到底有所少热/冷量最终应用于建筑的保温隔热，同时又有多少热/冷量散失到室外环境中也很重要，因此外表面热/冷损失也得到关注。对于第二类评价指标——内表面热舒适度特性，复合墙体本身作为一种依靠小温差大面积传热进行保温隔热的建筑能源系统，墙体内表面温度分布及其对居住热舒适度的影响也非常关键，因此这里选取了累计过冷/热时长和过冷/热不舒适度两个评价指标。对于第三类评价指标——嵌管层热激活特性，实际上复合墙体的保温隔热就是取决于低品位冷热源的注入，因此注入热/冷量的多少也直接关系到复合墙体热特性的优劣，而能量密度的高低则直接关系到嵌管层平均温度水平，也间接影响内表面热/冷负荷和热舒适度。上述不同热特性评价指标的计算方法如下。

（1）内表面累计热/冷负荷（interior heating/cooling load，IHL/ICL）

热/冷负荷一般是指为确保室内热环境达到设定要求而通过HVAC系统向建筑物供给的热量或冷量。本书选取了所研究时段内通过复合墙体内表面的累计传热量即内表面累计热负荷或冷负荷作为评价指标之一，其计算公式如下：

$$\text{IHL} / \text{ICL} = \text{HL}_{\text{in}} = \frac{Q_{\text{in}}}{A} = \int_0^{744} \frac{q_{\text{in}}}{A} \text{d}t \qquad (6\text{-}21)$$

式中，HL_{in}为最冷或最热月复合墙体内表面单位面积累计热/冷负荷，$\text{kW} \cdot \text{h/m}^2$；$Q_{\text{in}}$为最冷或最热月复合墙体内表面累计热/冷负荷，$\text{kW} \cdot \text{h}$；$A$为面积，$\text{m}^2$；$q_{\text{in}}$为最冷或最热月复合墙体内表面逐时热/冷负荷，$\text{W}$；744为744h。

（2）外表面累计热/冷损失（exterior heating/cooling loss，EHL/ECL）

注入复合墙体中的一部分热量会散失到室内环境以及蓄存在复合墙体内部，另一部分则会通过复合墙体外表面散失到室外环境中，也就是外表面的热/冷损失。外表面单位面积累计热/冷损失计算方法如式（6-22）所示：

$$\text{EHL} / \text{ECL} = \text{HL}_{\text{ex}} = \frac{Q_{\text{ex}}}{A} = \int_0^{744} \frac{q_{\text{ex}}}{A} \text{d}t \qquad (6\text{-}22)$$

式中，HL_{ex}为最冷或最热月复合墙体单位面积外表面累计热/冷损失，$\text{kW} \cdot \text{h/m}^2$；$Q_{\text{ex}}$为最冷或最热月复合墙体外表面累计热/冷损失，$\text{kW} \cdot \text{h}$；$q_{\text{ex}}$为最冷或最热月复合墙体外表面逐时热/冷损失，$\text{W}$。

（3）内表面累计过冷/热时长（cumulated subcooling/overheating duration，CSD/COD）

复合墙体内表面的MRT值会对室内热舒适度产生影响[189]。内表面累计过热/冷时长可以帮助评价冬季和夏季复合墙体内表面MRT值与室内热舒适度情况，二者的计算公式依次如下：

$$\text{CSD} = t_{\text{sum1}} = \int_0^{744} \text{d}t, T_{\text{in}} < T_{\text{IS}} \qquad (6\text{-}23)$$

$$\text{COD} = t_{\text{sum2}} = \int_0^{744} \text{d}t, T_{\text{IS}} < T_{\text{in}} \qquad (6\text{-}24)$$

式中，t_{sum1}为冬季最冷月复合墙体内表面累计过冷时长，h；t_{sum2}为夏季最热月复合墙体内表面累计过热时长，h；T_{in}为复合墙体内表面平均温度，$℃$；T_{IS}为室内设定温度，$℃$。

（4）内表面过冷/热不舒适度（subcooling/overheating discomfort degree，SDD/ODD）

累计过冷/热时长反映了内表面热不适的时间积分，等于或接近零意味着内表面辐射热舒适度较好，但累计过冷/热时长相同并不意味着室内热舒适度也相同。例如，假设室内设定温度均为23℃，若两个输入参数组合分别对应的墙体内表面温度始终维持在22.9℃和16℃，那么两个算例对应的累计过冷/热时长是相同的，但显然二者所引起的不舒适感是不同的。因此，额外引入了过冷/热不舒适度[40]来共同评价复合墙体相比传统建筑围护结构对热舒适度的改善，这一指标是内表面温度与室内设定温度之间温差的时间积分，可以有效避免累计过冷时长的相对不足，起到互相补充的作用。过冷/热不舒适度的计算公式依次如下：

$$\text{SDD} = I_{\text{sum1}} = \int_0^{744} \left(T_{\text{IS}} - T_{\text{in}} \right) \text{d}t, T_{\text{in}} < T_{\text{IS}} \qquad (6\text{-}25)$$

$$\text{ODD} = I_{\text{sum2}} = \int_0^{744} \left(T_{\text{in}} - T_{\text{IS}} \right) \text{d}t, T_{\text{IS}} < T_{\text{in}} \qquad (6\text{-}26)$$

式中，I_{sum1}为冬季最冷月复合墙体内表面过冷不舒适度，$℃ \cdot \text{h}$；I_{sum2}为夏季最热月复合墙体内表面过热不舒适度，℃ · h。

（5）注入热量 / 冷量（total injected/extracted Heat，TIH/TEH）

复合墙体是通过 TPTL 中相变工质与墙体间的温差实现热量交换和低品位能源注入的。从低品位能源的加载到卸载的整个注热 / 冷过程中，通过 TPTL 注入墙体中的热 / 冷量称为注入热 / 冷量，其计算公式如式（6-27）所示：

$$\text{TIH / TEH} = Q_{\text{IH}} = \sum_{i=1}^{31} \int_{t_{i,\text{start}}}^{t_{i,\text{stop}}} q_{\text{pipe}} \text{d}t \tag{6-27}$$

式中，Q_{IH} 为冬季最冷月或夏季最热月注入复合墙体中的逐时热 / 冷量，W；q_{pipe} 为嵌管表面热流，W/m^2。

（6）能量密度（energy density，ED）

复合墙体自身存在蓄能能力，而蓄能的目的是为了提高或降低蓄能介质的温度，而蓄存的能量最终都将直接或间接应用于建筑的保温隔热甚至辅助供能。因此，复合墙体中单位体积的蓄能体中所蓄存的能量即能量密度也是本书中用于评价复合墙体热特性的评价指标之一 [31]，其计算公式如式（6-28）所示：

$$\text{ED} = \frac{Q_{\text{s}}}{V_{\text{c}}} = \sum_{i=1}^{31} \int_{t_{i,\text{start}}}^{t_{i,\text{stop}}} \rho_{\text{c}} c_{\text{c}} \left(T_{\text{stop}} - T_{\text{start}} \right) \text{d}t \tag{6-28}$$

式中，ED 为复合墙体在冬季最冷月或夏季最热月的能量密度，MJ/m^3；Q_{s} 为复合墙体在冬季最冷月或夏季最热月蓄存的总热 / 冷量，MJ；T_{stop} 为注热 / 冷结束时蓄能介质的平均温度，℃；T_{start} 为注热 / 冷开始时蓄能介质的平均温度，℃；ρ_{c} 为嵌管层的材料密度，kg/m^3；c_{c} 为嵌管层的材料比热容，J/(kg · ℃)。

参考文献

[1] Mavromatidis G, Orehounig K, Carmeliet J. Uncertainty and global sensitivity analysis for the optimal design of distributed energy systems[J]. Applied Energy, 2018, 214:219-238.

[2] Hegarty R, Kinnane O, McCormack S. Concrete solar collectors for façade integration: An experimental and numerical investigation[J]. Applied Energy, 2017, 206:1040-1061.

[3] Shen C, Li X. Energy saving potential of pipe-embedded building envelope utilizing low-temperature hot water in the heating season[J]. Energy and Buildings, 2017, 138:318-331.

[4] Shen C, Li X. Energy saving potential of pipe-embedded building envelope utilizing low-temperature hot water in the heating season[J]. Energy and Buildings, 2017, 138:318-331.

[5] Shen C, Li X. Dynamic thermal performance of pipe-embedded building envelope utilizing evaporative cooling water in the cooling season[J]. Applied Thermal Engineering, 2016, 106:1103-1113.

[6] Shen C, Li X, Yan S, et al. Numerical study on energy efficiency and economy of a pipe-embedded glass envelope directly utilizing ground-source water for heating in diverse climates[J]. Energy Conversion and Management, 2017, 150:878-889.

[7] Shen C, Li X. Thermal performance of double skin façade with built-in pipes utilizing evaporative cooling water in cooling season[J]. Solar Energy, 2016, 137:55-65.

[8] Niu F, Yu Y. Location and optimization analysis of capillary tube network embedded in active tuning building wall[J]. Energy, 2016, 97:36-45.

[9] Yu Y, Niu F, Guo H, et al. A thermo-activated wall for load reduction and supplementary cooling with free to low-cost thermal water[J]. Energy, 2016, 99:250-265.

[10] Ibrahim M, Wurtz E, Anger J, et al. Experimental and numerical study on a novel low temperature façade solar thermal collector to decrease the heating demands: A south-north pipe-embedded closed-water-loop system[J]. Solar Energy, 2017, 147:22-36.

[11] Ibrahim M, Wurtz E, Biwole P, et al. Transferring the south solar energy to the north facade through embedded water pipes[J]. Energy, 2014, 78:834-845.

[12] Zhu Q, Xu X, Wang J, et al. Development of dynamic simplified thermal models of active pipe-embedded building envelopes using genetic algorithm[J]. International Journal of Thermal Sciences, 2014, 76:258-272.

[13] Zhu Q, Xu X, Gao J, et al. A semi-dynamic model of active pipe-embedded building envelope for thermal performance evaluation[J]. International Journal of Thermal Sciences, 2015:170-179.

[14] Gwerder M, Toedtli J, Lehmann B, et al. Control of thermally activated building systems (TABS) in intermittent operation with pulse width modulation[J]. Applied Energy, 2009, 86(9):1606-1616.

[15] 袁玉洁. 内嵌管式围护结构间歇供冷房间热过程 RC 网络模型构建及热响应研究 [D]. 西安：长安大学，2016.

[16] Garg H, Pandey B, Saha S, et al. Design and analysis of PCM based radiant heat exchanger for thermal management of buildings[J]. Energy and Buildings, 2018, 169:84-96.

[17] Zhou L, Li C. Study on thermal and energy-saving performances of pipe-embedded wall utilizing low-grade energy[J]. Applied Thermal Engineering, 2020, 176:115477.

[18] Mikeska T, Svendsen S. Study of thermal performance of capillary micro tubes integrated into the building sandwich element made of high performance concrete[J]. Applied Thermal Engineering, 2013, 52(2):576-584.

[19] Babiak J, Oleson B, Petras D. 低温热水 / 高温冷水辐射供暖供冷系统 [M]. 北京：中国建筑工业出版社，2013.

[20] Lyu W, Li X, Yan S, et al. Utilizing shallow geothermal energy to develop an energy efficient HVAC system[J]. Renewable Energy, 2019, 147:672-682.

[21] Romani J, Perez G, Gracia A. Experimental evaluation of a cooling radiant wall coupled to a ground heat exchanger[J]. Energy and Buildings, 2016, 129:484-490.

[22] GB 50736—2012. 民用建筑供暖通风与空气调节设计规范 [S]. 北京：中国建筑工业出版社，2012.

[23] JGJ 26—2010. 严寒和寒冷地区居住建筑节能设计标准 [S]. 北京：中国建筑工业出版社，2010.

[24] 朱求源. 内嵌管式围护结构热特性理论分析与实验研究 [D]. 武汉：华中科技大学，2014.

[25] Hegarty R, Kinnane O, Mccormack S. Parametric investigation of concrete solar collectors for façade integration[J]. Solar Energy, 2017, 153:396-413.

[26] GB 50176—2016. 民用建筑热工设计规范 [S]. 北京：中国建筑工业出版社，2016.

[27] Singh R, Lazarus I, Kishore V. Uncertainty and sensitivity analyses of energy and visual performances of office building with external venetian blind shading in hot-dry climate[J]. Applied Energy, 2016, 184:155-170.

[28] Pang Z, O' Neill Z. Uncertainty quantification and sensitivity analysis of the domestic hot water usage in hotels[J]. Applied Energy, 2018, 232:424-442.

[29] Rivalin L, Stabat P, Marchio D, et al. A Comparison of methods for uncertainty and sensitivityanalysis applied to the energy performance of new commercial buildings[J]. Energy and Buildings, 2018, 166:489-504.

[30] Zhao Y, Yan C, Liu H, et al. Uncertainty and sensitivity analysis of flow parameters for transition models on hypersonic flows[J]. International Journal of Heat and Mass Transfer, 2019, 135:1286-1299.

[31] 陈萨如拉. 跨季节埋管蓄热系统不同运行模式下的热特性研究 [D]. 天津：天津大学，2019.

[32] Tian W, Yang S, Zuo J, et al. Relationship between built form and energy performance of office buildings in a severe cold Chinese region[J]. Building Simulation, 2017, 10:11-24.

[33] 杨松. 建筑环境中基于既有数据和能耗模型的敏感性分析 [D]. 天津：天津科技大学，2017.

[34] 魏来. 基于机器学习方法的建筑能耗性能研究 [D]. 天津：天津科技大学，2017.

[35] Mavromatidis G, Orehounig K, Carmeliet J. Uncertainty and global sensitivity analysis for the optimal design of distributed energy systems[J]. Applied Energy, 2018, 214:219-238.

[36] Mao J, Yang J, Afshari A, et al. Global sensitivity analysis of an urban microclimate system under uncertainty: Design and case study[J]. Building and Environment, 2017, 124:153-170.

[37] Fernandez M, Eguia P, Granada E, et al. Sensitivity analysis of a vertical geothermal heat exchanger dynamic simulation: Calibration and error determination[J]. Geothermics, 2017, 70:249-259.

[38] Saltelli A, Annoni P. Sensitivity Analysis[M]. Hoboken: Wiley, 2010.

[39] 刘云亮. 基于三维地理信息系统的城市建筑节能研究 [D]. 天津：天津科技大学，2017.

[40] Zhu L, Yang Y, Chen S, et al. Numerical study on the thermal performance of lightweight temporary building integrated with phase change materials[J]. Applied Thermal Engineering, 2018, 138:35-47.

第 7 章

被动式热激活复合墙体
热特性全局敏感性分析

将 TPTL 嵌入建筑外围护结构中形成被动式热激活复合墙体后，TPTL与嵌管层之间的热交互作用将不可避免地对复合墙体的注热、蓄热和释热等过程产生显著影响，从而产生一系列有关热力学和建筑设计等方面的新问题。复合墙体的动态传热过程不同于以往的定热阻传统建筑围护结构，影响复合墙体热特性的输入参数数量和种类以及输入参数间交互作用的复杂性也突破了现有建筑围护结构的理论和认知范畴。因此，复合墙体（系统）热特性的显著性影响因素及其影响机制是本书的重要研究内容之一。为了明晰不同应用情景下复合墙体热特性的协同影响机制，同时识别出相应的显著性影响因素并获得影响因素重要性排序结果，为复合墙体在不同气候区的设计与应用提供理论指导和数据支撑，本节使用了基于线性回归分析的 SRC 和基于元模型的 TGP 两种 GSA 方法对 12 种不同影响因素（输入参数）与 3 类共计 6 种评价指标（输出响应）开展了 UA 和 SA 工作。最终通过对两种 GSA 方法所得冬季保温情景以及夏季隔热情景下的统计结果进行深入分析，得出了影响复合墙体热特性的关键影响因素及其内在耦合作用机制，同时也针对两种 GSA 所得结果的差异进行了对比分析，探讨了适用于复合墙体热特性的敏感性分析方法。

7.1　基于冬季保温情景的复合墙体热特性分析

在开展 UA 和 SA 工作前，需要对输出结果和输入参数进行回归分析，参见表 7-1。本书通过拟合优度值 R^2 即"决定系数"来解释回归模型中输入参数与输出结果的线性关系，通过 P 值即"假定值"来检视回归系数的显著性特征。考虑不同输入参数的尺度及量纲各不相同，本书除了使用输出结果的标准差（standard deviation，SD）来预先评估各输入参数对复合墙体热特性影响的变异程度，同时还采用了输出结果 SD 值与输出参数平均值的比值即变异系数（coefficient of variation，CV）来表征输出结果的离散程度。表7-1中复合墙体各评价指标的 P 值均小于 $2.2×10^{-16}$，表明各评价指标与输入参数存在一定的回归关系，相应回归系数具有统计学意义。同时，各评价指标回归模型对应的 R^2 最大值为0.79，最小值仅为0.25，表明输入参数与各评价指标呈现线性关系的显著程度差异较为明显。通常，SRC 方法应用于 R^2 值大于0.7的评价指标时可较好地反映出输入参数对输出响应的影响，在那些 R^2 值小于0.7的评价指标中使用这一方法将只能对较少模型输出进行解释，需要借助非线性 SA 方法进一步进行探讨。

表 7-1　输入参数与输出响应间的拟合关系及输出响应的变异程度

墙体	输入参数	输出响应	简称	响应类别	R^2	P 值	SD 值	CV 值
复合墙体	12 种影响因素	总注入热量	TIH	热激活特性	0.73	$<2.2×10^{-16}$	8.88	1.93
		能量密度	ED		0.65		79.34	2.44
		内表面热负荷	IHL	内外表面传热特性	0.79		12.35	3.53
		外表面热损失	EHL		0.50		3.48	0.35
		累计过冷时长	CSD	内表面热舒适度特性	0.66		331.34	0.70
		过冷不舒适度	SDD		0.71		938.61	1.21
参考墙体	6 种影响因素	内表面热负荷	IHL	内外表面传热特性	0.69	$<2.2×10^{-16}$	3.39	0.37
		外表面热损失	EHL		0.68		3.33	0.37
		累计过冷时长	CSD	内表面热舒适度特性	0.25		50.85	0.07
		过冷不舒适度	SDD		0.71		383.80	0.37

7.1.1　热激活特性全局敏感性分析

7.1.1.1　总注入热量（TIH）

由 5.4 部分中的指标定义可知，总注入热量（total injected heat，TIH）可以表征在某一固定时段内通过 TPTL 内嵌管道向复合墙体注入能量的能力。冬季保温情景下，复合墙体在最冷月运行时段内 TIH 的概率分布如图 7-1 所示。通过直方图和概率密度曲线可知，TIH 在所研究输入参数的阈值范围内正负兼有，且 TIH 高峰偏左，总体呈现出右偏态分布特征。进一步的数据处理结果显示：TIH 主要分布在 $-0.40 \sim 8.00$MJ 范围（上下四分位区间），TIH 均值为 4.61MJ，中值为 3.08MJ；同时，TIH 最小值和非离群最大值分别为 -16.74 MJ 和 36.63MJ，二者相差 53.37MJ；另外，TIH 的 SD 值和 CV 值分别为 8.88MJ 和 1.93，说明与复合墙体热特性有关的 12 种输入参数对 TIH 影响明显，可引起 TIH 均值约 12 倍的变化（$53.37/4.61 \approx 11.58$）。

由上述 TIH 的概率分布可知，不合理的设计、建造和控制很可能导致复合墙体无法产生预期的保温效果，甚至可能因额外注入"冷量"而导致供热能耗反而增加的不利效果。因此，需要针对导致 TIH 分布呈现较大离散的影响机制进行进一步分析，以确定对 TIH 有显著影响的关键因素，并在早期设计阶段和后期运行控制阶段谨慎地作出相应决策，确保重要参数在合理范围内。这里需要特别指出的是：冬季保温情景下，PTABS 具有先天的自我注热调控和防注冷优势，因为 PTABS 的运行基于"温差"而非"机械"驱动，这也意味着仅当复合墙体内部温度低于热源温度时系统才会进行"主动"注热。由此，可认为因热源温度过低而导致复合墙体注入热量为负的情形发生在 PTABS 中的可能性较低。

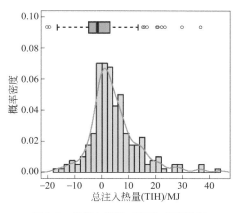

图 7-1 总注入热量（TIH）概率分布

图 7-2 所示为 12 种输入参数对应的 TIH 散点分布。从散点集中分布情况看，嵌管间距（PS）、热源温度（HT）、室内设定温度（IS）、间歇时长（CD）以及嵌管层热导率（Mtc）等输入参数与 TIH 分布存在一定关联，其他输入参数在各自输入空间上对应的 TIH 散点分布更为均匀，无明显集中分布趋势。进一步观察可知，热源温度（HT）和室内设计温度（IS）两

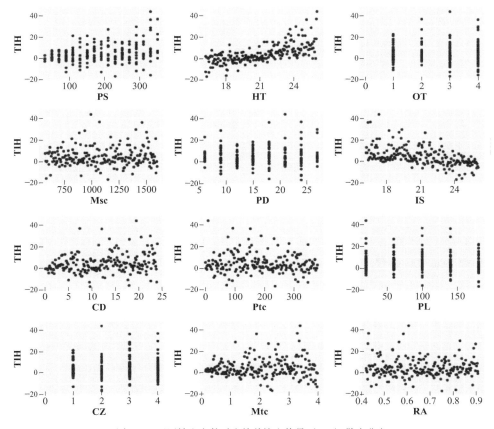

图 7-2 不同输入参数对应的总注入热量（TIH）散点分布

个输入参数在各自输入空间对应的散点分布呈现出明显的"倾斜带状"特征，说明随着这两个输入参数的增加（HL）或降低（IS），TIH 将呈现出单调增或单调减的变化趋势；而嵌管间距（PS）、间歇时长（CD）和嵌管层热导率（Mtc）等输入参数在各自输入空间对应的散点分布则呈现出"三角形"分布特征，说明随着这三个输入参数的增加，TIH 落入上下两侧的可能性同时存在。上述变化趋势说明：合理的热源温度（HT）与室内设计温度（IS）范围设定对 TIH 的正负具有重要影响，同时若嵌管间距（PS）、间歇时长（CD）与嵌管层热导率（Mtc）等输入参数选取不当，随着输入参数的增大也可能导致 TIH 为负且出现数值较大的可能。

由表 7-1 可知：TIH 指标的 R^2 值为 0.73（大于 0.7），满足 SRC 分析的基本要求。图 7-3 所示为 12 种输入参数对 TIH 影响的 SRC 分析结果。在此基础上，通过对比单参数标准回归系数（SRC_j）的绝对值大小可以看出：热源温度（HT）和室内设计温度（IS）对 TIH 的影响最大，这两个输入参数的 SRC_j 绝对值分别为 0.60 和 0.44，远高于其他输入参数；同时，嵌管间距（PS）、嵌管直径（PD）、嵌管位置（PL）、气候区（CZ）、间歇时长（CD）、嵌管层热导率（Mtc）以及外表面辐射热吸收系数的 SRC_j 绝对值也都超过了 0.05，对 TIH 具有一定影响，其中嵌管间距（PS）和间歇时长（CD）的 SRC_j 绝对值还超过了 0.1；而嵌管热导率（Ptc）和朝向（OT）的影响最小，SRC_j 绝对值仅为 0.03。从 SRC_j 的正负来看，在起主要作用（$|SRC_j|>0.1$）的输入参数中，仅室内设定温度（IS）与 TIH 呈负相关，其他主要输入参数均与 TIH 呈正相关。

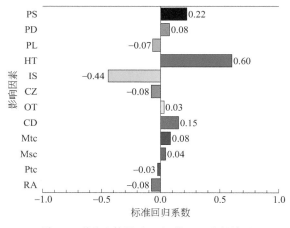

图 7-3 总注入热量（TIH）的 SRC 分析结果

图 7-4 所示为不同输入参数对 TIH 指标影响的 TGP 分析结果，包括平均主效应变化、一阶效应指数和总效应指数。需要指出的是，本书中的主效应趋势均进行了标准化以便于计算和相互比较，即输入参数和输出结果范围均按比例标准化至 [-0.5，0.5]。首先，从一阶效应指数（S_i）的大小可以看出：所有输入参数中对 TIH 影响最为关键的输入参数为热源温度（HT）和室内设定温度（IS），而嵌管间距（PS）、间歇时长（CD）、嵌管层热导率（Mtc）影响程度序列次之，TGP 分析与 SRC 分析所得排序结果基本一致。同时，从总效应指数（S_{Ti}）大小可以看出：在考虑输入参数的交互作用后，所有输入参数对输出结果影响程度均有所提升（S_i 和 S_{Ti} 之间的差异代表该输入参数与其他输入参数间的交互作用影响程度），这也表明所研究输入参数中没有完全独立的输入参数，同时也反映出以往针对主动式热激活围护结构所进行的 LSA 分析研究所得结果客观上存在一定局限性，在指导热激活围护结构的设计和运行调控方面很可

能产生偏差。除上述两个最为关键的输入参数外，S_{Ti} 相对较大的其他输入参数还有嵌管间距（PS）、间歇时长（CD）以及嵌管层热导率（Mtc）。

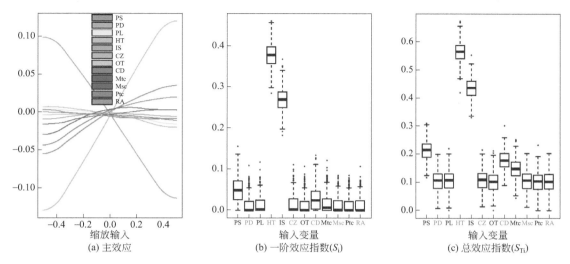

图 7-4　总注入热量（TIH）的 TGP 分析结果

从图 7-4 中平均主效应趋势还可看出：TIH 与热源温度（HT）和室内设定温度（IS）呈现显著的单调线性关系，与图 7-2 中散点分布特征基本一致；而 TIH 与嵌管层热导率（Mtc）则呈现出明显的非线性关系。图 7-5 给出了排序前两位的输入参数及嵌管层热导率（Mtc）对应平均主效应及其 90% 置信区间的趋势。可以看出：随着热源温度（HT）上升，TIH 快速上升，而随着室内设定温度（IS）上升，TIH 快速下降，二者存在明显的相互制约关系；随着嵌管层热导率（Mtc）上升，TIH 先保持较快上升趋势 [0 ～ 1.5W/（m·℃）]，随后维持缓慢上升趋势 [1.5 ～ 2.75W/（m·℃）]，而当热导率超出 2.75W/（m·℃）时，TIH 呈现出缓慢下降趋势。实际上，复合墙体实际效果与 TIH 大小密切相关，适当降低室内设定温度（IS）或提升热源温度（HT）可有效提升 TIH 指标，增大嵌管间距（PS）和注热时长（CD）也可在一定程度上提升 TIH。针对嵌管层热导率（Mtc）的选择问题，要综合考虑嵌管层可用材料、围护结构热工设计要求和注入热量损失等多方面因素。对于复合墙体，较大的嵌管层热导率（Mtc）有利于嵌管周围堆积热量的扩散以及注热速率提升，但同时也会增加复合墙体外侧的热量散失。从 TIH 角度看，嵌管层存在一适宜的热导率范围，TGP 分析给出的结果为 0.5 ～ 2.75W/（m·℃），常见材料如水泥砂浆 [0.93W/（m·℃）]、细石混凝土 [1.51W/（m·℃）]、钢筋混凝土 [1.74 W/（m·℃）] 均在此范围，适合作为复合墙体的嵌管层材料使用。

7.1.1.2　能量密度（ED）

由 5.4 部分中的指标定义可知，能量密度（energy density，ED）可用于表征注热过程结束时复合墙体能量特性。通过低品位能量的注入人为地在围护结构中创造出一个虚拟温度隔绝界面，有源保温隔热技术可实现阻断室内外热量传递的技术效果，而这些注入能量最终也将通过直接或间接的形式用于建筑保温或辅助供能中。冬季保温情景下，复合墙体在最冷月运行时段内 ED 指标的概率分布如图 7-6 所示。

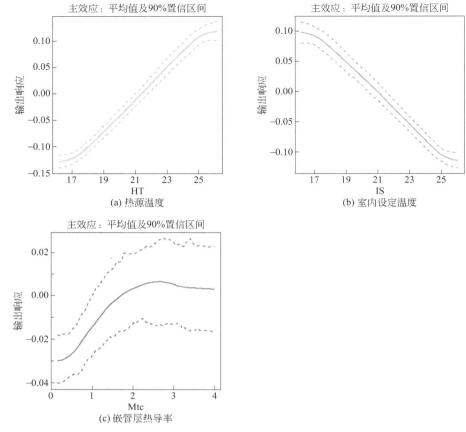

图 7-5 部分关键输入参数对应总注入热量（TIH）的主效应趋势图

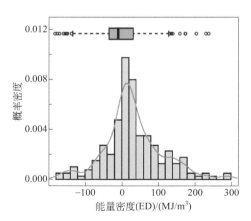

图 7-6 能量密度（ED）概率分布

从图 7-6 可知，ED 在所研究输入参数的不确定范围内正负兼有，并且 ED 高峰略微偏左，总体呈现右偏态分布特征。进一步数据处理结果显示：ED 主要分布在 $-6.54 \sim 67.42\text{MJ/m}^3$（上下四分位区间），均值为 32.45MJ/m^3，中值为 21.24MJ/m^3；同时，ED 最小值和最大值分别为 -170.75MJ/m^3 和 298.09MJ/m^3，二者相差 468.84MJ/m^3；另外，ED 的 SD 值和 CV 值分别为 79.34MJ/m^3 和 2.44，说明输入参数对 ED 的影响非常明显，可引起 ED 均值约 15 倍的输出变化（468.84/32.45 ≈ 14.45）。由此可知，不合理的设计、建造和控制也很可能导致复合墙体无法形成预期的"虚拟温度隔绝界面"阻断室内外环境间的热量传递。因此，有必要进一步借助 SA 方法确定对 ED 指标有显著影响的关键因素，探索有效提升复合墙体 ED 指标的输入参数组合。

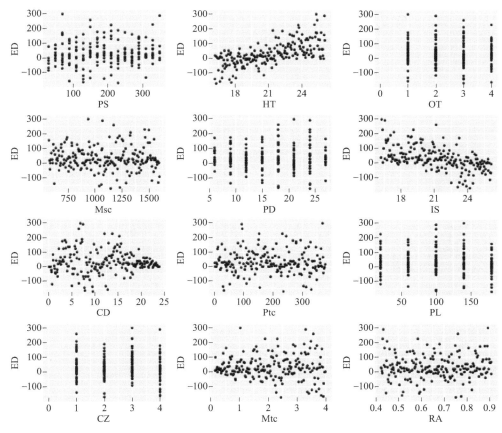

图 7-7　不同输入参数对应的能量密度（ED）散点分布

图 7-7 所示为不同输入参数对应的复合墙体 ED 指标的散点分布。从散点集中分布状况来看，热源温度（HT）、室内设定温度（IS）、气候区（CZ）、间歇时长（CD）以及嵌管层热导率（Mtc）等输入参数与 ED 分布存在不同程度的关联，而其他输入参数在各自输入空间上对应的 ED 散点分布较为均匀，无明显集中分布迹象。进一步观察可知，热源温度（HT）、室内设计温度（IS）和气候区（CZ）等参数在各自输入空间上对应的散点分布呈现出"倾斜带状"分布特征，说明随着输入参数的增加或降低，ED 将呈现出单调增（HT）或单调减（IS、CZ）变化趋势。同时，间歇时长（CD）和嵌管层热导率（Mtc）在其输入空间上对应的散点分布则呈现出"三角形"分布特征。随着间歇时长（CD）的增加，ED 的分布呈现出先增大后下降的特点，而随着嵌管层热导率（Mtc）的增加，ED 落入向上下两侧的可能均同时存在。上述现象说明：不仅热源温度（HT）与室内设计温度（IS）范围设定对 ED 的正负具有重要影响外，若间歇时长（CD）和嵌管层热导率（Mtc）等参数选取不当，也可能导致复合墙体的不当设计和使用，同时不同气候区的应用也会对复合墙体产生不确定性影响。

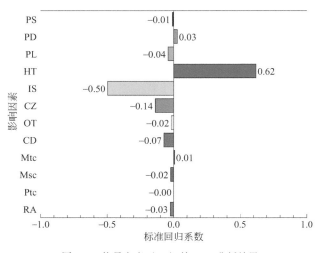

图 7-8 能量密度（ED）的 SRC 分析结果

由表 7-1 可知：ED 指标的 R^2 值为 0.65 略小于 0.7，ED 回归模型仅能解释约 65% 的数据。图 7-8 所示为 12 种不同输入参数对 ED 指标影响的 SRC 分析结果。通过对 SRC_j 绝对值的大小进行排序可知：热源温度（HT）和室内设计温度（IS）对 ED 影响最大，二者对应的 SRC_j 绝对值依次为 0.62 和 0.50，远高于其他输入参数；同时，SRC_j 绝对值超过 0.05 的输入参数还有气候区（CZ）和间歇时长（CD），其中气候区（CZ）的 SRC_j 绝对值还超过了 0.1；而嵌管热导率（Ptc）的影响最小，SRC_j 绝对值接近 0。从 SRC_j 的正负来看，在起主要作用（$|SRC_j|>0.1$）的输入参数中，室内设定温度（IS）和气候区（CZ）与 ED 呈负相关，热源温度（HT）则均与之呈正相关。

图 7-9 所示为不同输入参数对 ED 指标影响的 TGP 分析结果。首先，从 S_i 大小可以看出：输入参数中对 ED 影响最为关键的输入参数为热源温度（HT）和室内设定温度（IS），其他输入参数对应的 S_i 较小，这与 SRC 方法所得分析结果一致。同时，从 S_{Ti} 大小可以看出：输入参数间存在一定的交互作用，交互作用下各输入参数对输出影响程度均有所提升，除上述两个最

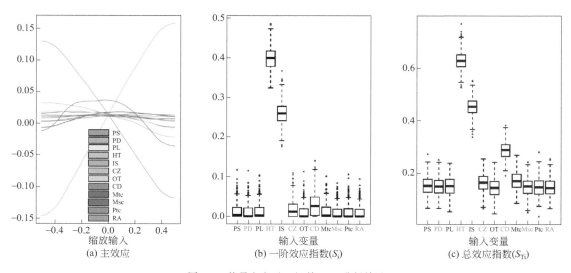

图 7-9 能量密度（ED）的 TGP 分析结果

为关键的输入参数外，S_{Ti} 相对大于其他参数的还有间歇时长（CD）、气候区（CZ）和嵌管层热导率（Mtc）。此外，从平均主效应趋势图还可看出：ED 与热源温度（HT）和室内设计温度（IS）呈现出显著的单调线性关系，这与图 7-7 中对应参数的散点分布特征一致；同时 ED 与嵌管层热导率（Mtc）和间歇时长（CD）之间则呈现明显的非线性关系。

　　图 7-10 给出了排序前两位的输入参数及间歇时长（CD）对应 ED 的平均主效应及其 90% 置信区间的变化趋势。由于嵌管层热导率（Mtc）对应 ED 主效应趋势与图 7-5(c) 相似，这里不再赘述。从图 7-10(a) 和 (b) 可看出：随着热源温度（HT）上升，ED 快速提升，而随着室内设定温度（IS）上升，ED 则快速下降，二者也呈现出明显的制约关系。从图 7-10(c) 可看出：随着间歇时长（CD）增加，ED 先保持较快上升趋势，随后保持相对稳定状态，并在此之后呈现快速下降趋势。本书中复合墙体以 24h 为循环周期进行周期性的注热、蓄热和释热过程，而 ED 与嵌管层平均温度直接相关。初期（约 0～6h），嵌管层平均温度在热量注入影响下得到快速提升，ED 随之呈现较快上升趋势；中期（约 6～14h），嵌管层经过初期热量注入以及白天室外温度上升的双重作用达到一个相对稳定状态，平均温度提升幅度大幅放缓，ED 基本保持相对稳定状态；后期（约 14～24h），嵌管层与室外的热量交换强度在室外温度快速下降影响下将再次上升，虽然此时热量也在持续注入，但嵌管与嵌管层间的能量交换面积远小于嵌管层两侧能量交换界面的面积，因此嵌管层平均温度有所下降并导致 ED 随之出现下降。通常来说，持续注热时间越长，复合墙体注入热量越多，热特性也越好。对于直接型 PTABS 来说，整个系统不需要耗费任何泵耗，系统在冬季运行可不受间歇时长（CD）限制，而对于间接型 PTABS 或主动式 TABS 来说，在综合考虑保温效果以及泵耗情况下推荐的间歇时长（CD）应不低于 6h。

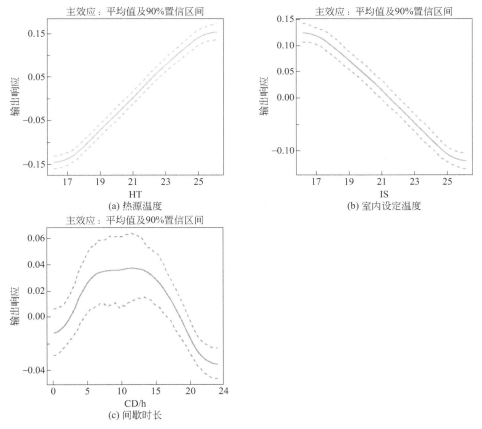

图 7-10　部分关键输入参数对应能量密度（ED）的主效应趋势图

7.1.2 内外表面传热特性全局敏感性分析

7.1.2.1 内表面热负荷（IHL）

冬季保温情景下，复合墙体内表面热负荷（interior heating load，IHL）的概率分布如图 7-11 所示。作为对照，图 7-12 给出了对应时段内参考墙体 IHL 的概率分布。可以看出：二者的分布偏度特征类似，均呈现出左偏状态，其中前者略微左偏，偏度值为 -0.12，而后者左偏较为明显，偏度值为 -0.45。

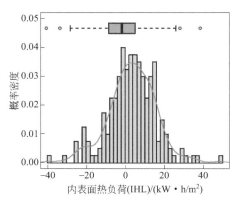

图 7-11 复合墙体热负荷（IHL）概率分布

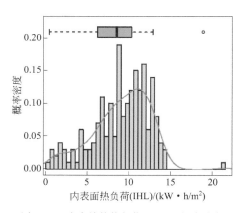

图 7-12 参考墙体热负荷（IHL）概率分布

对于参考墙体，IHL 在输入参数空间范围内的输出结果全部分布在大于 0 的区间内，且出现较高输出结果的可能性更高。分布特征表明，若参考墙体的设计和材料参数选取不当，应用中出现较高热负荷的可能性非常大。同时也从侧面反映出，以使用保温材料为典型特征的无源 STI 措施虽然在以往的应用和研究中被证明可以取得一定的节能效果，但若要想在冬季实现更低的围护结构热负荷，则必须需要在现有标准基础上进一步增加保温材料的使用。

对于复合墙体，IHL 在输入参数空间范围内正负兼有，虽然输出响应分布在正值区间的概率依旧较大，但分布在负值区间的概率也不低，而负值代表"负"负荷，表明嵌管的应用和低品位能量的注入可改善围护结构 IHL 的时空特性。因此，复合墙体可以对低能耗建筑甚至是产能建筑的设计和发展起到与无源 STI 思路完全不同的促进作用。同时，复合墙体 IHL 的分布特征也反映出，若设计、运行和材料类参数选取适当，PTABS 完全具备实现"零"负荷甚至"负"负荷的技术效果，但如果相关参数选取不当，PTABS 也可能起到与预期相反的技术效果。

数据处理结果显示：复合墙体 IHL 主要分布在 $-3.53 \sim 11.55\text{kW} \cdot \text{h/m}^2$（上下四分位区间），均值为 $3.49\text{kW} \cdot \text{h/m}^2$，中值为 $3.93\text{kW} \cdot \text{h/m}^2$，最小值和最大值分别为 $-38.86\text{kW} \cdot \text{h/m}^2$ 和 $48.33\text{kW} \cdot \text{h/m}^2$，二者相差 $87.19\text{kW} \cdot \text{h/m}^2$，而 SD 值和 CV 值分别为 $12.38\text{kW} \cdot \text{h/m}^2$ 和 3.53；参考墙体 IHL 主要分布在 $6.96 \sim 11.60\text{kW} \cdot \text{h/m}^2$，均值为 $9.04\text{kW} \cdot \text{h/m}^2$，中值为 $9.58\text{kW} \cdot \text{h/m}^2$，最小值和最大值分别为 $0.40\text{kW} \cdot \text{h/m}^2$ 和 $21.34\text{kW} \cdot \text{h/m}^2$，二者相差 $20.94\text{kW} \cdot \text{h/m}^2$，而 SD 值和 CV 值则分别为 $3.39\text{kW} \cdot \text{h/m}^2$ 和 0.37。

从 IHL 平均值来看：复合墙体相比参考墙体的 IHL 降幅可达 61.39%，间接反映出复合墙体对围护结构热负荷的整体突出改善效果；同时，12 种不确定输入参数引起了复合墙体 IHL 均值约 25 倍的变化（$87.19/3.49 \approx 24.98$），而参考墙体的 6 种输入参数仅引起 IHL 均值不到 3 倍的变化（$20.94/9.04 \approx 2.32$），因而复合墙体 IHL 的输出变化是参考墙体的 4 倍以上（$87.19/20.94 \approx 4.16$）。从 IHL 的 SD 值看，复合墙体 IHL 的概率分布更加离散，其 SD 值约为参考墙体的 3.7 倍，说明前者的波动相比后者更大，所带来的设计挑战也更大。需要指出的是，复合墙体 IHL 概率分布对应的 CV 值为 3.53 远大于参考墙体的 0.37，这是因为前者接近正态分布，平均值相比后者更加接近零，因此微小的扰动也会对 CV 值产生较大影响，这里 CV 值仅作为统计分析参考。综合来看，虽然复合墙体在改善 IHL 方面效果非常好，但其在设计、运行和材料选取方面所面临的挑战也更大。

图 7-13 和图 7-14 分别为复合墙体和参考墙体 IHL 散点分布情况。可以看出：热源温度（HT）和室内设定温度（IS）与复合墙体 IHL 分布存在密切关联，散点分布呈现明显的"狭长带状"集中分布特点，同时嵌管间距（PS）、嵌管直径（PD）、嵌管位置（PL）、间歇时长（CD）和嵌管层热导率（Mtc）等输入参数也与 IHL 分布特征存在一定关联，散点分布呈现出不同形状的集中分布特点，而其他输入参数在各自输入空间上所对应的 IHL 散点分布较为均匀，无明显集中分布趋势；对于参考墙体，IHL 分布特征与室内设定温度（IS）和气候区（CZ）和结构层热导率（Mtc）呈现出较为明显的关联，其他三个输入参数对 IHL 影响相对较小，散点分布相对更加均匀。上述散点分布特征表明：影响复合墙体 IHL 的不确定性输入参数更多，且大多为复合墙体所独有。应用中除了需要合理设定热源温度（HT）和选取室内设计温度（IS）外，还需关注嵌管间距（PS）、前管位置（PL）、前管直径（PD）、间歇时长（CD）以及嵌管层热导率（Mtc）等参数的影响，而气候区（CZ）和朝向（OT）等对参考墙体有一定影响的输入参数对于复合墙体的影响则相对较小。

图 7-15 和图 7-16 分别为复合墙体和参考墙体 IHL 对应的 SRC 分析结果。由表 7-1 可知：二者 IHL 指标的 R^2 值分别为 0.79 和 0.69，前者满足 SRC 分析基本要求，而后者可以解释 69% 的输出响应，需要进一步借助非线性 SA 方法进行探讨，而线性 SA 方法所得结果可作为参考。

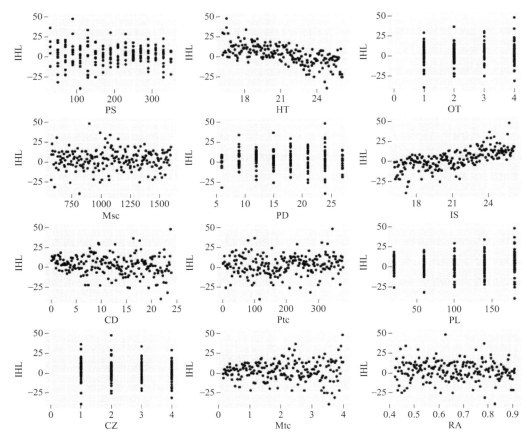

图 7-13 不同输入参数对应的复合墙体内表面热负荷（IHL）散点分布

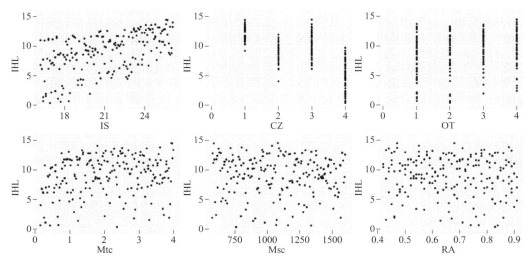

图 7-14 不同输入参数对应的参考墙体内表面热负荷（IHL）散点分布

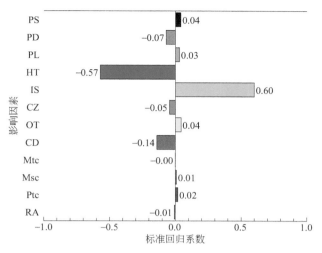

图 7-15　复合墙体内表面热负荷（IHL）的 SRC 分析结果

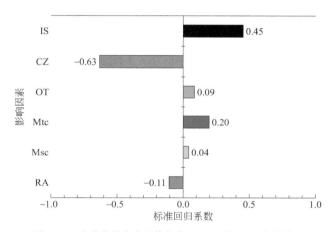

图 7-16　参考墙体内表面热负荷（IHL）的 SRC 分析结果

通过对单因素 SRC_j 绝对值进行排序可知：室内设计温度（IS）和热源温度（HT）的 SRC_j 绝对值依次为 0.60 和 0.57，远高于其他参数，对复合墙体 IHL 的影响最大，SRC_j 绝对值不小于 0.05 的参数还包括嵌管直径（PD）、气候区（CZ）和间歇时长（CD），其中间歇时长（CD）的 SRC_j 绝对值还超过了 0.1；对于参考墙体，除结构层比热容（Msc）外，其他参数的 SRC_j 绝对值均超过 0.05，其中气候区（CZ）是影响 IHL 最为重要的因素，随后依次是室内设定温度（IS）、结构层热导率（Mtc）、外表面辐射热吸收系数（RA）、朝向（OT）和嵌管层比热容（Msc）。

从 SRC_j 值的正负来看：对复合墙体 IHL 起主要作用（$|SRC_j|>0.1$）的参数中，仅有室内设定温度（IS）与 IHL 呈正相关，热源温度（HT）和间歇时长（CD）均与之呈负相关；而对参考墙体 IHL 起主要作用的参数中，气候区（CZ）和外表面辐射热吸收系数（RA）与 IHL 呈负相关，室内设定温度（IS）和结构层热导率（Mtc）与之呈正相关。

图 7-17 和图 7-18 所示为不同输入参数对复合墙体和参考墙体 IHL 指标影响的 TGP 分析结果。从 S_i 大小可看出：对复合墙体 IHL 影响最大的输入参数仍为热源温度（HT）和室内设定温度（IS），其他输入参数的 S_i 相对较小，而气候区（CZ）是影响参考墙体 IHL 最重要的输入参数，其次是室内设定温度（IS）。同时，从 S_{Ti} 大小可以看出：无论是复合墙体还是参考

墙体，各自输入参数间均存在一定的交互作用，所有输入参数对输出影响程度均有所提升。对于复合墙体，除了上述两个最为关键的两个输入参数外，S_{Ti} 大于 0.1 的输入参数还有间歇时长（CD）和嵌管层热导率（Mtc）。

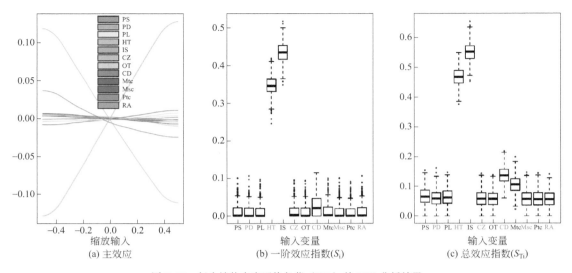

图 7-17　复合墙体内表面热负荷（IHL）的 TGP 分析结果

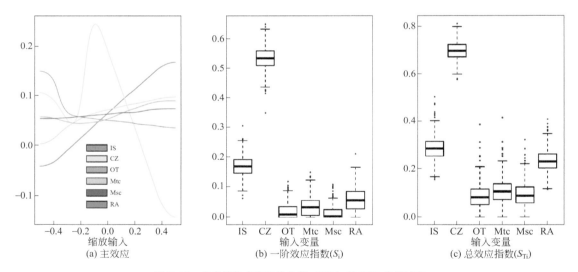

图 7-18　参考墙体内表面热负荷（IHL）的 TGP 分析结果

从图 7-17 的平均主效应趋势图可以看出：复合墙体 IHL 与热源温度（HT）、室内设计温度（IS）以及间歇时长（CD）间呈现出显著的单调线性关系，而其他参数也基本与 IHL 之间呈现出不同程度的单调增或单调减的关系。从图 7-18 的平均主效应趋势图可以看出：仅室内设定温度（IS）和结构层比热容（Msc）与 IHL 之间呈现单调线性正相关关系，结构层热导率（Mtc）与外表面辐射热吸收系数（RA）与 IHL 之间呈现单调非线性关系，而气候区（CZ）和朝向（OT）与 IHL 之间呈现出更加复杂的非单调非线性关系。

气候区（CZ）作为影响参考墙体 IHL 最为重要的参数，IHL 随气候区的逐渐南移一般会逐渐下降，但平均主效应趋势却呈现"先下降后上升再下降"的特殊现象。这里参考墙体主要依靠保温材料实现，而不同气候区保温层厚度的选取是按照国标《建筑热工设计规范》限值选取，实际上已具备较好的热工性能。但要指出的是，规范中各气候区围护结构热工参数限值并非是按照严格的线性关系设定且同一气候区不同城市的气象参数也有所不同，所以实际应用中很可能出现某一气候区的实际保温水平高于或低于相邻气候区的情况。因此，图7-19(a)中"先下降后上升再下降"的变化趋势可以理解为是由于夏热冬冷地区（本书中为上海市）的热工参数限值相对其他三个气候区的热工参数限值较低造成的。对于参考墙体，朝向（OT）对IHL的影响也是非单调和非线性的［图7-19(b)］，朝向在沿着东南西北的过渡过程中，IHL呈现出先下降后上升的变化趋势，这比较符合"建筑阳面"的IHL要小于"建筑阴面"常识。

对于复合墙体，由于PTABS的嵌入集成，虚拟温度隔绝界面对围护结构的保温特性起到了独特作用，那些对参考墙体IHL影响明显的输入参数重要性明显下降。同时，在无源和有源措施的叠加影响下，那些在参考墙体中对IHL具有非单调和非线性影响的输入参数，在复合墙体中则呈现出不同程度的单调增或单调减的变化趋势，如图7-20(a)和(b)所示。这也表明复合保温措施可有效满足各气候区的冬季保温需求，甚至在此基础上还可提供辅助供热，发生在参考墙体中的因部分气候区的热工参数限值相对其所处气候区不足而造成的影响基本被消除，因此气候区（CZ）和朝向（OT）与IHL之间的关系由此呈现出由北方至南方和东向至北向连续准线性关系。

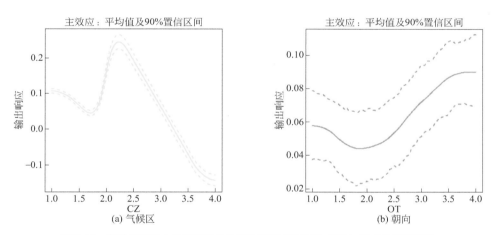

图7-19 部分关键输入参数对应参考墙体内表面热负荷（IHL）的主效应趋势图

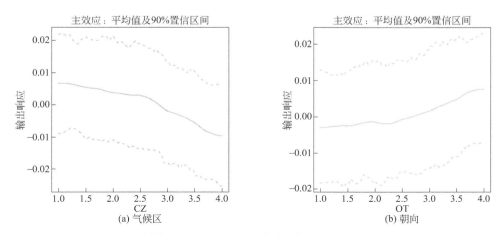

图7-20 部分关键输入参数对应复合墙体内表面热负荷（IHL）的主效应趋势图

7.1.2.2　外表面热损失（EHL）

冬季参考墙体的热量传递主要为室内与室外间的一维传热，IHL 和外表面热损失（exterior heating loss，EHL）近似一致。而 PTABS 的嵌入集成导致复合墙体内部能量传递过程发生显著改变，其传热过程不再是简单的一维传热，而是耦合 PTABS 注热以及墙体蓄热与释热等多个过程在内的复杂三维传热，从而导致 IHL 和 EHL 不再完全一致，需要对 EHL 进行深入研究以明晰不同输入参数对 EHL 的影响。冬季运行期间复合墙体 EHL 的概率分布如图 7-21 所示，而参考墙体 EHL 的概率分布这里不再给出，分布特征可参考图 7-12。

从图 7-21 可看出，复合墙体 EHL 的概率分布略微左偏，偏度值为 -0.22，在输入参数空间范围内非离群输出响应全部位于正值区间。数据处理结果显示：复合墙体 EHL 主要分布在 7.96 ～ 12.22kW·h/m² （上下四分位区间），均值为 9.99kW·h/m²，中值为 10.68kW·h/m²，最小值和最大值分别为 -4.31kW·h/m² 和 27.77kW·h/m²，二者相差 32.08kW·h/m²，而 SD 值和 CV 值分别为 3.49kW·h/m² 和 0.35；参考墙体 EHL 分布在 7.01 ～ 11.52kW·h/m²，均值为 9.06kW·h/m²，中值为 9.62kW·h/m²，最小值和最大值分别为 0.37kW·h/m² 和 21.10kW·h/m²，二者相差 20.73kW·h/m²，而 SD 值和 CV 值分别为 3.33kW·h/m² 和 0.37。

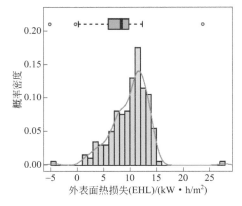

图 7-21　复合墙体外表面热损失（EHL）概率分布

从 EHL 平均值来看，复合墙体相比参考墙体整体上升了 10.26%，说明因集成 PTABS 所引起的额外 EHL 并没有显著上升，这也侧面反映出 PTABS 所注入的大部分热量在冬季得到了有效利用。与复合墙体有关的 12 种输入参数可引起 EHL 均值约 3.2 倍的输出变化（32.08/9.99 ≈ 3.21），而参考墙体的 6 种输入参数可引起约 2.29 倍的输出变化（20.73/9.06 ≈ 2.29）。复合墙体 EHL 概率分布的 SD 值和 CV 值与参考墙体对应值相差均不大，说明二者离散程度类似。综合来看，复合墙体在大幅提升建筑保温性能的同时，自身热损失相比参考墙体并未大幅上升，但不合理的参数设计和运行控制也可能导致 EHL 上升，因此有必要针对影响 EHL 的输入参数进行敏感性分析。

图 7-22 所示为不同输入参数所对应复合墙体 EHL 散点分布情况。可以看出：热源温度（HT）、室内设定温度（IS）、气候区（CZ）、间歇时长（CD）和嵌管层热导率（Mtc）等输入参数的散点分布较为集中，说明上述参数对 EHL 具有明显影响。从大于平均值的高 EHL 值（>9.99kW·h/m²）散点分布看，其分布相对低 EHL 值更加均匀，说明较高 EHL 值的不确定性

较小，除气候区（CZ）外，任一输入参数在其空间范围内均有可能产生高 EHL 值。从小于平均值的低 EHL 值（<9.99kW·h/m²）散点分布看，低 EHL 值一般发生在热源温度（HT）、室内设定温度（IS）、间歇时长（CD）和嵌管层热导率（Mtc）取值较小时或者应用于非严寒气候区，其他参数则在各自输入空间范围内均可能出现低 EHL 值。因此需要重点研究上述参数，在热激活特性和外表面热损失间找到合理平衡区间，在有效提升建筑保温性能的同时，尽量减少 EHL 并提升能量利用效率。

图 7-23 为复合墙体 EHL 对应 SRC 分析结果。由表 7-1 可知：复合墙体 EHL 指标的 R^2 值为 0.50 小于 0.7，只能解释 50% 的输出响应。通过对 SRC$_j$ 绝对值进行排序可以看出：气候区（CZ）和热源温度（HT）两个参数的 SRC$_j$ 绝对值依次为 0.56 和 0.41，远高于其他参数，对 EHL 的影响最大，SRC$_j$ 绝对值超过 0.05 的参数还包括：嵌管位置（PL）、室内设定温度（IS）、朝向（OT）、间歇时长（CD）、结构层热导率（Mtc）以及外表面辐射热吸收系数（RA），SRC$_j$ 绝对值超过 0.1 的参数有 5 个，包括室内设定温度（IS）、朝向（OT）、间歇时长（CD）、结构层热导率（Mtc）和外表面辐射热吸收系数（RA）。从 SRC$_j$ 值的正负看：对复合墙体 EHL 起主要作用（|SRC$_j$|>0.1）的参数中，气候区（CZ）和外表面辐射热吸收系数（RA）与 EHL 呈负相关，其余参数均与之呈负相关。从影响最为关键的两个参数来看，SRC 分析结果表明：高纬度地区的 EHL 相对更大，较高热源温度也会大幅增加 EHL。

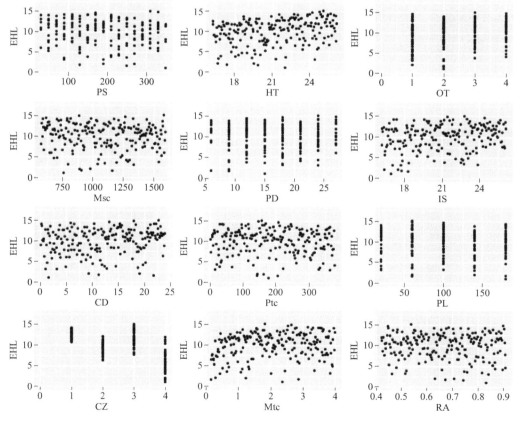

图 7-22 不同输入参数对应的外表面热损失（EHL）散点分布

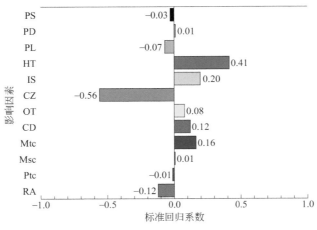

图 7-23　外表面热损失（EHL）的 SRC 分析结果

图 7-24 为不同输入参数对 EHL 指标影响的 TGP 分析结果。从 S_i 大小可看出：所有输入参数中，对复合墙体 EHL 影响最为关键的参数仍然为气候区（CZ）和热源温度（HT），其他输入参数的 S_i 值较小，这与 SRC 方法所得分析结果基本一致；同时，S_i 最大值仅为 0.25 左右，表明关键影响因素对 EHL 的影响强度没有其他指标中关键参数影响所占比重大。从 S_{Ti} 大小可看出：复合墙体输入参数间存在较强的交互作用，所有输入参数对 EHL 输出影响程度均明显上升，这也和关键参数影响不太强势导致输入参数间相互作用得到凸显有关。对于复合墙体，除上述两个最为关键的输入参数外，S_{Ti} 值紧随其后的三个输入参数依次是嵌管层热导率（Mtc）、室内设定温度（IS）和间歇时长（CD）。

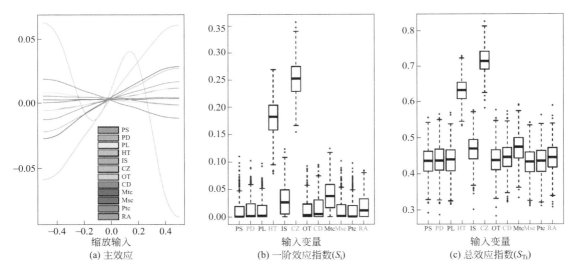

图 7-24　外表面热损失（EHL）的 TGP 分析结果

从图 7-24 的平均主效应趋势可看出：除气候区（CZ）外，复合墙体其他输入参数与 EHL 间基本呈现出单调增或减的关系。不论是参考墙体还是复合墙体，EHL 均会随着室内设定温度（IS）和嵌管层或结构层热导率（Mtc）等的增加而上升，并随着外表面辐射热吸收系数（RA）等的增加而下降，而气候区（CZ）则与二者的 EHL 之间呈现出复杂的非单调非线性关系。对于复合墙体和参考墙体，气候区（CZ）作为影响 EHL 最为重要的输入参数，其平均主效应趋势均呈现出"先下降后上升再下降"的特殊现象，如图 7-25 所示。6.1.2.1 部分中已对参考墙体 IHL（近似 EHL）在由严寒气候区向夏热冬暖气候区的变化过程中出现"先下降后上升再下降"变化特征的原因进行了解释，实际上参考墙体和复合墙体 EHL 的变化也可以参照解释。

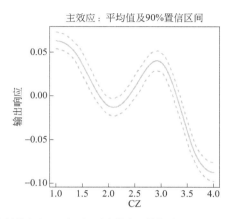

主效应：平均值及90%置信区间

图 7-25 复合墙体气候区（CZ）对应外表面热损失（EHL）的主效应趋势图

7.1.3　内表面热舒适度特性全局敏感性分析

7.1.3.1　累计过冷时长（CSD）

累计过冷时长（cumulated subcooling duration，CSD）与墙体内表面 MRT 值密切相关，可反映出室内热舒适度变化。冬季保温情景下，运行期间内复合墙体 CSD 指标的概率分布如图 7-26 所示。作为对照，图 7-27 显示了参考墙体在相同时段内的 CSD 概率分布。可以看出，二者的概率分布均呈现左偏特点，偏度值分别为 -0.56 和 -4.36，但前者对应的概率分布相比后者明显不同。数据处理结果显示：复合墙体 CSD 主要分布在 20.72 ～ 744h（上下四分位区间），均值为 476.06h，中值为 744h，最小值和最大值分别为 0h 和 744h，二者相差 744h，而 SD 值和 CV 值分别为 332.17h 和 0.70；而参考墙体 CSD 主要为 744h，均值为 730.31h，中值为 744h，最小值和最大值分别为 418.87h 和 744h，二者相差 325.17h，SD 值和 CV 值分别为 50.98h 和 0.07。复合墙体 CSD 平均值相比参考墙体降幅达 34.81%，与参考墙体有关的 6 种参数仅能引起 CSD 均值约 1.02 倍的输出变化（744/730.31 ≈ 1.02），与复合墙体有关的 12 种参数则可引起 CSD 均值约 1.56 倍的输出变化（740/476.06 ≈ 1.56）。从 SD 值角度看，复合墙体 CSD 的 SD 值是参考墙体的 6.52 倍左右，而前者的 CV 值为 0.7 也远大于后者的 0.07。

从概率密度曲线和统计数据可以看出，参考墙体 CSD 分布区间较窄，范围为 418.87 ～ 744h，复合墙体 CSD 分布区间明显更加分散，在 0 ～ 744h 区间内均有分布。同时，参考墙体的 CSD 概率分布总体为单峰分布，唯一峰值为 744h，而复合墙体则出现两个峰值且分布在两端，两个峰值分别为 0h 和 744h。参考墙体分布特征说明，虽然无源 STI 措施在建筑

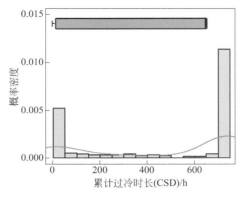

图 7-26 复合墙体累计过冷时长（CSD）概率分布

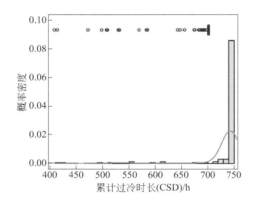

图 7-27 参考墙体累计过冷时长（CSD）概率分布

节能方面可起到一定作用，但所有参数组合下均出现了墙体内表面温度低于室内设定温度的情况，且出现长期或始终低于室内设定温度的可能性较高。相比之下，复合墙体分布特征表明其 CSD 得到明显改善，大部分输入参数组合对应的 CSD 明显低于参考墙体最小值，其中 CSD 为零的输入参数组合也并不为少数，这一判断也可以从复合墙体的双峰分布特征得到反映。综合来看，复合墙体具备降低建筑热负荷和改善室内热舒适度的双重优势，通过合理的参数设计和运行控制，复合墙体可以实现明显低于参考墙体的 CSD，甚至实现 CSD 为零的技术目标。

图 7-28 和图 7-29 分别为复合墙体和参考墙体 CSD 的散点分布。对于复合墙体，热源温度（HT）、室内设定温度（IS）和间歇时长（CD）等参数对应散点分布呈现出一定的集中分布特点，与 CSD 分布存在密切关联，而其他参数对应 CSD 分布相对均匀，无明显集中分布趋势；对于参考墙体，CSD 分布与室内设定温度（IS）和气候区（CZ）关联明显，其他四个参数对 CSD 影响相对较小，散点分布更加均匀。复合墙体与参考墙体 CSD 的散点分布特点也表明：影响复合墙体 CSD 的不确定性输入参数更多，并且大部分新增参数为复合墙体所独有。

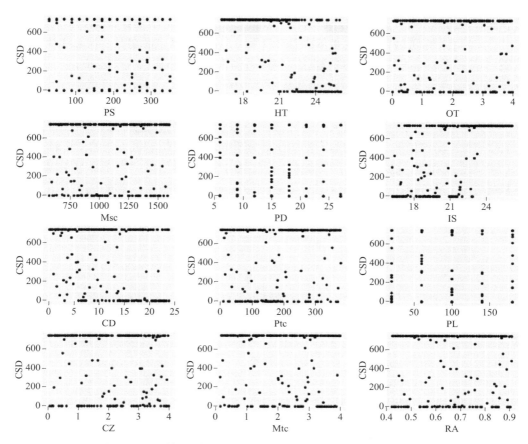

图 7-28 不同输入参数对应的复合墙体累计过冷时长（CSD）散点分布

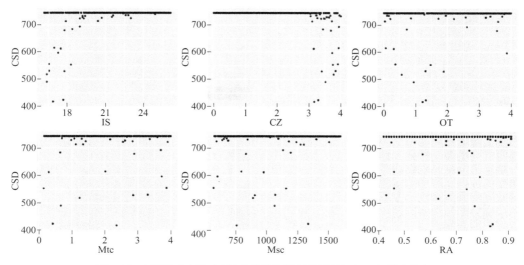

图 7-29 不同输入参数对应的参考墙体累计过冷时长（CSD）散点分布

图 7-30 和图 7-31 分别为复合墙体和参考墙体 CSD 的 SRC 分析结果。由表 7-1 可知：复合墙体和参考墙体 CSD 指标的 R^2 值分别为 0.66 和 0.25，前者可解释 66% 的输出响应，后者

仅能解释25%的输出响应。通过对SRC$_j$绝对值进行排序可知：对于复合墙体，热源温度（HT）和室内设计温度（IS）的SRC$_j$绝对值依次为0.52和0.51，远高于其他参数，对CSD影响最大，SRC$_j$绝对值超过0.05的参数还有嵌管间距（PS）、嵌管直径（PD）、气候区（CZ）、间歇时长（CD）、嵌管层热导率（Mtc）和外表面辐射热吸收系数（RA），其中嵌管直径（PD）、气候区（CZ）和间歇时长（CD）的SRC$_j$绝对值还超过了0.1；对于参考墙体，除了结构层热导率（Mtc）和外表面辐射热吸收系数（RA）外，其他参数的SRC$_j$绝对值都超过了0.05，其中室内设定温度（IS）和气候区（CZ）是影响CSD最为重要的因素。从SRC$_j$值的正负看：对复合墙体CSD起主要作用（|SRC$_j$|>0.1）的参数中，仅室内设定温度（IS）与CSD呈正相关，其他关键参数均与之呈负相关；而对参考墙体CSD起主要作用的参数中，只有气候区（CZ）与之呈负相关，其他关键参数均与之呈正相关。

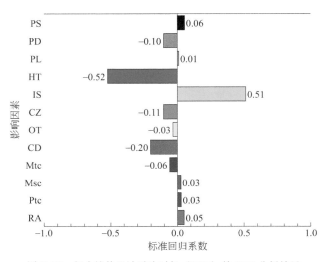

图 7-30　复合墙体累计过冷时长（CSD）的 SRC 分析结果

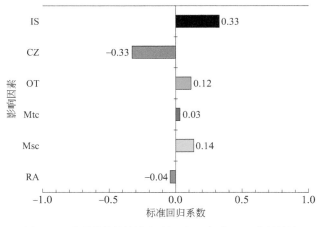

图 7-31　参考墙体累计过冷时长（CSD）的 SRC 分析结果

图 7-32 和图 7-33 分别为复合墙体和参考墙体 CSD 的 TGP 分析结果。从 S_i 大小可看出：所有输入参数中，对复合墙体 CSD 影响程度最为关键的参数仍然为热源温度（HT）和室内设定温度（IS），对参考墙体 CSD 影响最为关键的参数为室内设定温度（IS）和气候区（CZ），其他参数的 S_i 值相对较小。同时，从 S_{Ti} 大小可看出：无论是复合墙体还是参考墙体，各自输入参数间均存在一定的交互作用，尤其是由于缺少强势参数的影响，参考墙体参数间的交互作用对输出响应的影响相对更大。对于复合墙体，除上述两个最为关键的参数外，S_{Ti} 值大小紧随其后的三个参数依次为间歇时长（CD）、嵌管层热导率（Mtc）和气候区（CZ）。

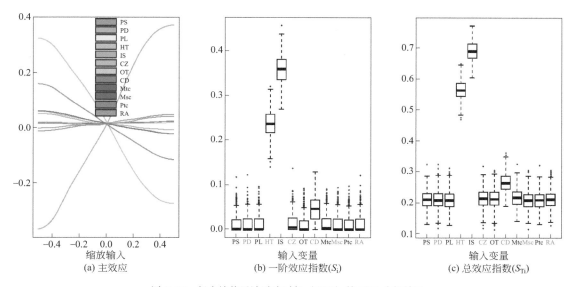

图 7-32 复合墙体累计过冷时长（CSD）的 TGP 分析结果

从图 7-32 和图 7-33 中的平均主效应趋势可看出：除嵌管热导率（Ptc）和朝向（OT）外，复合墙体 CSD 与其他参数间呈现出不同程度的单调增或减关系；而参考墙体 CSD 与结构层热导率（Mtc）、结构层比热容（Msc）和外表面辐射热吸收系数（RA）间呈现出单调增或减关系，与朝向（OT）呈现出非单调非线性关系，与其他参数间则呈现出单调非线性关系。对于参考墙体，随着室内设定温度（IS）上升，CSD 快速上升，但当室内设定温度（IS）达到 21℃ 时，CSD 达到最大值 744h 而停止增加，造成 CSD 与室内设定温度（IS）间呈现出单调非线性关系 [图 7-34(a)]；此外，气候区（CZ）在由严寒向夏热冬暖过渡过程中，CSD 总体上随之逐渐下降，出现非线性变化的原因可归结为气候区（CZ）是非连续参数所造成，因此 CSD 与气候区（CZ）间也呈现单调非线性的下降关系；另外，在由东向顺时针向北向变化过程中，CSD 与朝向（OT）间呈现先下降后上升的非单调非线性关系，意味着南向等"建筑阳面"的 CSD 较小，而北向即"建筑阴面"的 CSD 相对更大。对于复合墙体，CSD 与室内设定温度（IS）间呈现的是单调增的上升趋势 [图 7-34(b)]，这是因为复合墙体的保温性能相比参考墙体得到大幅提升。实际上，参考墙体在室内设定温度（IS）较低时（图 7-29 中显示约 18℃）就已出现内表面温度长期甚至始终低于室内设定温度（IS）的情形，而复合墙体由于 PTABS 的集成可以保证在相对更高的室内设定温度（IS）时仍具有较低的 CSD（图 7-28 中显示约 23℃）。另外，CSD 与热源温度（HT）间呈现出显著的单调减的变化趋势，说明随着热源温度（HT）上升，CSD 可以大幅下降。

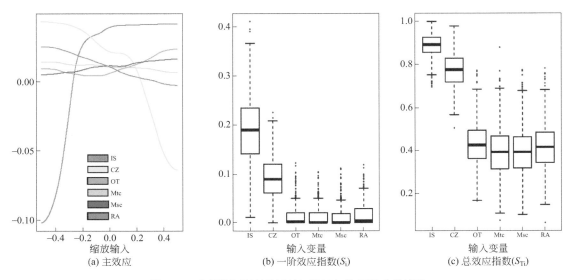

图 7-33　参考墙体累计过冷时长（CSD）的 TGP 分析结果

有源措施对复合墙体热舒适性起到了明显改善作用，那些对参考墙体 CSD 影响显著的参数的重要性明显有所下降，同时在参考墙体中对 CSD 具有非单调和非线性影响的参数，在复合墙体中则呈现出不同程度的单调增或减的变化趋势。这一现象说明，复合保温措施可有效改善各气候区墙体的内表面热舒适指标，通过合理的设计可完全实现内表面温度长期高于室内设定温度的技术目标。

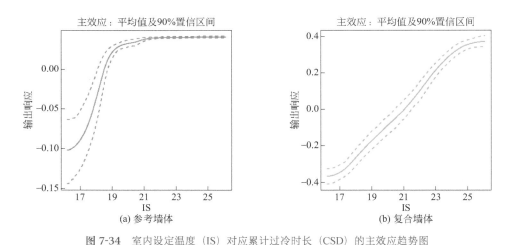

图 7-34　室内设定温度（IS）对应累计过冷时长（CSD）的主效应趋势图

7.1.3.2　过冷不舒适度（SDD）

冬季保温情景下，复合墙体和参考墙体过冷不舒适度（subcooling discomfort degree，SDD）的概率分布如图 7-35 和图 7-36 所示。从图中可以看出，参考墙体 SDD 的概率分布呈现略微左偏的特点，偏度值为 -0.39，而复合墙图 SDD 的概率分布则呈现明显的右偏特点，偏度值为 1.70。

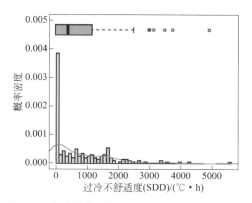

图 7-35 复合墙体过冷不舒适度（SDD）概率分布

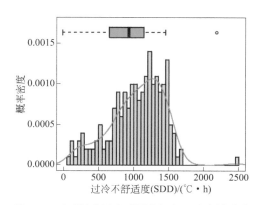

图 7-36 参考墙体过冷不舒适度（SDD）概率分布

数据处理结果显示：复合墙体 SDD 主要分布在 0.84 ～ 1327.66℃·h，均值为 774.97℃·h，中值为 451.69℃·h，最小值和最大值分别为 0℃·h 和 5555.82℃·h，相差 5555.82℃·h，而 SD 值和 CV 值分别为 940.97℃·h 和 1.21；参考墙体 SDD 主要分布在 799.76 ～ 1334.05℃·h，均值为 1042.50℃·h，中值为 1101.05℃·h，最小值和最大值分别为 84.51℃·h 和 2452.99℃·h，相差 2368.48 ℃·h，而 SD 值和 CV 值分别为 384.77 ℃·h 和 0.37。复合墙体 SDD 平均值相比参考墙体降幅可达 25.70%，参考墙体 6 种参数仅引起 SDD 均值约 2.27 倍的输出变化（2368.48/1042.90 ≈ 2.27），而复合墙体所有不确定输入参数可引起 SDD 均值约 7.17 倍的输出变化（5555.82/774.97≈7.17）。从 SD 值角度看，复合墙体 SDD 的 SD 值是参考墙体对应 SD 值的 2.45 倍左右，前者 CV 值为 1.21 也远大于后者对应的 0.37。

复合墙体 SDD 对应概率分布相比参考墙体产生明显变化，其输出响应范围明显更大，也更趋向于分布在低值区间，其概率密度在低值至高值空间范围内呈现出不断下降的趋势。参考墙体 SDD 的输出响应范围较小，为复合墙体的 42.63%，并且更趋向于分布在中高值区间内，其概率密度在低值至高值空间范围内呈现出先上升后下降的变化趋势。参考墙体 SDD 的分布特征表明，虽然其在建筑节能方面可以起到一定作用，但在参数不确定性的条件下所有参数组合对应的参考墙体 SDD 均大于零，且出现较大 SDD 值的可能性较高。相比之下，虽然在参数不确定性的条件下所有参数组合对应的复合墙体 SDD 输出响应范围更大，但其在低值区间范围内的概率密度更大，同等条件下总体热舒适度改善效果明显，这也说明只要通过合理的参数设置，复合墙体可以取得较低甚至为零的 SDD 值。

图 7-37 和图 7-38 分别为复合墙体和参考墙体 SDD 散点分布情况。对于复合墙体，嵌管

层位置（PL）、热源温度（HT）、室内设定温度（IS）和嵌管层热导率（Mtc）等参数对应的散点分布呈现一定的集中分布特点，而其他参数在各自输入空间上所对应的散点分布则较为均匀，说明这四个参数与 SDD 的分布特征存在较为密切的关联；对于参考墙体，SDD 分布特征与室内设定温度（IS）、气候区（CZ）以及结构层热导率（Mtc）呈现较为明显的关联，其他三个参数对 SDD 影响较小，散点分布也更加均匀。

图 7-37 不同输入参数对应复合墙体过冷不舒适度（SDD）散点分布

图 7-38 不同输入参数对应参考墙体过冷不舒适度（SDD）散点分布

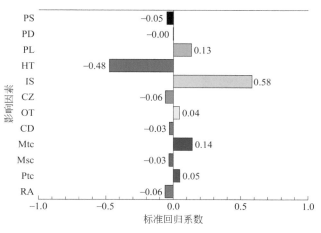

图 7-39 复合墙体过冷不舒适度（SDD）的 SRC 分析结果

图 7-39 和图 7-40 分别为复合墙体和参考墙体 SDD 对应 SRC 分析结果。由表 7-1 可知：复合墙体和参考墙体 SDD 指标的 R^2 值均为 0.71，满足 SRC 分析基本要求。通过对 SRC_j 绝对值进行排序可知：对于复合墙体，热源温度（HT）和室内设计温度（IS）对应的 SRC_j 绝对值依次为 0.48 和 0.58，远高于其他参数，对 SDD 影响最大，SRC_j 绝对值超过 0.05 的参数还有嵌管间距（PS）、嵌管位置（PL）、气候区（CZ）、嵌管层热导率（Mtc）、嵌管热导率（Ptc）和外表面辐射热吸收系数（RA），其中嵌管位置（PL）和嵌管层热导率（Mtc）的 SRC_j 绝对值还超过了 0.1；对于参考墙体，除结构层比热容（Msc）外，其他所有参数的 SRC_j 绝对值都超过了 0.05，其中室内设定温度（IS）和气候区（CZ）是影响 SDD 最为重要的因素，SRC_j 绝对值分别为 0.45 和 0.63。从 SRC_j 值的正负看：对复合墙体 SDD 起主要作用（$|SRC_j|>0.1$）的参数中，仅热源温度（HT）与 SDD 呈负相关，其他关键参数则与之呈正相关；对参考墙体 SDD 起主要作用的参数中，气候区（CZ）和外表面辐射热吸收系数（RA）与之呈负相关，室内设定温度（IS）和结构层热导率（Mtc）与之呈正相关。

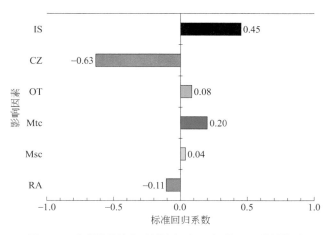

图 7-40 参考墙体过冷不舒适度（SDD）的 SRC 分析结果

图 7-41 和图 7-42 分别为复合墙体和参考墙体 SDD 指标的 TGP 敏感性分析结果。从 S_i 大小可以看出：对复合墙体 SDD 指标影响程度最大的两个因素仍然为热源温度（HT）和室内设

定温度（IS），对参考墙体 SDD 影响最为关键的因素为室内设定温度（IS）和气候区（CZ），其他参数的 S_i 相对较小。同时，从 S_{Ti} 大小可以看出：无论是复合墙体还是参考墙体，各自输入参数间均存在一定的交互作用，尤其是由于缺少强势输入参数的影响，参考墙体不同输入参数间交互作用对 SDD 输出响应的影响更大。对于复合墙体，除了上述两个最为关键的参数外，S_{Ti} 值紧随其后的 3 个参数依次为间歇时长（CD）、嵌管层热导率（Mtc）和气候区（CZ）。从图 7-41 和图 7-42 中的平均主效应趋势还可以看出：复合墙体 SDD 与主要输入参数间则呈现不同程度的单调增或单调减的关系，而参考墙体 SDD 与部分输入参数之间呈现出非线性关系。

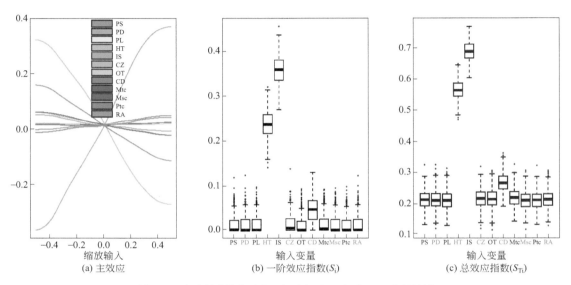

图 7-41　复合墙体墙体过冷不舒适度（SDD）的 TGP 分析结果

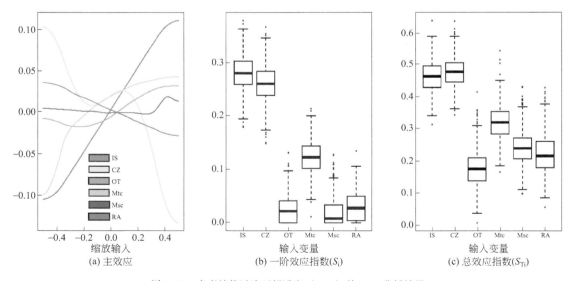

图 7-42　参考墙体过冷不舒适度（SDD）的 TGP 分析结果

从参考墙体单个输入参数影响来看：随着室内设定温度（IS）上升，SDD 指标随之快速上升，但并没有出现 CSD 指标在数值达到 744h 时即停止上升的非线性变化趋势，表明 SDD 在评价内表面热舒适度改善方面更具优势；此外，气候区（CZ）在由严寒向夏热冬暖地区过渡过程中，SDD 总体上是随之逐渐下降的，而出现非线性变化的原因同样可归结为气候区（CZ）是非连续参数，因此 SDD 与气候区（CZ）之间也呈现出单调非线性的下降关系；另外，在由东向沿顺时针至北向的变化过程中，SDD 与朝向（OT）间则呈现先下降后上升的非单调非线性变化趋势，意味着南向等"建筑阳面"的 SDD 较小，而北向即"建筑阴面"的 SDD 相对更大。从复合墙体单个输入参数影响来看：复合墙体 SDD 与主要输入参数间呈现出显著的单调线性关系。对于复合墙体，SDD 与室内设定温度（IS）的变化趋势与参考墙体基本一致，SDD 与热源温度（HT）间呈现出显著的单调减的关系，说明随着热源温度（HT）上升，SDD 可以得到大幅下降。

虽然复合墙体嵌管层热导率（Mtc）与参考墙体结构层热导率（Mtc）与 SDD 指标之间均为单调线性关系，但前者与指标间呈现的是单调减关系［图 7-43(a)］，即随着参数增加 SDD 逐渐减小，而后者与指标间呈现的则是单调增关系［图 7-43(b)］，即随着参数增加 SDD 也逐渐增加。上述现象再次表明复合墙体与参考墙体在保温原理上的显著区别。在参考墙体中，结构层和保温层是隔绝热量的主要手段，因此要求结构层热导率（Mtc）必须足够的低，如此才能确保围护结构内外表面温差小于设定值，起到保温节能的目的。然而，复合墙体则主要依靠 PTABS 注入热量所形成的与室内设定温度接近一致的虚拟温度隔绝界面来主动隔绝室外冷量的侵入以及室内热量的泄漏，如此实现保温节能目的。在复合墙体中，外保温层的作用主要是为了减少 PTABS 注入热量的损失，以确保复合墙体能以最少的注入热量来维持相对长久和相对稳定的温度界面，因此较小的嵌管层热导率（Mtc）将不利于热量在嵌管层内部的扩散并形成稳定的温度界面，较大时则会增加注入热量向室外的损失，因此复合墙体嵌管层热导率（Mtc）的选取与参考墙体具有显著区别，需要根据不同评价指标综合衡量确定。

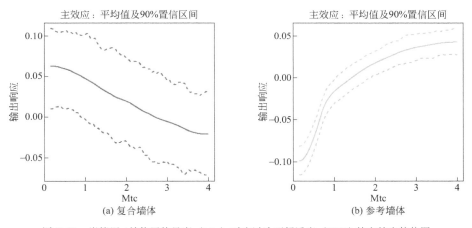

图 7-43 嵌管层 / 结构层热导率（Mtc）对应过冷不舒适度（SDD）的主效应趋势图

7.1.4 输入参数综合排序结果及分析

7.1.4.1 输入参数综合排序

UA 和 SA 研究体现了复合墙体与参考墙体在冬季保温原理上的显著区别。PTABS 可以明显提升和改善建筑的冬季保温性能，但其在给定输入参数范围内产生的不确定性始终贯穿在复合墙体设计、建造和运行过程中。同时，由于影响复合墙体热特性的输入参数在种类和数量上相比参考墙体均明显有所增加，导致了针对复合墙体输出响应的不确定性预测变得更加复杂，这也给建筑设计师和建筑工程师等相关人员带来了巨大挑战。前文中同时运用了两种不同的 GSA 方法量化评估了复合墙体和参考墙体各自输入参数对不同输出响应的不确定性贡献程度，识别并获得了不同评价指标对应的主要输入参数及其影响机制。在此基础上，本节依据 SRC 方法中的 SRC_j 绝对值和 TGP 方法中的 S_{T_i} 值对不同评价指标的排序结果进行了汇总，排序结果参见表 7-2 和表 7-3。

如表 7-2 所列，对于参考墙体 2 类 4 个评价指标而言，两种 GSA 方法所得输入参数重要性排序结果基本一致，仅 CSD 指标对应排序结果略有差别，表明 SRC 和 TGP 两种不同和互补的 GSA 方法在参考墙体冬季热特性关键因素识别方面具有相近的可靠性。在此基础上，本书中对参考墙体 6 种不同输入参数在 4 个不同评价指标中对应重要性排序位次分别进行了单独累加，进一步得到了单一输入参数重要性排序位次的累加值。累加值排序结果表明：两种 GSA 方法所得输入参数累加值排序结果完全一致，进一步互相验证了本书所采用的两种 GSA 方法在参考墙体冬季热特性关键因素识别方面的可靠性。在所研究的 6 种输入参数中，对参考墙体"影响较大"的两个输入参数依次是气候区（CZ）和室内设定温度（IS），"影响较小或无影响"的两个依次为结构层比热容（Msc）和朝向（OT）。

表 7-2 冬季参考墙体热特性影响因素排序结果

SA 方法		SRC 方法					TGP 方法				
评价指标		IHL	EHL	CSD	SDD	累加	IHL	EHL	CSD	SDD	累加
6 种 输 入 参 数	IS	2	2	1	2	7	2	2	1	2	7
	CZ	1	1	2	1	5	1	1	2	1	5
	OT	5	5	4	5	19	6	6	3	6	21
	Mtc	3	3	5	3	14	4	4	6	3	17
	Msc	6	6	3	6	21	5	5	5	5	20
	RA	4	4	6	4	18	3	3	4	4	14

注："深灰色"代表"影响较大"；"中灰色"代表"有影响"；"浅灰色"代表"影响很小或无影响"。单独指标列中数字为参数影响程度排序位次，累加指标列中数字为单独指标排序位次的累加值。

如表 7-3 所列，受输入参数数量和种类大幅增加以及内部复杂热量传递机制的影响，冬季保温情景下复合墙体热特性输入参数重要性排序结果变得较为复杂，两种 GSA 方法所得单个评价指标以及累加值排序结果均存在不同程度的差别，说明 SRC 和 TGP 两种 GSA 方法在复合墙体冬季热特性关键因素识别方面的可靠性方面有所差异。从排序结果可知，TGP 方法所得单个评价指标的排序结果相比 SRC 方法更加具有规律性，这与前者更加适用于复杂非线性模型有关。由 TGP 方法所得输入参数重要性排序结果的累加值可知：排序位次位于后 1/3 区间的四个输入参数，即嵌管直径（PD）、朝向（OT）、嵌管层比热容（Msc）和嵌管热导率（Ptc），对复合墙体冬季热特性的影响基本可以忽略；而排序位次位于中间 1/3 区间的四个输入参数中，外表面辐射热吸收系数（RA）仅对 EHL 指标以及 CSD 指标产生一定影响，但对二者的影响程度排序均处在中间靠后范围内，因此外表面辐射热吸收系数（RA）的影响也基本可以不予过多考虑。

表 7-3　冬季保温情景下复合墙体热特性影响因素排序结果

SA 方法		SRC 方法							TGP 方法						
评价指标		TIH	ED	IHL	EHL	CSD	SDD	累加	TIH	ED	IHL	EHL	CSD	SDD	累加
12 种输入参数	PS	3	>9	7	>9	7	7	42	3	6	5	>9	8	6	37
	PD	7	6	4	>9	5	>9	40	8	8	7	>9	>9	>9	50
	PL	8	5	8	8	>9	4	42	8	7	6	>9	>9	5	41
	HT	1	1	2	2	2	2	10	1	1	2	2	2	2	10
	IS	2	2	1	3	2	1	11	2	2	1	4	1	1	11
	CZ	>9	3	5	1	4	6	28	6	5	8	1	5	7	32
	OT	>9	>9	7	>9	>9	>9	49	>9	>9	>9	8	6	>9	50
	CD	4	4	3	6	3	>9	29	4	3	3	5	3	4	22
	Mtc	5	>9	>9	4	6	3	36	5	4	4	3	4	3	23
	Msc	>9	8	>9	>9	>9	>9	53	>9	>9	>9	>9	>9	8	53
	Ptc	>9	>9	>9	>9	>9	8	53	>9	>9	>9	>9	>9	>9	54
	RA	6	7	>9	5	8	5	40	>9	>9	>9	6	7	>9	49

注："深灰色"代表"影响较大"；"中灰色"代表"有影响"；"浅灰色"代表"影响很小或无影响"。单独指标列中数字为参数影响程度排序位次，累加指标列中数字为单独指标排序位次的累加值。

7.1.4.2　关键输入参数分析

通过输入参数的综合排序，筛选出七个对复合墙体冬季热特性影响较大的输入参数，其余五个输入参数在复合墙体设计、建造和控制中则可以适当予以忽略。排序位于前四，即"影响较大"的输入参数依次为：热源温度（HT）、室内设定温度（IS）、间歇时长（CD）和嵌管层热导率（Mtc）；"有影响"的输入参数共计三个，依次为：气候区（CZ）、嵌管间距（PS）和嵌管位置（PL）。

（1）热源温度（HT）

冬季热特性六个单项指标中，热源温度（HT）影响排序始终位于前二，并且也是影响热激活特性指标最为显著的参数。在输入参数范围内，热源温度（HT）与热激活特性指标成正相关，与内外表面传热特性指标中的 IHL 成负相关、EHL 成正相关，并且与内表面热舒适度特性指标成负相关。具体而言：随着热源温度（HT）增加，嵌管与嵌管周边区域温差增大，PTABS 注热能力得到提升，注入热量及蓄存热量也将随之增大；随着热源温度（HT）增加，虚拟温度界面温度也随之增加，式（2-6）中的 $\Delta T_{\text{i-VTII}}$ 值将逐渐减小甚至变成负值，这也是复合墙体可以实现"零"热负荷甚至"负"热负荷的主要原因，但由于 $\Delta T_{\text{o-VTII}}$ 的增加也会导致 EHL 增加；随着热源温度（HT）增加，内表面热舒适特性也得到明显改善，但改善幅度并非与热源温度（HT）始终呈现线性相关关系，尤其是当热源温度（HT）超过约 21℃时，SDD 的下降速率有所放缓。

（2）室内设定温度（IS）

在除 EHL 指标外的其他五个单项指标中，室内设定温度（IS）始终是排序前二的另一关键参数，也是影响 IHL 和内表面热舒适度特性指标最为显著的参数。在输入参数范围内，室内设定温度（IS）与热激活特性指标成负相关，与内外表面传热特性指标及内表面热舒适度特性指标均成正相关。具体而言：随着室内设定温度（IS）增加，嵌管层背景温度随之提升，嵌管注热能力也将由于嵌管与嵌管周边区域温差减小而下降，注入热量及蓄存热量也将随之减小；随着室内设定温度（IS）增加，围护结构两侧传热温差随之增大，尽管 PTABS 可以改善 IHL，但想达到"零"热负荷甚至"负"热负荷，必须同时提升热源温度（HT），如此才可确保式（2-6）中的 $\Delta T_{\text{i-VIII}}$ 值减小乃至变成负值；由于虚拟温度界面的阻隔作用，室内设定温度（IS）在 EHL 中的排序由参考墙体中的第二降至复合墙体中的第四，EHL 也成为复合墙体六个指标中室内设定温度（IS）唯一不在前二的指标；随着室内设定温度（IS）增加，内表面热舒适度特性指标的改善效果将随之呈现线性下降趋势，并且室内设定温度（IS）越高，对其他参数的要求也越高，例如若想维持内表面温度接近或高于室内设定温度（IS）值以获得较低 SDD，较高的热源温度（HT）则成为了充分条件。

（3）间歇时长（CD）

在输入参数范围内，间歇时长（CD）与热激活特性指标中的 TIH 成正相关、ED 成特殊的非单调关系，与内外表面传热特性指标中的 IHL 成负相关、EHL 成正相关，与内表面热舒适度特性指标成负相关。其中，间歇时长（CD）对 ED 的非单调影响已在前文中进行了介绍，这里不再赘述。随着间歇时长（CD）增加，TIH 首先呈现快速上升趋势，但在间歇时长（CD）达到约 7～10h 时，受嵌管周围热堆积加剧以及环境因素共同影响，嵌管注热速率开始有所下降。对于内外表面传热特性指标：IHL 将随间歇时长（CD）增加而快速下降，但当间歇时长（CD）达到约 12h 时，IHL 下降速率有所放缓；EHL 则随着间歇时长（CD）增加基本保持线性上升趋势，但间歇时长（CD）对 EHL 的重要性仅排第五，相较于综合排序第三有一定差距。此外，随着间歇时长（CD）增加，内表面热舒适度特性也将得到持续改善，而改善幅度与间歇时长（CD）基本呈现线性相关关系。对于直接型 PTABS，整个系统不需要耗费任何泵耗，若低品位热源来源有充分保障，那么系统在冬季的运行可不受间歇时长（CD）限制，如此可获得最佳的内表面热舒适性；对于间接型 PTABS 或主动式 TABS，系统仍存在少量或大量泵耗，此时需要综合考虑保温性能改善效果以及驱动系统泵耗情况，而敏感性分析所给出的间歇时长（CD）推荐值为不低于 6h，若间歇时长（CD）超过 7～10h，也可以考虑通过间歇运行控制实现注热效率的优化。

（4）嵌管层热导率（Mtc）

在输入参数范围内，嵌管层热导率（Mtc）与热激活特性指标成特殊的非单调关系，与内外表面传热特性指标中的 IHL 成负相关、EHL 成正相关，与内表面热舒适度特性指标成负相关。适当增加嵌管层热导率（Mtc）有利于注入热量的扩散及热堆积现象的缓解，但热导率过大也会导致热损失增大，不利于嵌管层中热量蓄存，TIH 和 ED 反而会随着嵌管层热导率（Mtc）进一步增加而下降。随着嵌管层热导率（Mtc）增加，嵌管层与室内外空间的传热热阻持续下降，IHL 和 EHL 由此分别呈现出线性下降和线性上升趋势。随着嵌管层热导率（Mtc）增加，复合墙体内表面热舒适度特性指标呈现出与参考墙体完全不同的变化趋势，也无需采取参考墙体中依靠降低热阻的方法来改善内表面热舒适特性。从热激活特性角度来看，复合墙体嵌管层存在一个适宜的热导率范围，而敏感性分析所给出的结果为 0.5～2.75W/（m·℃）。常见墙体材料如水泥砂浆 [0.93W/（m·℃）]、细石混凝土 [1.51W/（m·℃）]、钢筋混凝土 [1.74 W/（m·℃）] 等均在此范围内，适合作为嵌管层材料使用。

（5）气候区（CZ）

在输入参数范围内，气候区（CZ）与热激活特性指标、内表面热舒适度特性指标以及内外表面传热特性指标中的 IHL 均成负相关，与内外表面传热特性指标中的 EHL 呈特殊非单调关系。冬季围护结构温度通常会随纬度增加而降低，而在相同注热温度下 TIH 和 ED 会由于注热温差增大而增大，这是 TABS 的技术特点所决定。虽然气候区（CZ）综合排序第五，但由于虚拟温度界面的阻隔，其对 IHL 的影响已不大。从 IHL 的单独排序结果看，气候区（CZ）仅排第八，实际上已基本可被归类到"影响很小或无影响"的参数中。这一结果表明，复合墙体适用于从严寒至夏热冬暖的各气候区建筑的保温隔热，并且保温隔热效果不会产生明显区别。由于 EHL 与室外环境关系密切，气候区（CZ）仍是影响 EHL 指标的首要参数，并且随着纬度南移总体呈现快速下降趋势，这与参考墙体情况类似。EHL 也会受到围护结构静态保温水平影响，前文中夏热冬冷气候区热工参数限值的相对不足即是导致相应 EHL 有所上升的主要原因。复合墙体 CSD 和 SDD 将随纬度南移而下降，但由于虚拟温度界面的阻隔，气候区（CZ）的排序也由参考墙体中的前二降至复合墙体中的第五和第七，因此气候区（CZ）不再是影响复合墙体内表面热舒适特性的主要因素。这也意味着，即使应用于严寒气候区的复合墙体也可以获得极佳的内表面热舒适性。

（6）嵌管间距（PS）

在输入参数范围内，嵌管间距（PS）与热激活特性指标中 TIH 成正相关、ED 成非单调关系，与内表面热舒适度特性指标以及内外表面传热特性指标中的 IHL 成弱正相关，与 EHL 基本不相关。除热源温度（HT）和室内设定温度（IS）外，嵌管间距（PS）对 TIH 的影响紧随其后，在 12 种输入参数中排序第三。从前文可知，注入热量会在嵌管周边形成一个热堆积区域，嵌管间距（PS）过小无疑会导致相邻热堆积区域产生显著的相互干扰，这显然不利于堆积热量向周边区域的快速扩散，进而导致换热温差减小并引起 TIH 减小；嵌管间距（PS）过大虽然可以缓解相邻热堆积区域的相互干扰，并且有利于堆积热量向周边区域的快速扩散，但却不利于围护结构内形成连续的虚拟温度隔绝界面，因此 SDD、CSD 和 IHL 显示出随嵌管间距（PS）增大而降低的趋势。随着嵌管间距（PS）增加，ED 先随之缓慢上升，在维持一段相对稳定的阶段后，ED 又随之快速下降。从 ED 角度看，嵌管间距（PS）存在一个相对较优的区间范围，敏感性分析给出的结果为 100 ~ 250mm，实际应用中应优先考虑在上述范围内设置嵌管间距（PS）。

（7）嵌管位置（PL）

在输入参数范围内，嵌管位置（PL）与热激活特性指标和内表面热舒适度特性指标成弱负相关，与内外表面传热特性指标中的 IHL 成弱正相关、EHL 成弱负相关。实际上，围护结构内部远离室内的区域温度相对较低，嵌管位于这一区域时通常可以注入更多热量，因此 TIH 会随着嵌管位置（PL）内移而有所下降。随着嵌管位置（PL）逐渐内移，ED 呈现出先基本不变后快速下降的趋势。ED 与嵌管层平均温度直接相关，产生上述变化的原因如下：嵌管靠近外侧时，注入热量向外受到外保温层的阻隔、向内则需要向嵌管层区域逐渐扩散，注入热量中蓄存部分较多而直接释放至室内的比例较少，造成 ED 相对较高；嵌管靠近内侧时，虽然向外需要向嵌管层区域扩散，但由于与墙体内表面接近，注入热量中很大比例将直接释放至室内空间，造成 ED 相对较低。受此影响，随着嵌管位置（PL）逐渐内移，EHL 和复合墙体内表面热舒适度指标尤其是 SDD 将随之相对有所下降，而 IHL 则在嵌管靠近内表面时才会有所上升。整体来看，嵌管位置（PL）对 IHL 和 EHL 影响不大，嵌管靠近室内侧时可获得更好的内表面热舒适性，而嵌管靠近室外侧时则可以更有效利用注入热量并获得更加持续的保温隔热效果。上述结论也表明 PTABS 技术的应用不会受到嵌管位置（PL）的显著影响，因而复合墙体既适用于新建建筑，也适于既有建筑的更新改造。

7.2 基于夏季隔热情景的复合墙体热特性分析

夏季隔热情景下，复合墙体和参考墙体输出响应与输入参数的回归分析结果参见表 7-4。表 7-4 中各评价指标的 P 值均小于 2.2×10^{-16}，表明各指标与输入参数存在一定的回归关系，相应回归系数具有统计学意义。同时，各评价指标回归模型对应的 R^2 最大值为 0.92，最小值仅为 0.46，表明输入参数与各评价指标呈现线性关系的显著程度差异也较为明显。复合墙体和参考墙体的 R^2 值相比冬季保温情景下有所提升，但仍需进一步借助非线性敏感性分析方法进行探讨。

表 7-4　输入参数与输出响应间的拟合关系及输出响应的变异程度

墙体	输入因子	输出响应	简称	响应类别	R^2	P 值	SD 值	CV 值
复合墙体	12 种影响因素	总注入冷量	TEH	热激活特性	0.70	$<2.2 \times 10^{-16}$	7.98	5.04
		能量密度	ED		0.73		79.92	3.50
		内表面冷负荷	ICL	内外表面传热特性	0.80		12.30	8.31
		外表面冷损失	ECL		0.89		3.54	0.74
		累计过热时长	COD	内表面热舒适度特性	0.69		344.97	0.82
		过热不舒适度	ODD		0.69		863.36	1.39
参考墙体	6 种影响因素	内表面冷负荷	ICL	内外表面传热特性	0.91	$<2.2 \times 10^{-16}$	3.16	0.76
		外表面冷损失	ECL		0.92		3.24	0.76
		累计过热时长	COD	内表面热舒适度特性	0.46		133.60	0.20
		过热不舒适度	ODD		0.86		310.09	0.68

7.2.1　热激活特性全局敏感性分析

7.2.1.1　总注入冷量（TEH）

夏季隔热情景下，复合墙体在最热月运行时段内总注入冷量（total extracted heat，TEH）的概率分布如图 7-44 所示。通过直方图和概率密度曲线可知，TEH 在输入参数范围内正负兼有，TEH 高峰略偏左，总体呈右偏态分布特征。数据处理结果显示：TEH 主要分布在 $-2.51 \sim 6.20$ MJ，均值为 1.43MJ，中值为 1.59MJ；同时，TEH 最小值和最大值分别为 -30.49 MJ 和 27.71MJ，相差 58.20MJ；另外，TEH 的 SD 值和 CV 值分别为 7.98MJ 和 5.04，说明复合墙体的 12 种输入参数对 TEH 的影响非常明显，可引起均值约 41 倍的输出变化（$58.20/1.43 \approx 40.70$）。不合理的设计、建造和控制同样可能导致 TABS 无法在夏季产生预期的有源隔热效果，甚至可能因额外注入热量导致 HVAC 能耗反而增加的相反效果。因此，需要针对导致 TEH 分布呈现较大离散性的机制进行敏感性分析，以确定对 TEH 有显著影响的因素，并在早期设计阶段和后期运行阶段谨慎作出决策，以确保重要参数在合理范围内。需要指出的是：夏季隔热情景下，PTABS 相比主动式 TABS 具有先天的自我注冷调控和防注热优势，因为 PTABS 的注冷过程主要是基于"温差"而非"机械"驱动运行，这也意味着仅当复合墙体内部温度高于冷源温度时 PTABS 才会进行"主动"注冷。由此，可以认为因冷源温度过高而导致复合墙体在夏季出现 TEH 为负的情景发生在主动式 TABS 中的可能性更大。

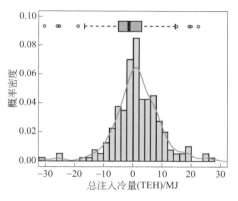

图 7-44　总注入冷量（TEH）概率分布

由表 7-4 可知：TEH 指标的 R^2 值等于 0.70，满足 SRC 方法基本要求。图 7-45 所示为 12 种输入参数对 TEH 影响的 SRC 分析结果。在此基础上，通过对 SRC_j 绝对值大小进行排序可知：冷源温度（HT）和室内设计温度（IS）对 TEH 影响最大，SRC_j 绝对值依次为 0.66 和 0.49，远高于其他输入参数；同时，嵌管间距（PS）、嵌管直径（PD）、气候区（CZ）、间歇时长（CD）以及外表面辐射热吸收系数（RA）的 SRC_j 绝对值也都超过 0.05，对 TEH 也有一定影响，其中气候区（CZ）的 SRC_j 绝对值还超过了 0.1。从 SRC_j 的正负看，对 TEH 起主要作用（$|SRC_j|>0.1$）的输入参数中，室内设定温度（IS）和气候区（CZ）与 TEH 呈正相关，冷源温度（HT）与之呈负相关。

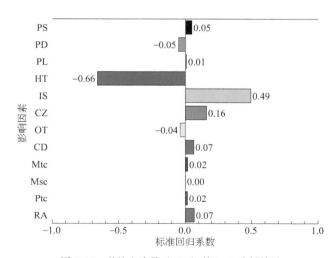

图 7-45　总注入冷量（TEH）的 SRC 分析结果

图 7-46 所示为不同输入参数对 TEH 指标影响的 TGP 分析结果。从 S_i 大小可看出：对 TEH 影响最大的参数为冷源温度（HT）和室内设定温度（IS）。从 S_{Ti} 大小可看出：考虑输入参数交互作用后，所有输入参数对输出结果的影响均有所提升，除上述两个最为关键的输入参数外，S_{Ti} 大于其他输入参数的还有嵌管间距（PS）、间歇时长（CD）、嵌管层热导率（Mtc）和气候区（CZ）。此外，从平均主效应趋势还可看出：TEH 与冷源温度（HT）和室内设定温度（IS）呈现显著的单调线性关系；而 TEH 与嵌管层热导率（Mtc）则呈现非线性关系。图 7-47 进一步给出了排序前二的输入参数以及嵌管层热导率（Mtc）对应的平均主效应变化。从图 7-47（a）和图 7-47（b）中可看出：随着冷源温度（HT）上升，TEH 快速下降，而随着室内设定温度（IS）上升，TEH 快速上升，二者呈现明显的相互制约关系。从图 7-47（c）则可以看出：随着嵌管层热导率（Mtc）上升，TEH 先保持较快的上升趋势 [0 ～ 2.0W/（m·℃）]，随后 TEH 维持缓慢上升趋势 [2.0 ～ 3.5W/（m·℃）]，而当热导率超过 3.5W/（m·℃）时，TEH 呈现出下降趋势。

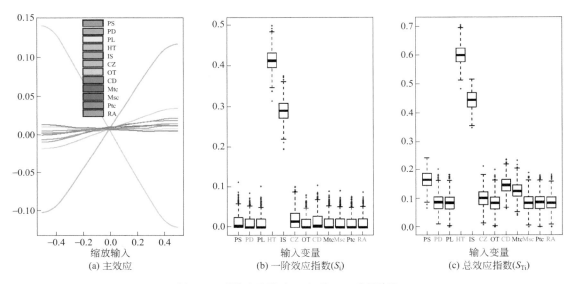

图 7-46　总注入冷量（TEH）的 TGP 分析结果

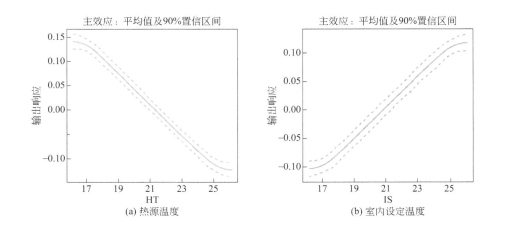

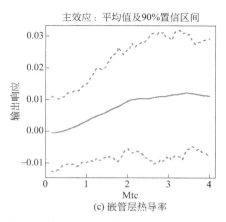

图 7-47　部分关键输入参数对应总注入冷量（TEH）的主效应趋势图

7.2.1.2　能量密度（ED）

夏季隔热情景下复合墙体在运行时段内 ED 的概率分布如图 7-48 所示。通过直方图和概率密度曲线可知，ED 在输入参数范围内正负兼有，ED 高峰略微偏左，总体呈现右偏态分布特征。数据处理结果显示：ED 主要分布在 $-20.38 \sim 65.00 \text{MJ/m}^3$，均值为 12.85MJ/m^3，中值为 22.83MJ/m^3；同时，最小值和最大值分别为 -216.52MJ/m^3 和 271.06MJ/m^3，相差 487.58MJ/m^3；另外，ED 的 SD 值和 CV 值分别为 79.92MJ/m^3 和 3.50，说明复合墙体 12 种输入参数对 ED 影响非常明显，离散程度相比冬季保温情景更大，可引起 ED 均值约 38 倍的输出变化（$487.58/12.85 \approx 37.94$）。

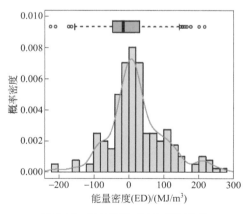

图 7-48　能量密度（ED）概率分布

由表 7-4 可知：夏季 ED 指标的回归模型可解释 73% 的数据。通过对 SRC_j 绝对值进行排序（图 7-49）可看出：冷源温度（HT）和室内设计温度（IS）对 ED 影响最大，SRC_j 绝对值依次为 0.64 和 0.49，远高于其他参数；同时，SRC_j 绝对值不低于 0.05 的参数还包括：嵌管间距（PS）、嵌管位置（PL）、气候区（CZ）、间歇时长（CD）、嵌管层热导率（Mtc）和嵌管层比热容（Msc），其中气候区（CZ）的 SRC_j 绝对值大于 0.1；而嵌管热导率（Ptc）的影响最小，

SRC$_j$绝对值约为0。从SRC$_j$的正负看，起主要作用（|SRC$_j$|>0.1）的参数中，室内设定温度（IS）和气候区（CZ）与ED呈正相关，冷源温度（HT）与之呈负相关。

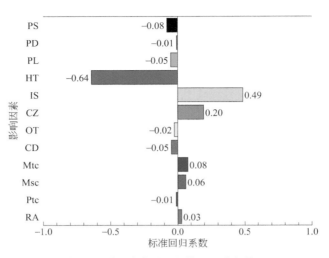

图 7-49　能量密度（ED）的 SRC 分析结果

图 7-50 为不同输入参数对 ED 指标影响的 TGP 分析结果。从 S_i 大小可看出：对 ED 影响程度最高的参数为冷源温度（HT）和室内设定温度（IS），其他输入参数对应 S_i 较小，这与 SRC 所得分析结果一致。同时，从 S_{Ti} 大小可看出：输入参数间存在一定的交互作用，所有输入参数对输出结果的影响程度均有所提升，除了上述两个最为关键的参数外，S_{Ti} 相对大于其他输入参数的还有间歇时长（CD）、气候区（CZ）和嵌管层热导率（Mtc）。从图 6-50 中的平均主效应变化还可看出：ED 与冷源温度（HT）和室内设计温度（IS）呈现显著的单调线性关系，ED 与间歇时长（CD）则呈现特殊的非单调关系。随着冷源温度（HT）上升，ED 快速下降，而随着室内设定温度（IS）上升，ED 则快速上升，二者间呈现出明显的制约关系。同时，随着间歇时长（CD）增加，ED 先呈现上升趋势（0 ～ 8h），随后呈现快速下降趋势（8 ～ 24h），如图 7-51 所示。前文中已介绍，复合墙体以 24h 为循环周期进行着周期性注冷、蓄冷和释冷过程，而 ED 与嵌管层平均温度直接相关。间歇时长（CD）在约 0 ～ 8h 时，嵌管层平均温度在冷量注入以及夜间自然散热影响下得到提升，嵌管层平均温度将在日出前达到最低值，ED 随之呈现上升趋势并达到最高；间歇时长（CD）超过 8h 后，受环境温度快速上升以及嵌管周围热堆积加剧等因素共同影响，嵌管层平均温度可能会有所下降；另外，蓄存冷量是通过计算注冷初期和末期嵌管层平均温度得到，随着间歇时长（CD）增加，围护结构嵌管层和虚拟温度隔绝界面可长期维持温度稳定，因此计算蓄存冷量的温差逐渐减小，这也是导致 ED 在 8 ～ 24h 逐渐下降的直接原因。对于直接型 PTABS 来说，由于系统不需要耗费任何泵耗，因此系统在夏季运行可不受间歇时长（CD）限制，而对于间接型 PTABS 或主动式 TABS 来说，在综合考虑隔热效果以及泵耗情况下推荐的间歇时长（CD）应不低于 8h。

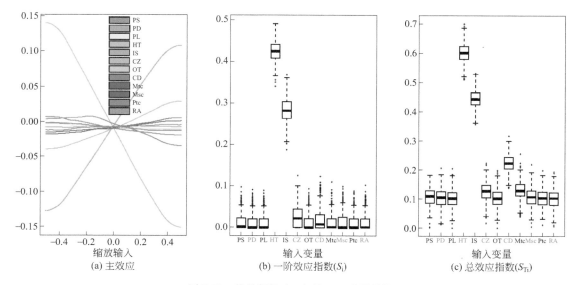

图 7-50 能量密度（ED）的 TGP 分析结果

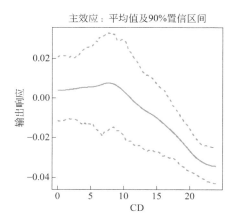

图 7-51 间歇时长（CD）对应能量密度（ED）的主效应趋势图

7.2.2 内外表面传热特性全局敏感性分析

7.2.2.1 内表面冷负荷（ICL）

夏季隔热情景下，运行时段内复合墙体内表面冷负荷（interior cooling load，ICL）概率分布如图 7-52 所示。作为对照，图 7-53 给出了相同时段参考墙体 ICL 概率分布。从图 7-52 和图 7-53 可以看出，前者略微左偏（偏度值 -0.31），后者明显右偏（偏度值 0.72）。统计数据处理结果显示：复合墙体 ICL 主要分布在 $-5.43 \sim 8.83 \mathrm{kW} \cdot \mathrm{h/m^2}$，均值为 $1.48 \mathrm{kW} \cdot \mathrm{h/m^2}$，中值为 $1.66 \mathrm{kW} \cdot \mathrm{h/m^2}$，最小值和最大值分别为 $-48.19 \mathrm{kW} \cdot \mathrm{h/m^2}$ 和 $39.30 \mathrm{kW} \cdot \mathrm{h/m^2}$，相差 $87.49 \mathrm{kW} \cdot \mathrm{h/m^2}$，而 SD 值和 CV 值分别为 $12.30 \mathrm{kW} \cdot \mathrm{h/m^2}$ 和 8.31；参考墙体 ICL 主要分布在 $1.57 \sim$

6.07kW · h/m², 均 值 为 4.16kW · h/m²，中 值 为 3.54kW · h/m²，最 小 值 和 最 大 值 分 别 为 -0.95kW · h/m² 和 12.71kW · h/m²，相差 13.66kW · h/m²，而 SD 值和 CV 值分别为 3.16kW · h/m² 和 0.76。

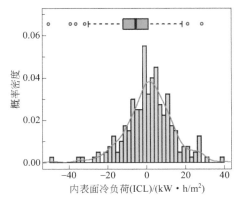

图 7-52　复合墙体内表面冷负荷（ICL）概率分布

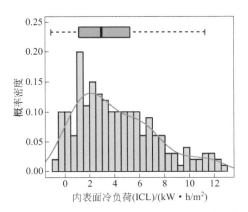

图 7-53　参考墙体内表面冷负荷（ICL）概率分布

从 ICL 平均值角度来看：复合墙体 ICL 相比参考墙体降幅达 64.42%，这一数据反映出 PTABS 在输入参数空间范围内对围护结构热负荷的突出改善效果；同时，复合墙体的 12 种不确定输入参数确也引起了 ICL 均值约 59.11 倍的输出变化（87.49/1.48 ≈ 59.11），而参考墙体的 6 种输入参数只引起 ICL 均值约 3.28 倍的输出变化（13.66/4.16 ≈ 3.28），复合墙体 ICL 的输出变化约为参考墙体的 6.40 倍（87.49/13.66 ≈ 6.40）。从 SD 值角度看，复合墙体 ICL 的概率分布更加离散，其 SD 值是参考墙体对应的 3.7 倍左右，也说明前者的波动相比后者更大，所面临的设计挑战也更大。

对于参考墙体，在输入参数空间范围内，ICL 基本分布在大于 0 的范围内，输出结果小于零仅发生在严寒气候区以及室内设定温度（IS）偏高条件下。参考墙体 ICL 的分布特征表明，若设计参数和材料选取不当，实际应用中出现较高冷负荷的可能性非常大。相比于冬季可以通过减少围护结构传热系数来实现低热负荷，上述技术策略并不完全适用于夏季，尤其是在夏季较为炎热的地区。夏季，部分地区很可能因"过厚"的保温层而导致室内得热无法得到及时散失，反而需要运行 HVAC 降温，最终导致建筑能耗反而上升的情况。

对于复合墙体，ICL 在输入参数空间范围内正负兼有，虽然 ICL 分布在正值区间的概率依旧较大，但分布在负值区间的概率也不低，而负值代表"负"负荷，表明 TABS 的应用可以改善围护结构 ICL 的时空特性。同时，复合墙体 ICL 的分布特征也反映出，若设计、运行以及材料选取适当，复合墙体完全具备实现夏季"零"冷负荷甚至"负"冷负荷的技术效果。但若参数选取不当，复合墙体也可能起到与预期相反的技术效果。综合来看，虽然复合墙体在改善 ICL 方面效果较好，但在设计、控制和材料选取方面相比参考墙体挑战更大，有必要进行进一步的敏感性分析，以确定对 ICL 有显著影响的关键因素及其组合。

图 7-54 和图 7-55 分别为复合墙体和参考墙体 ICL 对应的 SRC 分析结果。由表 7-4 可知：复合墙体和参考墙体 ICL 指标的 R^2 值分别为 0.80 和 0.91，满足 SRC 分析基本要求。通过对 SRC_j 大小排序可知：对于复合墙体，室内设计温度（IS）和冷源温度（HT）的 SRC_j 绝对值均为 0.59，远高于其他参数，对 ICL 影响最大；SRC_j 绝对值超过 0.05 的参数还有嵌管间距（PS）、气候区（CZ）和间歇时长（CD）；对于参考墙体，除结构层比热容（Msc）外，其他参数的

SRC$_j$ 绝对值均超过 0.05，其中气候区（CZ）和室内设定温度（IS）对 ICL 影响最为重要，随后依次是结构层热导率（Mtc）、外表面辐射热吸收系数（RA）、朝向（OT）和嵌管层比热容（Msc）。从 SRC$_j$ 值的正负看：对复合墙体 ICL 指标起主要作用（|SRC$_j$|>0.1）的参数中，室内设定温度（IS）和间歇时长（CD）与 ICL 呈负相关，其余参数与之呈正相关；而对参考墙体 ICL 指标起主要作用的参数中，室内设定温度（IS）和朝向（OT）与 ICL 呈负相关，其余参数与之呈正相关。

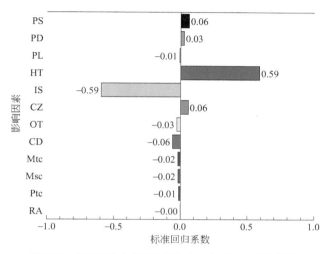

图 7-54 复合墙体内表面冷负荷（ICL）的 SRC 分析结果

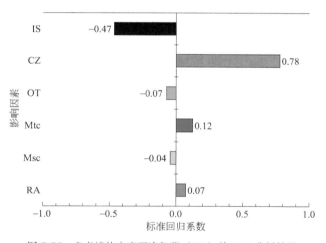

图 7-55 参考墙体内表面冷负荷（ICL）的 SRC 分析结果

图 7-56 和图 7-57 分别为不同输入参数对复合墙体和参考墙体 ICL 指标影响的 TGP 分析结果。从 S_i 大小可看出：所有输入参数中，对复合墙体 ICL 影响程度最大的两个参数仍然为冷源温度（HT）和室内设定温度（IS），其他输入参数的 S_i 相对较小，而气候区（CZ）和室内设定温度（IS）则是影响参考墙体 ICL 最重要的参数。同时，从 S_{Ti} 大小可看出：无论是复合墙体还是参考墙体，各自输入参数间均存在一定程度的交互作用，所有输入参数对输出结果的影响程度均有所提升。对于复合墙体而言，除上述最为关键的两个参数外，S_{Ti} 大于 0.1 的参数还有间歇时长（CD）和嵌管层热导率（Mtc）。

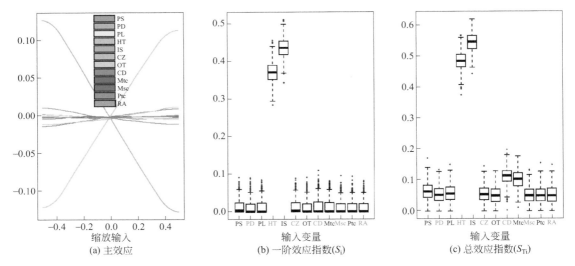

图 7-56 复合墙体内表面冷负荷（ICL）的 TGP 分析结果

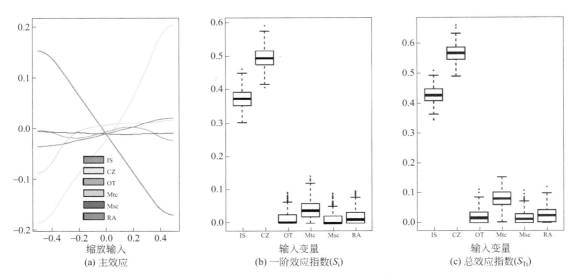

图 7-57 参考墙体内表面冷负荷（ICL）的 TGP 分析结果

从图 7-56 中的平均主效应趋势可看出：复合墙体 ICL 与冷源温度（HT）和室内设计温度（IS）呈现显著的单调线性关系，而其他参数也基本与 ICL 呈现不同程度的单调增或减关系。从图 7-57 中的平均主效应趋势可看出：主要输入参数与参考墙体 ICL 均呈现不同程度的单调增或减关系。其中，除室内设定温度（IS）与 ICL 之间呈现单调减关系外，气候区（CZ）、结构层热导率（Mtc）和外表面辐射热吸收系数（RA）均与 ICL 呈现单调增关系。对于复合墙体，除常规无源 STI 措施外，PTABS 的嵌入与集成使得有源措施对围护结构的隔热起到了独特作用，那些对参考墙体 ICL 影响显著的参数的重要性明显下降，如气候区（CZ）。这也表明无源 STI 和有源措施相结合的复合隔热措施可有效隔绝室外环境对室内热环境的影响，复合墙体可满足各气候区的夏季隔热需求。

7.2.2.2　外表面冷损失（ECL）

夏季隔热情景下，参考墙体内部热量传递主要为通过墙体的一维传热，与冬季保温情景基本一致，因此 ICL 和外表面冷损失（exterior cooling loss，ECL）也近似一致。截然不同的是，复合墙体由于额外耦合了 PTABS 的注冷以及墙体蓄冷和释冷等多个复杂传热过程，从而导致其 ICL 和 ECL 指标也不再近似一致。运行时段内复合墙体 ECL 指标的概率分布如图 7-58 所示，而参考墙体 ECL 指标的概率分布这里不再给出，具体可参考图 7-53。从图 7-58 可以看出，复合墙体 ECL 指标的概率分布呈现右偏特点，偏度值为 0.80。数据处理结果显示：复合墙体 ECL 主要分布在 1.89 ～ 6.99kW·h/m² 的范围内（上下四分位区间），均值为 4.78kW·h/m²，中值为 4.18kW·h/m²，最小值和最大值分别为 -0.77kW·h/m² 和 14.96kW·h/m²，相差 15.73 kW·h/m²，而 SD 值和 CV 值分别为 3.54kW·h/m² 和 0.74。

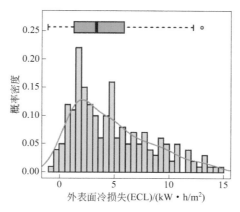

图 7-58　复合墙体外表面冷损失概率分布

从平均值角度看，输入参数范围内，复合墙体 ECL 相比参考墙体整体仅上升 12.47%，表明因嵌入 PTABS 所引起的外表面额外冷损失并未出现显著上升，也侧面反映出 PTABS 所注入的大部分冷量在夏季隔热中得到有效利用。复合墙体 12 种输入参数可引起 ECL 均值约 3.3 倍的输出变化（15.73/4.78 ≈ 3.29），与参考墙体 6 种输入参数引起的输出变化基本一致（13.80/4.25 ≈ 3.25）。从 SD 值和 CV 值角度看，复合墙体 ECL 概率分布的 SD 值和 CV 值与参考墙体相差均不大，说明二者的离散程度相似。综合来看，复合墙体在较好地提升建筑夏季隔热水平的同时，自身冷损失并未出现大幅上升，但不合理的参数设计和运行控制也可能会导致 ECL 的上升。

图 7-59 为复合墙体 ECL 对应的 SRC 分析结果。由表 7-4 可知：复合墙体 ECL 指标的 R^2 值为 0.89，满足 SRC 分析基本要求。通过对 SRC_j 绝对值进行排序可知：气候区（CZ）的 SRC_j 绝对值达到 0.88，远高于其他参数，对 ECL 影响最大，SRC_j 绝对值超过 0.05 的参数还包括：嵌管位置（PL）、冷源温度（HT）、室内设定温度（IS）、朝向（OT）、嵌管层热导率（Mtc）以及外表面辐射热吸收系数（RA），SRC_j 绝对值超过 0.1 的参数有 3 个，包括冷源温度（HT）、室内设定温度（IS）和嵌管层热导率（Mtc）。从 SRC_j 值正负来看：对复合墙体 ECL 起主要作用的参数中，气候区（CZ）、嵌管层热导率（Mtc）和外表面辐射热吸收系数（RA）与 ECL 呈正相关，其他主要参数则与之呈负相关。

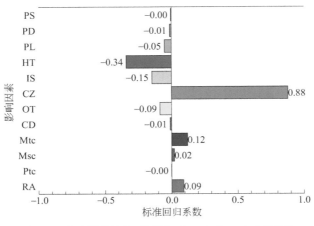

图 7-59　复合墙体外表面热损失（ECL）的 SRC 分析结果

图 7-60 所示为不同输入参数对复合墙体 ECL 指标影响的 TGP 分析结果。从 S_i 大小可看出：所有输入参数中，对复合墙体 ECL 影响最为显著的参数仍然为气候区（CZ），其他参数的 S_i 相对较小，这与 SRC 分析方法所得结果基本一致。从 S_{Ti} 大小可看出：复合墙体的输入参数间存在较强的交互作用，所有输入参数对输出影响均明显上升。对于复合墙体而言，除了上述最为关键的输入参数外，S_{Ti} 紧随其后的 4 个参数依次是冷源温度（HT）、室内设定温度（IS）、嵌管层热导率（Mtc）和间歇时长（CD）。从图 7-60 中的平均主效应趋势还可看出：复合墙体主要输入参数与 ECL 之间呈现单调增或减关系。对于复合墙体，随着气候区（CZ）不断南移，ECL 显著上升。同时，复合墙体 ECL 会随冷源温度（HT）和室内设定温度（IS）的上升而下降，随着嵌管层热导率（Mtc）和外表面辐射热吸收系数（RA）的增加而上升。

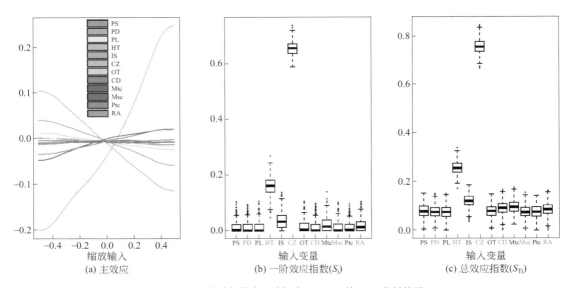

图 7-60　复合墙体外表面冷损失（ECL）的 TGP 分析结果

7.2.3 内表面热舒适度特性全局敏感性分析

7.2.3.1 累计过热时长（COD）

累计过热时长（cumulative overheating duration，COD）同样与内表面 MRT 值直接相关，可以有效反映出夏季内表面热舒适度的变化。夏季隔热情景下，运行时段内复合墙体 COD 的概率分布如图 7-61 所示。作为对照，图 7-62 显示了参考墙体在相同时段内 COD 概率分布。可以看出，后者呈现明显左偏特点（偏度值为 -2.51），而复合墙体对应分布则较为特殊，虽然整体呈现左偏特点（偏度值为 -0.24），但相比参考墙体发生明显变化。数据处理结果显示：复合墙体 COD 主要分布在 0 ~ 744h，均值为 421.60h，中值为 736.5h，最小值和最大值分别为 0h 和 744h，二者相差 744h，而 SD 值和 CV 值分别为 344.97h 和 0.82；参考墙体 COD 主要分布在 717.10 ~ 744h，均值为 682.92h，中值为 744h，最小值和最大值分别为 97.33h 和 744h，二者相差 646.67h，而 SD 值和 CV 值分别为 133.60h 和 0.20。与参考墙体相比，复合墙体 COD 均值降幅达 38.27%，参考墙体 6 种影响因素仅引起 COD 均值约 1 倍的输出变化（646.67/682.92≈0.97），而复合墙体 12 种输入参数可引起 COD 约 1.8 倍的输出变化（740/421.60≈1.76）。从 SD 值角度来看，复合墙体 COD 的 SD 值是参考墙体对应的 2.58 倍左右，前者 CV 值为 0.82 也远大于后者对应的 0.20。

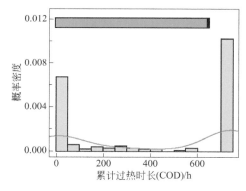

图 7-61　复合墙体累计过热时长（COD）概率分布

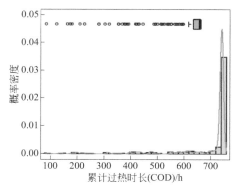

图 7-62　参考墙体累计过热时长（COD）概率分布

从概率密度曲线和统计数据可看出，参考墙体 COD 分布区间相对较窄，变化范围为 97.33 ~ 744h，而复合墙体 COD 分布更加分散，在 0 ~ 744h 区间内均有分布。同时，参考墙体的分布整体上为单峰分布，唯一峰值为 744h，而复合墙体对应概率分布则出现两个峰值且分布在两端，两个峰值分别为 0h 和 744h。上述分布特征表明，所研究的所有参数组合下，参考墙体均出现了墙体内表面温度高于室内设定温度的情况，且出现长期或者始终高于室内设定温度（IS）的可能性较高。相比之下，复合墙体 COD 得到明显改善，在参数不确定性空间范围内，相当比例的参数组合所对应的 COD 明显低于参考墙体最小值，这其中 COD 为零的参数组合也不为少数，这一结论也可从复合墙体的双峰分布得到反映。综合来看，复合墙体具备降低建筑冷负荷和改善室内热舒适度的双重优势，通过合理的参数设计和运行控制，复合墙体可实现明显低于参考墙体的 COD，甚至实现 COD 为零的技术目标。

图 7-63 和图 7-64 分别为复合墙体和参考墙体 COD 对应的 SRC 分析结果。由表 7-4 可知：复合墙体和参考墙体 COD 指标的 R^2 值分别为 0.69 和 0.46，前者能解释 69% 的输出响应，后者仅能解释 46% 的输出响应。这里 SRC 方法所得结果仅可作为参考，需要进一步借助非线性 SA 方法进行探讨。通过对 SRC_j 绝对值进行排序可知：对于复合墙体，室内设计温度（IS）和冷源温度（HT）的 SRC_j 绝对值依次为 0.58 和 0.51，远高于其他参数，对 COD 影响最大，SRC_j 绝对值超过 0.05 的参数还有气候区（CZ）、间歇时长（CD）和嵌管层热导率（Mtc），其中气候区（CZ）和间歇时长（CD）的 SRC_j 绝对值还超过 0.1；对于参考墙体，SRC_j 值超过 0.05 的参数有室内设定温度（IS）、气候区（CZ）和结构层比热容（Msc），其中室内设定温度（IS）和气候区（CZ）是影响 COD 最为重要的因素。从 SRC_j 值的正负看：对复合墙体 COD 起主要作用（$|SRC_j|>0.1$）的参数中，室内设定温度（IS）和注冷时长（CD）与 COD 呈负相关，冷源温度（HT）和气候区（CZ）与之呈正相关；而对参考墙体 COD 起主要作用的参数中，只有室内设定温度（IS）与之呈负相关，其他主要参数与之呈正相关。

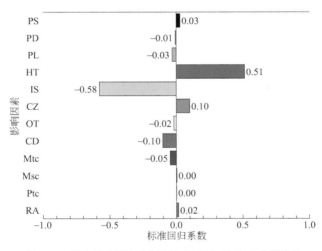

图 7-63　复合墙体累计过热时长（COD）的 SRC 分析结果

图 7-65 和图 7-66 为不同输入参数对复合墙体和参考墙体 COD 指标影响的 TGP 分析结果。从 S_i 大小可知：所有输入参数中，对复合墙体 COD 影响最为显著的参数仍然为室内设定温度（IS）和冷源温度（HT），对参考墙体 COD 影响最为显著的参数为室内设定温度（IS）和气候区（CZ），其他参数的 S_i 相对较小。同时，从 S_{Ti} 大小可知：无论是复合墙体还是参考墙体，各自输入参数间均存在一定的交互作用。对于复合墙体，除上述两个最为关键的参数外，S_{Ti} 紧随其后的 3 个参数依次为间歇时长（CD）、气候区（CZ）和嵌管层热导率（Mtc）。

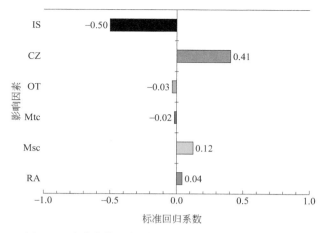

图 7-64 参考墙体累计过热时长（COD）的 SRC 分析结果

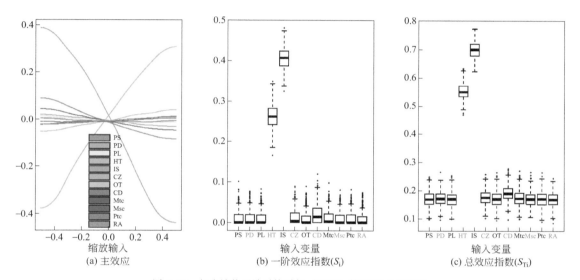

图 7-65 复合墙体累计过热时长（COD）的 TGP 分析结果

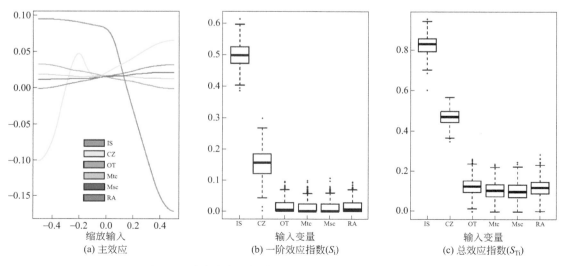

图 7-66 参考墙体累计过热时长（COD）的 TGP 分析结果

从图 7-66 中的平均主效应趋势可以看出：除气候区（CZ）外，参考墙体 COD 与其他参数间呈现不同程度的单调增或减关系。从单个参数影响来看：随着室内设定温度（IS）上升，COD 呈现先缓慢下降后快速下降的趋势，这是因为室内设定温度（IS）低于 21℃时，COD 始终维持在 744h，造成 COD 与室内设定温度（IS）间呈现单调非线性下降趋势，如图 7-67（a）所示；此外，气候区（CZ）在由严寒向夏热冬暖过渡过程中，COD 总体上随之逐渐上升，而非线性变化的原因可归结为气候区（CZ）是非连续输入参数，因此 COD 与气候区（CZ）间也呈现出非线性下降趋势。

从图 7-65 中的平均主效应趋势可看出：复合墙体 COD 与所有输入参数均呈现出单调线性关系。对于复合墙体，COD 与室内设定温度（IS）间呈现单调减而非参考墙体的单调非线性减的趋势 [图 7-67(b)]，这是因为复合墙体的隔热能力相比参考墙体得到大幅提升。实际上，参考墙体在室内设定温度（IS）较高时（25℃左右）就已出现内表面温度长期甚至始终高于室内设定温度（IS）的情况，而复合墙体由于 PTABS 的嵌入集成可以保证在相对较低的室内设定温度（IS）时（如 18℃）仍然具有较低的 COD 值。另外，COD 与冷源温度（HT）间呈现显著的单调增关系，说明随着冷源温度（HT）下降，COD 将大幅下降。

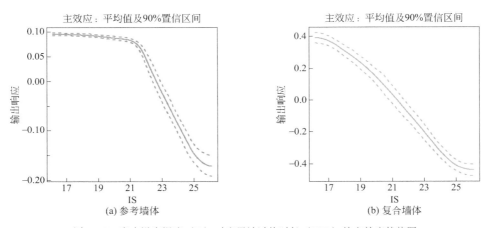

图 7-67　室内设定温度（IS）对应累计过热时长（CSD）的主效应趋势图

对于复合墙体，除了无源 STI 措施外，由于 PTABS 的嵌入集成，有源措施对围护结构夏季热舒适特性起到了明显改善作用，那些对参考墙体 COD 影响显著的参数的重要性出现明显下降。同时，在无源 STI 以及有源措施的叠加影响下，那些在参考墙体中对 COD 具有非单调和非线性影响的输入参数，在复合墙体中则呈现出不同程度的单调增或减趋势。这一现象说明，复合保温措施可有效改善各气候区墙体内表面热舒适度特性，通过合理的设计可以完全实现内表面温度长期等于或低于室内设定温度（IS）的目标。

7.2.3.2　过热不舒适度（ODD）

夏季隔热情景下，运行时段内复合墙体内表面过热不舒适度（overheating discomfort degree，ODD）的概率分布如图 7-68 所示。作为对照，图 7-69 中给出了参考墙体在相同时段内的 ODD 概率分布。可以看出，复合墙体与参考墙体 ODD 的概率分布均为右偏，前者偏度值为 1.76，后者偏度值为 0.50。

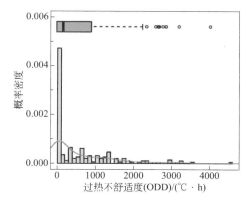

图 7-68 复合墙体过热不舒适度（ODD）概率分布

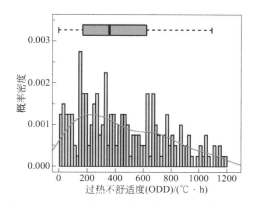

图 7-69 参考墙体过热不舒适度（ODD）概率分布

数据处理结果显示：复合墙体 ODD 主要分布在 0 ～ 1014.70℃·h，均值为 622.00℃·h，中值为 190.80℃·h，最小值和最大值分别为 0℃·h 和 4516.50℃·h，相差 4516.50℃·h，而 SD 值和 CV 值分别为 863.36℃·h 和 1.39；参考墙体 ODD 主要分布在 187.50 ～ 679.40℃·h，均值为 456.00℃·h，中值为 393.90℃·h，最小值和最大值分别为 0℃·h 和 1188.70℃·h，相差 1188.70℃·h，而 SD 值和 CV 值分别为 310.09℃·h 和 0.68。相比参考墙体，复合墙体 ODD 均值升幅达 36.40%，参考墙体 6 种输入参数仅引起 ODD 均值约 2.6 倍的输出变化（1188.70/456.00 ≈ 2.61），而复合墙体 12 种输入参数可引起 ODD 均值约 7.3 倍的输出变化（4516.50/622.00 ≈ 7.26）。从 SD 值角度看，复合墙体 ODD 的 SD 值是参考墙体对应 SD 值的 2.78 倍左右，前者 CV 值为 1.39 也远大于后者对应的 0.68。

从概率密度曲线和统计数据可看出，与冬季保温情景类似，夏季隔热情景下复合墙体 ODD 对应概率分布相比参考墙体也发生了显著变化。复合墙体 ODD 输出响应范围相比参考墙体明显更大，但是复合墙体 ODD 更趋向于分布在低值区间内，其概率密度在低值至高值范围内呈现不断下降的趋势。参考墙体 ODD 分布特征说明，虽然其在建筑节能方面可起到一定作用，但所有参数组合对应的 ODD 值均大于零，且出现较大 ODD 值的可能性较高。相比之下，虽然在输入参数不确定性的条件下所有参数组合对应的复合墙体 ODD 输出响应范围更大，但其在低值区间范围内的概率密度更大，同等条件下总体热舒适度改善效果明显，说明只要合理设置参数，复合墙体可以在夏季取得较低甚至为零的 ODD。

图 7-70 和图 7-71 分别为复合墙体和参考墙体 ODD 指标对应的 SRC 分析结果。由表 7-4 可知：复合墙体和参考墙体 ODD 指标的 R^2 值分别为 0.69 和 0.86，后者满足 SRC 分析基本要求。通过对 SRC_j 绝对值进行排序可知：冷源温度（HT）和室内设计温度（IS）SRC_j 绝对值依次为 0.57 和 0.52，远高于其他参数，对复合墙体 ODD 影响最大，SRC_j 绝对值超过 0.05 的参数还包括嵌管间距（PS）、嵌管直径（PD）、嵌管位置（PL）、气候区（CZ）、注冷时长（CD）、嵌管层热导率（Mtc）和嵌管层比热容（Msc），其中嵌管层热导率（Mtc）的 SRC_j 绝对值还超过了 0.1；对于参考墙体，除了结构层比热容（Msc）外，其他参数的 SRC_j 绝对值均超过 0.05，其中室内设定温度（IS）和气候区（CZ）对 ODD 影响最为显著，SRC_j 绝对值分别为 0.41 和 0.78。从 SRC_j 值的正负来看：在对复合墙体 ODD 起主要作用（$|SRC_j|>0.1$）的参数中，室内设定温度（IS）与 ODD 呈负相关，其他主要参数则与之呈正相关；而在对参考墙体 ODD 起主要作用的参数中，室内设定温度（IS）与之呈负相关，其他主要参数与之呈正相关。

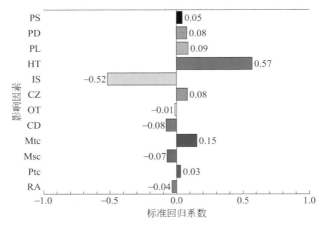

图 7-70 复合墙体过热不舒适度（ODD）的 SRC 分析结果

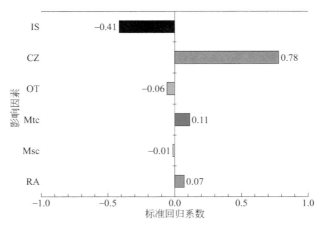

图 7-71 参考墙体过热不舒适度（ODD）的 SRC 分析结果

图 7-72 和图 7-73 所示为不同输入参数对复合墙体和参考墙体 ODD 指标影响的 TGP 分析结果。从 S_i 大小可知：所有输入参数中，对复合墙体 ODD 影响最为关键的参数仍然为冷源温度（HT）和室内设定温度（IS），对参考墙体 ODD 影响最为关键的参数是室内设定温度（IS）

和气候区（CZ），其他参数的 S_i 相对较小。同时，从 S_{Ti} 大小可知：无论是复合墙体还是参考墙体，各自输入参数间均存在一定的交互作用，并且参考墙体不同输入参数间的交互作用对输出响应的影响相对更大。对于复合墙体，除上述两个最为关键的输入参数外，S_{Ti} 紧随其后的三个参数依次为嵌管层热导率（Mtc）、间歇时长（CD）、气候区（CZ）和嵌管层位置（PL）。从图 7-72 和图 7-73 中的平均主效应趋势可以看出：参考墙体 ODD 与部分输入参数之间呈现出非线性关系，而复合墙体 ODD 与主要输入参数间则呈现不同程度的单调增或减关系。

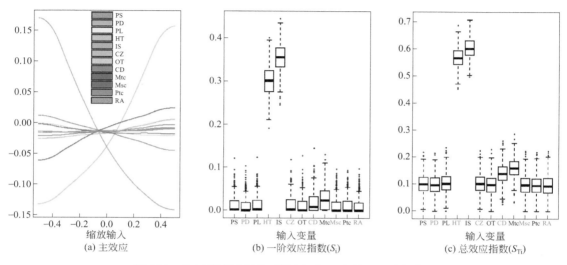

图 7-72 复合墙体墙体过热不舒适度（ODD）的 TGP 分析结果

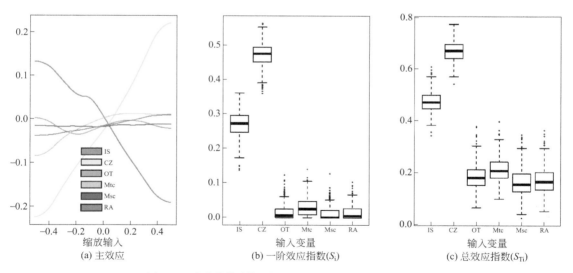

图 7-73 参考墙体过热不舒适度（ODD）的 TGP 分析结果

从参考墙体的单个输入参数影响来看：随着室内设定温度（IS）下降，ODD 随之快速上升，但并没有出现 ODD 在数值达到 744 h 时停止上升的非线性变化趋势，表明 ODD 在评价内表面热舒适度改善方面更具优势；气候区（CZ）在由严寒向夏热冬暖过渡过程中，ODD 随之逐渐上升。对于复合墙体，ODD 与室内设定温度（IS）的变化趋势与参考墙体基本一致，ODD 与冷源温度（HT）之间呈现显著的单调减趋势，说明随着冷源温度（HT）下降，ODD

将大幅下降。

　　虽然复合墙体嵌管层热导率（Mtc）以及参考墙体结构层热导率（Mtc）与 ODD 间均为单调增关系，但前者与 ODD 呈现的是单调线性增加趋势 [图 7-74(a)]，即随着嵌管层热导率（Mtc）增加，ODD 持续上升，而后者与 ODD 间呈现单调非线性增加趋势 [图 7-74(b)]，即随着结构层热导率（Mtc）增加，ODD 也逐渐增加，但当热导率大于 2.5W/（m·℃）时，ODD 则不再上升。

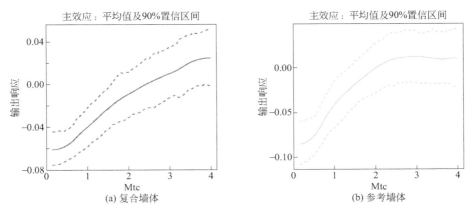

图 7-74　嵌管层/结构层热导率（Mtc）对应累计过热不舒适度（ODD）的主效应趋势图

7.2.4　输入参数综合排序结果及分析

7.2.4.1　输入参数综合排序

　　与冬季保温情景类似的是，虽然有源措施可显著提升建筑的夏季隔热性能，但给定输入参数范围产生的不确定性始终贯穿复合墙体的设计、建造和运行过程。在前文两种 GSA 结果基础上，本节同样依据 SRC 方法中的 SRC_j 绝对值和 TGP 方法中的 S_{Ti} 值对不同夏季隔热情景评价指标的排序结果进行了汇总，排序结果参见表 7-5 和表 7-6。

表 7-5　冬季参考墙体热特性影响因素排序结果

SA 方法		SRC 方法					TGP 方法				
评价指标		ICL	ECL	COD	ODD	累加	ICL	ECL	COD	ODD	累加
6 种影响因素	IS	2	2	1	2	7	2	2	1	2	7
	CZ	1	1	2	1	5	1	1	2	1	5
	OT	5	5	5	5	20	5	5	3	4	17
	Mtc	3	3	6	3	15	3	3	5	3	14
	Msc	6	6	3	6	21	6	6	6	6	24
	RA	4	4	4	4	16	4	4	4	5	17

　　注："深灰色"代表"影响较大"；"中灰色"代表"有影响"；"浅灰色"代表"影响很小或无影响"。单独指标列中数字为参数影响程度排序位次，累加指标列中数字为单独指标排序位次的累加值。

表 7-6　夏季隔热情景下复合墙体热特性影响因素排序结果

SA 方法	SRC 方法							TGP 方法						
评价指标	TEH	ED	ICL	ECL	COD	ODD	累加	TEH	ED	ICL	ECL	COD	ODD	累加
PS	7	4	3	>9	7	>9	39	3	6	5	8	>9	7	38
PD	6	>9	6	>9	>9	6	45	7	8	8	>9	6	>9	47
PL	>9	7	>9	7	6	4	42	>9	>9	6	>9	>9	6	48
HT	1	1	2	2	2	2	9	1	1	2	2	2	2	10
IS	2	2	1	3	1	2	11	2	2	1	3	1	1	10
CZ	3	3	5	1	4	5	21	6	5	7	1	4	5	28
OT	8	>9	7	6	8	>9	47	>9	>9	>9	7	>9	8	51
CD	5	8	4	>9	3	7	36	4	3	3	3	3	4	22
Mtc	>9	5	6	4	5	5	34	>9	4	4	4	4	5	25
Msc	>9	6	>9	8	>9	>9	49	>9	7	>9	>9	8	>9	51
Ptc	>9	>9	>9	>9	>9	>9	54	>9	>9	>9	>9	7	>9	51
RA	4	>9	>9	5	>9	>9	45	>9	>9	>9	6	>9	>9	51

注："深灰色"代表"影响较大"；"中灰色"代表"有影响"；"浅灰色"代表"影响很小或无影响"。单独指标列中数字为参数影响程度排序位次，累加指标列中数字为单独指标排序位次的累加值。

　　如表 7-5 所列，对于参考墙体，两种 GSA 方法所得影响因素重要性排序结果基本一致，仅 COD 指标对应重要性排序结果略有差别，这与采用 SRC 方法仅能解释 46% 的输出结果有关。通过进一步对参考墙体六种输入参数分别在四个不同评价指标中对应重要性排序位次进行单独累加，得到了单一输入参数重要性排序位次的累加结果。由累加值结果可以看出，两种 GSA 方法所得输入参数累加值排序结果也基本一致。参考墙体六种影响因素中"影响较大"的两个参数依次是气候区（CZ）和室内设定温度（IS），"影响较小或无影响"的参数为朝向（OT）和结构层比热容（Msc）。

　　如表 7-6 所列，受输入参数数量和种类大幅增加以及内部复杂热传递过程影响，夏季隔热情景下复合墙体热特性影响因素重要性排序结果变得复杂，两种 GSA 方法所得单个评价指标以及累加值排序结果均存在不同程度的差别。根据 SRC 和 TGP 方法所得影响因素重要性排序的累加值可知：朝向（OT）、嵌管层比热容（Msc）、嵌管热导率（Ptc）和外表面辐射热吸收系数（RA）对复合墙体夏季热特性的影响基本可以忽略。TGP 方法所得单个评价指标的累加值表明，"影响较大"（深灰色）的四个参数依次为冷源温度（HT）、室内设定温度（IS）、注冷时长（CD）和嵌管层传热系数（Mtc），而"有影响"（中灰色）的四个参数依次为气候区（CZ）、嵌管间距（PS）、嵌管直径（PD）和嵌管位置（PL）。

7.2.4.2　关键输入参数分析

　　通过上述单独排序和综合排序筛选出六个对复合墙体夏季热特性有一定影响的参数，其余参数在复合墙体设计、建造和控制中可适当予以忽略。排序位于前四即"影响较大"的参数依次为冷源温度（HT）、室内设定温度（IS）、间歇时长（CD）和嵌管层热导率（Mtc）；其他两个"有影响"参数为气候区（CZ）和嵌管间距（PS）。此外，嵌管位置（PL）虽然综合排序第八，其累加值为 47 也明显高于排序第六的嵌管间距（PS）对应的 38，但其对重要能耗和热舒适度指标如 ICL 和 ODD 的影响较大，二者均排在第六，因此这里也将对其影响进行探讨；嵌管直径（PD）虽然综合排序第七，相比嵌管位置（PL）要高出一位，但其对关键能耗和热舒适指标的影响均排在后 1/3 区间，因此不做过多分析。

（1）冷源温度（HT）

在复合墙体夏季热特性的六个单项指标中，冷源温度（HT）影响始终排在前二，也是影响热激活特性指标最为显著的参数。在输入参数范围内，冷源温度（HT）与热激活特性指标成负相关，与内外表面传热特性指标中的 ICL 成负相关、ECL 呈负相关，与内表面热舒适度特性指标呈正相关。随着冷源温度（HT）降低，嵌管与嵌管周边区域温差逐渐增大，PTABS 注冷能力逐渐增强，注入冷量及蓄存冷量也将随之变大；随着冷源温度（HT）降低，虚拟温度界面温度也随之降低，式（2-6）中的 $\Delta T_{\text{i-VTII}}$ 值将逐渐减小甚至变成负值，这也是复合墙体可实现夏季"零"冷负荷甚至"负"冷负荷的主要原因，但 $\Delta T_{\text{o-VTII}}$ 增加的同时也会导致 ECL 增加；随着冷源温度（HT）降低，内表面热舒适特性也将得到明显改善，但改善幅度尤其是 ODD 指标并非与冷源温度（HT）始终呈现线性相关关系，当冷源温度（HT）低于约 22.5℃时，ODD 整体已降至较低水平，ODD 下降速率有所放缓。冷源温度（HT）过高，ICL 以及 ODD 指标改善效果相对一般；冷源温度（HT）过低，虽然 ICL 可降至零以下，但也会额外带来内表面凝露风险。综合 ICL 和 ODD 等关键能耗和热舒适指标影响，在其他参数选取适当的条件下，通常处于室内设定温度（IS）和约 22.5℃之间的冷源温度（HT）可提供较好的夏季隔热效果以及内表面热舒适改善效果，而处于露点温度和约 22.5℃之间的冷源温度（HT）通常可提供辅助供能以及相比前者更低乃至为零的 ODD 结果。合理地设置冷源温度（HT）不仅可以取得良好的综合节能和热舒适度改善效果、避免凝露风险出现，同时还能扩展低品位冷源来源途径。

（2）室内设定温度（IS）

在除 ECL 以外的其他五个单项指标中，室内设定温度（IS）始终是排序前二的另一关键输入参数，也是影响 ICL 和内表面热舒适度特性指标最为显著的参数。在输入参数范围内，室内设定温度（IS）与热激活特性指标成正相关，与内外表面传热特性指标和内表面热舒适度特性指标成负相关。随着室内设定温度（IS）降低，嵌管层背景温度随之降低，嵌管注冷能力也将由于嵌管与嵌管周边区域温差减小而下降，TEH 及 ED 也将随之减小；随着室内设定温度（IS）降低，围护结构两侧传热温差随之增大，尽管 PTABS 可以改善 ICL 指标，但若想达到夏季"零"冷负荷甚至"负"冷负荷，必须同时降低冷源温度（HT），如此才可确保式（2-6）中的 $\Delta T_{\text{i-VTII}}$ 值减小乃至变成负值；由于虚拟温度界面的阻隔作用，室内设定温度（IS）在 ECL 中的排序由参考墙体中的第二降至复合墙体中的第三，ECL 也成为复合墙体六个指标中室内设定温度（IS）唯一不在前二的指标；随着室内设定温度（IS）降低，内表面热舒适特性指标的改善效果也将随之快速下降，并且室内设定温度（IS）越低，对其他参数的要求也越高，例如若想通过维持内表面温度接近或低于室内设定温度（IS）值获得较低的 ODD，较低的冷源温度（HT）则成为了充分条件。

（3）间歇时长（CD）

在输入参数范围内，间歇时长（CD）与热激活特性指标中的 TEH 成正相关、ED 成特殊的非单调关系，与内外表面传热特性指标中的 ICL 成负相关、ECL 成弱非单调关系，与内表面热舒适度特性指标成负相关。其中，间歇时长（CD）对 ED 的非单调影响已在前文中进行介绍，这里不再赘述。随着间歇时长（CD）增加，TEH 首先呈快速上升趋势，但在间歇时长

（CD）达到约 8h 时，受嵌管周围热堆积加剧以及环境温升因素共同影响，嵌管注冷速率略微有所下降。对于内外表面传热特性指标：ICL 将随间歇时长（CD）增加而持续下降；ECL 则与太阳辐射变化密切相关，间歇时长（CD）对 ECL 的重要程度仅排第五，相较于综合排序第三有一定差距，随着间歇时长（CD）增加，ECL 先呈上升（0 ～ 8h）并在保持相对稳定后（8 ～ 12h）又开始降低（12 ～ 24h）。此外，随着间歇时长（CD）增加，内表面热舒适度特性也将得到持续改善，而改善幅度与间歇时长（CD）基本呈现线性相关关系。对于直接型 PTABS，整个系统不需要耗费任何泵耗，若低品位冷源来源有充足保障，那么系统在夏季的运行可不受间歇时长（CD）限制，如此可获得最佳的内表面热舒适性；对于间接型 PTABS 或主动式 TABS，敏感性分析所给出的间歇时长（CD）推荐值为不低于 8h，若间歇时长（CD）超过 8h，可以考虑通过间歇运行等调控措施实现注冷效率的进一步优化。

（4）嵌管层热导率（Mtc）

在输入参数范围内，嵌管层热导率（Mtc）与热激活特性指标中的 TEH 成非单调关系、ED 成弱正相关，与内外表面传热特性指标中的 ECL 成正相关，与内表面热舒适度特性指标中 ODD 成正相关，与 COD 和 ICL 指标的关系则较为特殊。随着嵌管层热导率（Mtc）增加，嵌管层与室外环境间的热阻随之下降，ECL 呈现线性上升趋势。适当增加嵌管层热导率（Mtc）有利于注入冷量扩散及热堆积缓解，但冷损失也随之增大，TEH 也会随嵌管层热导率（Mtc）增加而停止上升甚至有所下降；随着嵌管层热导率（Mtc）增加，嵌管层中冷量蓄存即 ED 在 ECL 增大影响下上升幅度较小。对于 ICL，主效应趋势显示其与嵌管层热导率（Mtc）基本不相关，但该参数对 ICL 影响受其他参数交互作用影响非常明显，这可以从对应的 S_{Ti} 相对 S_i 大幅上升得到确认。实际上，随着嵌管层热导率（Mtc）增加，ICL 分布变的逐渐发散，在热源温度（HT）和室内设定温度（IS）等参数的交互影响下，ICL 出现较高"正"冷负荷和较高"负"负荷的情况均可发生。随着嵌管层热导率（Mtc）增加，ODD 总体呈现一定上升趋势，较高的嵌管层热导率（Mtc）产生内表面热不舒适的可能性更高并且 ODD 最大值随之不断创出新高，因此嵌管层热导率（Mtc）不宜设置过高。

（5）气候区（CZ）

在输入参数范围内，气候区（CZ）与热激活特性指标、内表面热舒适度特性指标以及内外表面传热特性指标均成正相关。夏季围护结构温度通常会随着纬度降低而增加，相同注冷温度下 TEH 和 ED 会由于注冷温差增大而增大，这也是由 TABS 的技术特点所决定。气候区（CZ）综合排序虽然为第五，但由于虚拟温度界面的阻隔作用，其对 ICL 影响已不明显，其单独排序结果仅为第七，已基本可被归类到"影响很小或无影响"的参数中，说明复合墙体可以被应用于各气候区的夏季隔热中。由于 ECL 与室外环境关系密切，气候区（CZ）仍是影响 ECL 的首要参数，并且随着纬度南移总体呈现快速上升趋势。复合墙体 COD 和 ODD 将随着纬度南移而上升，但由于虚拟温度界面的阻隔，气候区（CZ）排序也由参考墙体中的前二降至复合墙体中的第四和第五，因此气候区（CZ）也不再是影响复合墙体内表面热舒适特性的最主要因素，即使夏季应用于炎热地区的复合墙体也可获得极佳的内表面热舒适性。

（6）嵌管间距（PS）

在输入参数范围内，嵌管间距（PS）与热激活特性指标中的 TEH 成正相关、ED 成负相关，与内外表面传热特性指标中的 ICL 成正相关、ECL 成弱负相关，与内表面热舒适度特性指标中的 COD 基本不相关、ODD 成弱正相关。除冷源温度（HT）和室内设定温度（IS）外，嵌管间距（PS）对 TEH 的影响紧随其后，在 12 种参数中排序第三。注入冷量会在嵌管周边形成一个热堆积区域，嵌管间距（PS）过小无疑会导致相邻热堆积区域产生显著的相互干扰，这显然不利于堆积热量向周边区域快速扩散，进而导致换热温差减小并引起 TEH 减小；嵌管间距（PS）过大虽然可以缓解相邻热堆积区域的相互干扰，并且有利于堆积热量向周边区域快速扩散，但却不利于围护结构内形成连续的虚拟温度隔绝界面，因此 ODD 和 ICL 显示出随嵌管间距（PS）增大而上升的趋势。结合冬季 GSA 分析结果，嵌管间距（PS）应优先在 100 ～ 250mm 范围内选择。

（7）嵌管位置（PL）

嵌管位置（PL）对热激活特性、内外表面传热特性以及内表面热舒适度特性中的 COD 影响基本可以忽略，对内表面热舒适度特性指标中的 ODD 有一定影响，单独排序第六。ODD 与内表面温度 MRT 值直接相关，在输入参数范围内，ODD 将随嵌管位置（PL）内移而逐渐降低。整体来看，嵌管位置（PL）对夏季复合墙体的热激活特性和内外表面传热特性影响不大，而嵌管靠近内侧时可以获得相对更好的内表面热舒适性，但不同嵌管位置对应的 ODD 总体差距并不明显。上述结论表明：若复合墙体仅在夏季隔热情景中应用时，嵌管可以适当靠近室内侧设置，如此可以同时获得较好的节能效果和热舒适效果；若复合墙体需要在不同季节情景中运行时，可优先考虑嵌管位置（PL）对复合墙体冬季热特性的影响，新建建筑和既有建筑的不同集成方式基本不会对夏季热特性产生显著影响。

第8章

研究展望与新型热激活建筑能源系统节能应用

8.1 热激活建筑能源系统研究总结与展望

8.1.1 本书研究成果简述

作为三大终端能耗和碳排放部门中份额最大的部门，建筑部门在实现"2030 碳达峰"和"2060 碳中和"过程中的角色非常关键、挑战异常艰巨。狭义上，PTABS 是一种新型建筑保温隔热技术；广义上，PTABS 为未来建筑的低能耗和低碳设计提供了一种全新可能。在低能耗和低碳化的建筑建造和更新背景下，开展 TABS 尤其是 PTABS 的理论研究和实践应用对于引领我国建筑学科尤其是建筑技术学科的发展以及促进各学科的交叉、融汇和贯通将起到积极作用。本书围绕"建筑集成用 TPTL 的启动和能量传输特性"以及"被动式热激活复合墙体（系统）热特性及影响因素的耦合作用机制"两个关键科学问题对 PTABS 开展了应用基础研究，并通过集成设计、实验检测与性能评价等手段，最终获得了被动式热激活复合墙体（系统）的集成设计方法、主要性能参数、总体优化策略和相应的成套数据等。本书主要研究成果如下。

1）系统梳理了建筑围护结构的保温隔热方法及其具体技术措施的国内外研究和应用现状，并从两种不同维度阐述了建筑围护结构负荷形成的因果关系以及不同维度的应对措施。

首先，除设计类方法（优化 A 值）外，对其余两种建筑围护结构保温隔热方法（优化 U 值的材料类方法和优化 ΔT 值的能源类方法）的技术原理以及各自的国内外研究与应用现状进行了系统梳理和总结，并针对性地给出了无源 STI 技术、无源 DTI 技术和有源保温隔热技术相应的技术特征以及关键技术指标。在此基础上，从传统二维和实际三维两种不同维度阐述了建筑围护结构负荷的形成过程，探讨了将围护结构负荷处理成二维和三维问题分别所面临的技术局限和发展机遇。最后，再次从技术经济和生态环保等多个角度综合对比分析了现有不同建筑保温隔热方法和技术措施的优缺点。

2）采用相变驱动的潜热热交换系统替代传统水泵驱动的显热热交换系统，提出 PTABS 的技术概念并给出不同的集成设计和应用方式，使适宜建筑利用的低品位或可再生能源可以与围护结构耦合形成低能动的一体化节能与供能系统。

围绕 PTABS 在非透光建筑围护结构中的集成设计和具体应用所涉及问题进行了系统研究。首先，针对 PTABS 进行了基础概述。其次，提出了 PTABS 在墙体围护结构中的具体应用形式，并对复合墙体的运行机制、应用范围和控制策略等进行了阐述。再次，针对工质和管材选取介绍了建筑集成用 TPTL 的设计方法和注意事项。最后，围绕 PTABS 与四种不同类型常见墙体的一体化集成给出了相应的常规集成设计方法，并且还以混凝土墙体和砖砌墙体为例给出了复合墙体的模块化集成设计方法。

3）自主设计并搭建了 PTABS 能量传输特性实验检测系统，对正向不同启动和运行工况下瞬态热响应特性和复合墙体热响应特性进行了实验研究，阐明了相应工况下关键影响因素与性能指标间的内在关联机制，并探讨了 PTABS 反向启动和循环的产生机制与能量传输特性及其对 PTABS 设计的影响。

主要结论如下。

① 不同热源温度条件下，建筑集成用 TPTL 均可成功启动和持续运行，实验验证了 PTABS 的技术可行性。

② R_c 在 R_{sy} 中占比最大，约为 58.4% ~ 94.4%，因此冷凝段是制约 PTABS 能量传输效率的主要瓶颈。

③ R_{ht} 结果表明：不同运行条件下，建筑集成用 TPTL 的最佳 FR 并非是固定值，而是随着运行条件的变化而变化；较低 T_{10} 条件下，最佳 FR 相对偏小，而在较高 T_{10} 条件下，最佳 FR 则相对偏大。

④ 随着 T_{10} 的增加，建筑集成用 TPTL 在启动阶段的 S 值将得到迅速提升；而在 T_{10} 保持恒定时，FR 越低，S 值一般相对越大，并且随着 T_{10} 的逐渐增加，不同 FR 条件下 S 值差值还将逐渐减小。

⑤ 复合墙体的注入热量近似呈现线性变化趋势，建筑集成用 TPTL 可以保持稳定的长期注热能力，最终达到保温隔热和辅助供能等不同设计目的。

⑥ 红外测试结果证实嵌管层热堆积现象的客观物理存在，为今后寻找适宜的嵌管层材料和对复合墙体结构设计开展进一步研究指明了方向。

⑦ 蒸发器安装位置和角度对建筑集成用 TPTL 的能量传输有着重要影响，工质重力在正向启动和运行过程中是循环驱动力的重要组成，而在反向启动和运行过程中循环驱动力不仅要克服各段存在的摩擦压降还要克服冷凝器内部的工质重力。

4）理论分析、建立并验证了复合墙体三维瞬态传热模型，以不同气候区的典型城市为例，基于该数值模型模拟了夏季和冬季工况下复合墙体的瞬态热响应特性及内部温度分布特征并与参考墙体进行了对比分析。

主要结论如下。

① 不同 T_{10} 条件下，复合墙体内表面温度实测值与模拟值变化趋势高度一致，模拟与实验结果最大绝对误差值小于 0.3℃，相对误差值小于 1.2%，复合墙体三维瞬态传热模型是可靠的。

② 在冷热源注入影响下，夏季/冬季复合墙体外表面冷/热损失较普通节能墙体有所上升，

但冷/热能损失率实际并不高，仅占注入冷/热量的约 10%。

③ 夏季和冬季工况下，TPTL 嵌管热流会随冷源温度的下降而上升，随热源温度的上升而上升，PTABS 的注冷/热能力也将随之提升。

④ 运行期间，复合墙体内部形成的虚拟温度隔绝界面可有效阻隔室内外之间的热量传递过程。以天津为例：冷源温度为 26℃时，夏季南向/北向冷负荷降幅达 85.2%/79.0%；热源温度为 18℃时，冬季北向/南向热负荷降幅可达 87.0%。

⑤ PTABS 不仅可以降低建筑围护结构的冷/热负荷，也可有效提升室内空间的热舒适性。夏季工况：冷源温度为 26℃时，天津地区复合墙体内表面温度与室内温度基本保持一致，而广州地区也仅高出室内温度 0.1℃，相比普通节能墙体分别下降 1.0℃和 0.7℃；冬季工况：热源温度为 18℃时，天津地区复合墙体内表面温度低于室内温度约 0.2℃，而哈尔滨地区也仅低出约 0.3℃，较普通节能墙体分别提升 1.5℃和 1.6℃。

⑥ 随着冷源/热源温度的降低/提升，复合墙体冷/热负荷降幅进一步扩大并超过 100%，而夏季/冬季复合墙体内表面温度也将逐渐接近并超过室内设定温度，能耗和热舒适性改善效果显著。

5）提出了被动式热激活复合墙体热特性的 UA 和 SA 方法与评价体系。

首先，提出了复合墙体热特性的 UA 和 SA 技术流程，分为三个阶段，即前处理阶段、不确定性模型运行阶段和后处理阶段。其次，介绍了复合墙体热特性不确定度表征方法，从设计、运行和材料物性三类影响因素中选定 12 个输入参数及其阈值范围，并基于分层随机抽样的 LHS 方法得到了相应的 200 组输入参数抽样设计结果。再次，对比分析了四种不同 GSA 方法的技术原理与适用范围，最终选用基于线性回归的 SRC 方法和基于元模型的 TGP 方法这两种所需模型较少的高效 GSA 方法对不同应用场景下的复合墙体热特性进行统计分析，并利用皮尔逊相关系数法进行了输入参数的因素间相关性分析，得出所研究输入参数是相互独立的以及 SA 方法可行的结论。最后，建立了包含内外表面传热特性、内表面热舒适度特性和嵌管层热激活特性这 3 类共计 6 个评价指标在内的复合墙体热特性综合评价体系。

6）基于上述复合墙体三维瞬态传热模型以及 UA 和 SA 方法与评价体系，探索了不同输入参数对复合墙体热特性输出响应的协同影响规律及耦合作用机制，给出了输入参数综合排序结果以及显著性影响因素影响机制与应用策略，为复合墙体设计、建造、运行以及进一步的研究奠定了坚实的理论基础和数据支撑。

主要结论如下。

① PTABS 完全具备实现"零"负荷甚至"负"负荷以及大幅改善室内热舒适度的双重技术效果，但如果设计、运行和材料物性参数选取不当也可起到相反效果。

② 受参数数量和种类大幅增加以及内部复杂热交互作用机制共同影响，SRC 和 TGP 两种GSA 方法在复合墙体热特性关键因素识别方面有所差异，开展复合墙体热特性研究时应优先考虑更加适用于复杂非线性模型的 TGP 方法。

③ 不同应用场景下复合墙体热特性显著性影响因素一致，排序前四的参数为冷/热源温度（HT）、室内设定温度（IS）、间歇时长（CD）和嵌管层热导率（Mtc），对复合墙体热特性"有影响"以及"影响很小或无影响"的参数存在一些差异，但嵌管直径（PD）、朝向（OT）、嵌管层比热容（Msc）和嵌管热导率（Ptc）以及外表面辐射热吸收系数（RA）总体上可在设计、建造和运行中予以适当忽略。

④ 复合墙体热特性直接取决于 $\Delta T_{i\text{-VTII}}$ 值的大小，冷/热源温度（HT）和室内设定温度（IS）

的综合排序也始终位于前二，是影响复合墙体热特性最为显著的两个关键影响因素，并且二者在除 EHL/ECL 的其他指标中始终存在明显的相互制约关系。

⑤ 对于直接型 PTABS，若低品位冷/热源有充足来源保障，系统运行可不受间歇时长（CD）限制，如此可获得最佳的内表面热舒适性；对于间接型 PTABS 或主动式 TABS，需综合考虑保温隔热性能改善以及驱动系统泵耗情况，推荐值为不低于冬季 6h 或夏季 8h，若超过上述值也可考虑通过间歇运行等调控措施优化注冷/热效率。嵌管层热导率（Mtc）不宜设置过高，适当增加有利于注入冷/热量的扩散及热堆积现象的缓解，过大则会导致冷/热损失的增大，不利于嵌管层中冷/热量蓄存，夏季也可能导致内表面热舒适度指标创出新高。从热激活特性角度看，复合墙体嵌管层存在一个适宜的参数范围，而 GSA 分析给出的结果为 0.5～2.75W/（m·℃）。

⑥ 在虚拟温度界面的阻隔作用下，气候区（CZ）对内表面冷/热负荷的不确定性影响大幅降低，也不再是影响复合墙体内表面热舒适特性的主要因素，因此即使夏季应用于夏热冬暖气候区以及冬季应用于严寒气候区也可获得极佳的冷/热负荷特性和内表面热舒适度特性。

⑦ 从 ED 角度看，嵌管间距（PS）存在一个优值区间，约为 100～250mm。若复合墙体仅应用于夏季隔热情景，嵌管层可适当靠近室内侧设置，如此可同时获得较好的节能和热舒适效果；若需要在不同应用情景中同时运行时，应优先考虑嵌管位置（PL）对复合墙体冬季热特性的影响，新建和既有建筑的不同集成方式并不会对复合墙体夏季热特性产生显著影响。

8.1.2　热激活建筑能源系统研究展望

本书提出了 PTABS 技术方案，阐明了 PTABS 的工作运行机制并给出了相应的建筑集成和应用方式，建立了建筑集成用 TPTL 室内稳态热特性实验检测平台，揭示了不同设计和运行参数对建筑集成用 TPTL 的启动和能量传递过程的影响规律，建立了复合墙体瞬态传热数值模型以及 UA 和 SA 模型，得到了不同应用场景下复合墙体热特性显著性影响因素及其交互作用机制以及相应的成套性能数据，证明了该技术在降低建筑能耗和改善室内热舒适性方面的巨大潜力。然而，本书对 PTABS 所开展的工作尚处于推广应用前的前期研究阶段，未来对于 PTABS 的潜在深入研究工作还可以从以下几方面展开。

① 本书中自主设计并搭建了 PTABS 能量传输特性的实验检测系统，并且在注热条件（模拟冬季保温情景）下对其开展了实验检测研究，实验结果也直接验证了 PTABS 的技术可行性，但受到时间和精力的限制，本书并未在注冷工况（模拟夏季隔热情景）下对建筑集成用 TPTL 的启动和运行性能进行实验研究，因此获取该情景下建筑集成用 TPTL 的关键影响因素与其性能指标间的内在关联机制值得进一步研究。同时，嵌管层材料的选取以及复合墙体结构设计对复合墙体中热堆积现象的影响和优化研究也值得进一步研究。

② 本书中的研究对象锁定在墙体这一非透光建筑围护结构，事实上透光建筑围护结构通常呈现出更加糟糕的热工性能和热舒适性，因此未来的研究工作可以进一步拓展至探索 PTABS 在不同气候区透光围护结构中的集成设计与实践应用，尤其是如何与遮阳结构等建筑构件进行一体化的隐蔽集成，与此同时获取相应的理论研究和应用数据。

③ 本书主要针对 PTABS 的建筑集成方式、建筑集成用 TPTL 的能量传递特性以及复合墙体热工性能及其热特性影响机制进行了实验和模拟研究，虽然在研究过程中尽可能考虑了一些实际应用过程中可能存在的问题和现象，但研究对象尺度并非是整个 PTABS 系统，因此未来可以

通过结合实体项目对 PTABS 系统进行现场实验研究或是利用 TRNSYS 等系统仿真软件对包含冷/热源端、建筑集成用 TPTL、围护结构端以及室内外环境在内的整个系统进行协同优化仿真。

8.2 模块化热激活建筑能源系统节能应用

8.2.1 模块化热激活混凝土墙体能源系统

当前，TABS 的集成设计和应用方式主要是在围护结构中的结构层中嵌入流体管道，典型做法如图 3-5(a) 和图 3-6(a) 所示，或是在围护结构中设置专门的嵌管层以便嵌入流体管道，典型做法如图 3-5(c) 和图 3-6(c) 所示。而无论是在结构层中嵌入流体管道还是在额外增加的嵌管层中嵌入流体管道，当复合墙体建成并投入使用后，若循环系统不慎发生泄漏等技术故障，则很可能在运行维护过程中面临需要对墙体进行整体或局部破拆的问题，这无疑会增加 PTABS 的运维难度，同时也提高了建筑的全生命周期内成本[185]。因此，本节以混凝土浇筑墙体和砖砌墙体这两种典型墙体为例，给出了相应的模块化集成应用方式，如图 8-1 和图 8-2 所示。模块化的集成方式可以有效避免 PTABS 在应用和维护过程中潜在的需要对墙体进行整体破拆的技术弊端，并且有助于实现模块化的生产和施工安装，因此系统运维难度和技术经济性能够得以显著提升。

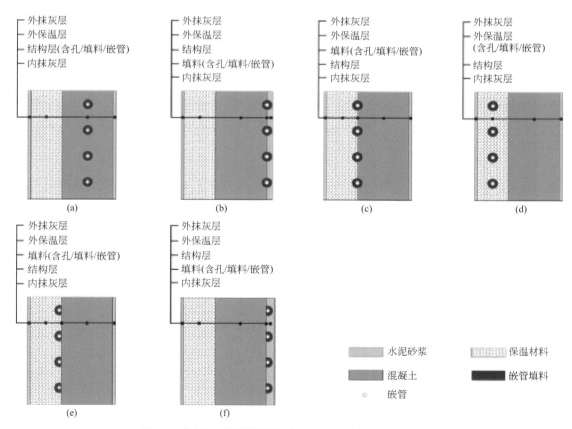

图 8-1 带有填料孔的混凝土墙体中 PTABS 的集成形式（示例）

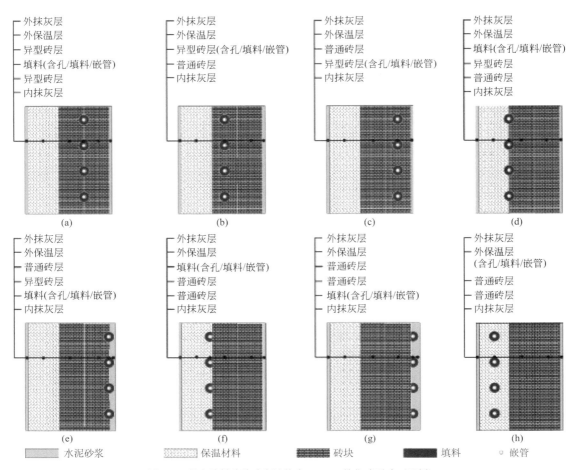

图 8-2　带有填料孔的砖砌墙体中 PTABS 的集成形式（示例）

对于混凝土浇筑墙体而言，模块化的集成做法可以有如下 6 种：

① 预留孔道位于混凝土结构层中，在 TPTL 固定放置于孔道内部之后，再通过添加填料填充嵌管与孔道之间的空间，如图 8-1(a) 所示；

② 预留孔道位于结构层和内抹灰层之间，这种集成方式可以在混凝土浇筑前将圆形管道（即填料孔）放置在相应位置处，浇筑之后则通过抹灰将裸露的填料孔埋入内抹灰层内部，随后再在孔道内部固定 TPTL 并在随后进行填料的填充，最终完成复合墙体的模块化集成安装工作，如图 8-1(b) 所示；

③ 预留孔道位于结构层和外保温层之间，该集成方式中的混凝土浇筑过程和②相同，只是裸露的填料孔被埋入表面预留有孔槽的外保温层中，如图 8-1(c) 所示；

④ 预留孔道完全置于外保温层内部，进一步的做法则与①类似，该集成方式中的复合墙体对低品位冷 / 热源的蓄积主要取决于填料的使用量，如图 8-1(d) 所示；

⑤ 该集成方式［图 8-1(e)］结合了③和④的一些优点，这里半圆形 / 近似半圆形的预留孔道设置在外保温层中，并且预留孔道的平面与结构层外表面贴合，因此该模块化集成方式不需要对混凝土结构层进行改变，同时孔道与结构层接触使得复合墙体的蓄热能力也要好于④；

⑥ 该集成方式［图 8-1(f)］与⑤的做法较为类似，这里半圆形 / 近似半圆形的预留孔道被

设置在了内抹灰层中，并且预留孔道的平面与结构层内表面贴合，因此该集成方式同样对混凝土结构层影响较小，并且复合墙体的蓄热能力也相对较好，但该集成方式下的内抹灰层厚度会有所增加。

8.2.2 模块化热激活砖砌墙体能源系统

对于砖砌墙体而言，模块化集成做法可以有如下 8 种：

① 孔道位于内外两层砖层之间，该集成方式下需要对单个砖块的形状进行适当调整，即砖块的一侧需要预留有半圆形预留孔道槽，不过由于预留孔道槽是对称设置的，因此所有砖块的形状完全一致，便于砖块的生产实现标准化，并且也有利于现场的施工安装，如图 8-2(a) 所示；

② 和③预留孔道位于外侧砖层内部 [图 8-2(b)]、内侧砖层内部 [图 8-2(c)] 以及潜在的在内外砖层中均设置预留孔道 [具体构造可结合图 8-2(b) 和 (c)]，预留孔道设置于砖块内部的集成方式也兼具①的相应特点；

④ 预留孔道位于外侧砖层和外保温层之间 [图 8-2(d)]，该集成方式下外侧砖层的砖块一侧需要预留有半圆形预留孔道槽，而对内侧砖层的砖块形状则无特殊要求，同时裸露的填料孔则被埋入表面预留有管槽的外保温层中；

⑤ 预留孔道位于内侧砖层和内抹灰层之间 [图 8-2(e)]，该集成方式下内侧砖层的砖块一侧需要预留有半圆形预留孔道槽，同时裸露的填料孔被埋入内抹灰层中，不过该做法下的内抹灰层厚度相对其他集成方式要有所增加；

⑥ 与④的做法类似，该集成方式中的预留孔道同样位于外侧砖层和外保温层之间 [图 8-2(f)]，这里的半圆形 / 近似半圆形的预留孔道设置在外保温层中，并且预留孔道的平面与外侧砖层外表面贴合，因此该模块化集成方式无需使用带半圆形孔槽的砖块，可以使用普通砖块；

⑦ 该集成方式与⑥的做法较为类似，该集成方式下的半圆形 / 近似半圆形预留孔道设置在内抹灰层内部 [图 8-2(g)]，并且预留孔道的平面与内侧砖层的内表面贴合，该模块化集成方式同样无需使用带半圆形孔槽的砖块；

⑧ 预留孔道完全置于外保温层内部 [图 8-2(h)]，并且复合墙体的蓄热同样主要取决于填料的使用量，该集成方式与⑥均适合与既有建筑改造相结合。

8.3 固体基热激活建筑能源系统节能应用

目前，液体基 TABS 存在较大的技术局限性，也限制了该技术进一步推广应用。例如如果系统发生工质泄漏，不但其自身换热效率会大幅下降，泄漏工质若不能及时排出围护结构还会导致受到浸泡的围护结构出现结构性安全问题，从而影响建筑的正常使用。因此，液体基 TABS 在发生泄漏问题后必须立即断开循环系统并对其进行检修，然而由于该系统中的流体管道通常是被嵌入围护结构的承重层或抹灰层，因此对其进行检修通常需要对建筑围护结构进行大规模的破拆，不仅运维难度和工作量极大，同时也给建筑带来潜在的结构安全隐患。因此，本节以固体基热激活建筑系统这一典型墙体为例[2]给出了相应的解决技术缺陷的方式，如图8-3和图8-4所示。固体基热激活建筑外围护结构可以有效解决TABS在运行过程中潜在的泄漏问题，该技术采用固体材料作为载热和换热工质并且具有运行效率高、检修难度低、运维工作量小的优点。

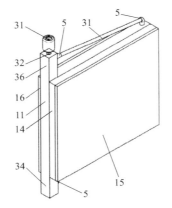

图 8-3　固体基热激活建筑外围护结构示意

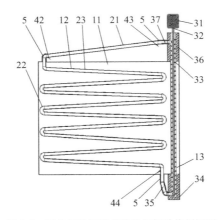

图 8-4　固体基热激活建筑外围护结构剖视图

如图 8-3 所示为固体基热激活建筑能源系统的结构示意，主要由墙体基体 11、集热换热系统、固体工质输送系统、控制系统以及固体换热工质 23 组成。墙体基体 11 的内部设有换热管道腔 12 和输送管道腔 13，墙体基体 11 的外侧依次覆盖有外保温层 14 和外抹灰层 15，墙体基体 11 的内侧为内抹灰层 16。换热管道腔 12 由直管段和弯头段组成，其进出口分别设在墙体基体 11 的上下两端。输送管道腔 13 竖直设于墙体基体 11 的侧部。集热换热系统包括集热管道 21、换热管道 22 以及固体换热工质 23 组成。换热管道设置于所述换热管道腔内，换热管道的上端与所述集热管道的一端连接。固体工质输送系统包括电机 31、螺旋轴 32、螺旋叶片 33、进料腔 34、进料管 35、出料腔 36 和出料管 37。墙体基体 11 的下端设有进料腔 34，上端设有出料腔 36。进料腔 34 通过进料管 35 与换热管道 22 的出口连通，出料腔 36 通过集热管道 21 与换热管道 22 的进口连通。进料管 35 以及集热管道 21 两端非集热管段包裹有保温材料 5。

输送管道腔 13、进料腔 34 和出料腔 36 形成的固体工质输送空间内安装有螺旋轴 32，其上设有螺旋叶片 33，螺旋轴 32 的上端穿过出料腔 36 的顶部与外置电机 31 连接。固体换热工质通过固体工质输送系统以及自身重力作用在换热管道内流动，不论换热管道是平行布置还是沿流动方向具有一定坡度布置，位于集热管道内部的固体换热工质在结构形式上始终要高于墙体内部的固体换热工质，因此这部分工质始终会向下推动固体工质的流动，重力在系统中起到的是辅助作用而非决定性作用，整个系统的流动主要还是依靠固体工质输送系统的推动。也只有依靠固体工质输送系统首先把固体换热工质输送至集热管道，集热管道中的固体工质才能一定程度上依靠自身重力向下流动。

固体基热激活建筑外围护结构特征在于，集热管道靠近换热管道的一端设有第一温度传感器，集热管道靠近出料管的一端设有第二温度传感器，换热管道靠近进料管的一端设有第三温度传感器，第一温度传感器至第三温度传感器的信号输出端以及电机的电源线与控制器连接。墙体基体的外侧依次覆盖有外保温层和外抹灰层，墙体基体的内侧为内抹灰层。进料管以及集热管道两端非集热管段包裹有保温材料层。固体换热工质采用干燥的细沙、砂石、鹅卵石、金属球或相变材料胶囊，或者上述材料的混合形式。集热管道为金属管道、塑料管道或玻璃管道，若为金属或塑料管道时，外表面涂刷深色吸热涂层。换热管道优先采用蛇形串接形式，并且所有直管段沿流动方向具有不低于 0.5% 的坡度。

该系统装置的优选运行控制方式为：当控制器 41 监测到第一温度传感器 42 的读数高于第二温度传感器 43 的读数达到设定值时，向电机 31 发出系统运行信号并控制电机 31 进行启动运行，此时携带热量的固体换热工质 23 被持续传送至墙体基体 11 中释放热量并加热墙体；否则，电机 31 处于关闭状态。在上述过程中，若控制器 41 监测到第三温度传感器 44 的读数与第一温度传感器 42 的读数差值小于设定值时，向电机 31 发出系统暂停信号并控制电机 31 停止运行，此时滞留在换热管道 22 中的固体换热工质 23 仍可以持续向墙体基体 11 中释放热量并加热墙体。当第三温度传感器 44 所监测温度值相比前值继续下降预设温度值后，控制器 41 向电机 31 发出系统恢复运行信号并控制电机 31 再次进行启动运行。

与现有技术相比，本系统的有益效果是：本系统的固体基热激活建筑外围护结构系统简单可靠、适用范围广，使用固体材料作为载热换热工质后，可以在确保自身换热效率不发生较大变化的前提下，有效解决传统空气基和液体基热激活建筑系统中广泛存在的系统易泄漏、检修困难、运维工作量大以及系统故障后潜在影响建筑安全和使用体验等技术弊端，同时也无需再考虑液体基热激活建筑系统在冬季应用过程中所面临的防冻抗冻等难题。

8.4　轻质建筑中热激活建筑能源系统节能应用

彩钢夹芯板作为装配式钢结构建筑围护结构的重要组成部分具有便于运输和安装等优点以及优良的保温隔热和阻燃隔声功能，然而该类建筑构件在应用中仍然面临一些显著技术缺陷。其中，"热质"低是该类建筑构件的普遍特点，也是其被称为轻质建筑构件的主要原因之一，而"热质"高低直接影响围护结构抵御外界温度波动和维持室内温度恒定的能力。当前工程技术人员主要采用增加夹芯层厚度和使用高性能室内空气调节系统两种方法解决装配式钢结构建筑中存在的能耗和热舒适问题。增加彩钢夹芯板厚度的方式虽然在冬季应用场景中可以取得一定的节能效果，但由于该方法并未改变彩钢夹芯板的轻质特征，使得装配式钢结构建筑反而可能因室内热量无法及时通过围护结构散失进而导致夏季能耗和热舒适性出现大幅衰减。同时，增加厚度的方式还会大幅增加夹芯层的建材用量、构件的运输和安装成本和使用空间占用等。另外，高性能室内空气调节系统的安装使用则会带来巨大的初始投资费用和运行使用费用，并且同样存在空间占用问题以及加速臭氧层破坏和温室效应等生态环保问题。因此，本节以装配式钢结构建筑用多功能轻质彩钢夹芯板构件[3]这一轻质建筑中 TABS 的应用为例，给出了相应的解决方式，如图 8-5 所示。该构件可以有效提升装配式钢结构建筑围护结构热工性能和气候适应性。

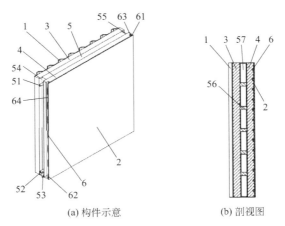

(a) 构件示意　　　　　(b) 剖视图

图 8-5　装配式钢结构建筑用多功能轻质彩钢夹芯板构件结构示意

　　图 8-5 所示为装配式钢结构建筑用多功能轻质彩钢夹芯板构件的结构示意，该构件由外侧彩钢板 1、内侧彩钢板 2、第一保温层 3、第二保温层 4、换热流体腔 5、换热盘管 6 以及工质等构成。换热流体腔 5 位于外侧彩钢板 1 和内侧彩钢板 2 之间，并且与外侧彩钢板 1 之间填充有第一保温层 3。内侧彩钢板一侧粘接、焊接或固定安装有换热盘管 6，带有换热盘管 6 的内侧彩钢板与换热流体腔 5 之间填充有第二保温层 4。换热流体腔 5 为扁平中空腔体结构，扁平中空腔体结构的侧上方设有换热流体腔进口 51，侧下方设有换热流体腔出口 52，并且在侧下方靠近底部位置设有泄流口 53。换热流体腔 5 的高度与构件高度一致，换热流体腔 5 的宽度小于构件宽度。第一保温层 3、第二保温层 4 以及换热流体腔 5 在构件两侧分别形成第一管道腔 54 和第二管道腔 55，并且换热流体腔进口 51、换热流体腔进口 52 以及泄流口 53 分别在对应管道腔中与上下相邻构件的换热流体腔的进出口以及泄流口相互串接或并接。换热流体腔 5 的内部设有多个中空腔体分割肋 56 并与腔体共同形成换热流体循环流道 57。第二保温层 4 两侧靠近内侧彩钢板 2 的位置处分别设有换热盘管进口侧管道腔 63 以及换热盘管出口侧管道腔 64，换热盘管 6 的进口 61 和出口 62 分别在换热盘管进口侧管道腔 63 以及换热盘管出口侧管道腔 64 中，并与相邻构件的换热盘管进出口相互串接或并接。换热盘管通过粘接、焊接或固定的方式安装在内侧彩钢板内侧。换热流体腔的高度与构件高度一致，换热流体腔的宽度小于构件宽度。

　　根据装配式钢结构建筑建成后可资利用的冷热源品位的不同，该轻质彩钢夹芯板构件有如下三种管道连接方法和相应使用方式，即仅具有 16 ～ 26℃的低品位冷热源、仅具有 26℃以上的中高品位冷热源以及同时具有 16 ～ 26℃的低品位冷热源和 26℃以上的中高品位冷热源。

1）仅具有 16 ～ 26℃的低品位冷热源时，轻质彩钢夹芯板构件的管道连接方法和使用方式如下：换热盘管 6 的出口与换热流体腔 5 的进口连接，同时换热盘管 6 的进口和换热流体腔 5 的出口与低品位冷热源系统的进出口分别连接并形成闭式循环系统。该种管道连接方法下，与室内环境温度接近一致的低品位冷热源依次流过换热盘管 6 和换热流体腔 5，并形成除保温材料这一物理热量隔绝屏障之外的额外两道虚拟热量隔绝屏障，即内表面热量隔绝屏障和中间层热量隔绝屏障。在内侧彩钢板 2 的扩散作用下，换热盘管 6 中工质所携带的热量可以均匀扩散至整个轻质彩钢夹芯板构件的内表面并形成内表面热量隔绝层，由此使得轻质彩钢夹芯板构件的内表面温度也可与冷热源温度和室内环境温度接近一致。在内表面热量隔绝屏障的影响下，由轻质彩钢夹芯板构件内表面与室内环境温度之间的传热温差所引起的围护结构负荷随之降低至接近、等于甚至小于零。同时，由于该轻质彩钢夹芯板构件的内表面负荷在内表面热量隔绝屏障的影响下已得到大幅削减，完成上述换热过程后的工质随即进入换热流体腔 5 并形成中间层热量隔绝屏障。最终，在两道虚拟热量隔绝屏障及其两侧物理热量隔绝屏障的共同作用下，该轻质彩钢夹芯板构件的热工性能可以得到显著提升，轻质彩钢夹芯板构件的整体厚度、室内高性能空气调节系统的安装容量及其初始投资和运行费用也可得到大幅削减。

2）仅具有 26℃以上的中高品位冷热源时，轻质彩钢夹芯板构件的管道连接方法同上，但使用方式有所区别：温度高于室内环境温度的中高品冷热源依次流过换热盘管 6 和换热流体腔 5，并依次形成内表面虚拟辅助供能屏障和中间层虚拟热量隔绝屏障。在内侧彩钢板 2 的扩散作用下，换热盘管 6 中工质所携带热量可均匀扩散至整个轻质彩钢夹芯板构件的内表面并形成内表面辅助供能屏障，由此使得轻质彩钢夹芯板构件的内表面温度达到 26℃以上并始终高于室内环境温度。此时，轻质彩钢夹芯板构件的内表面负荷不仅可以降低至零，同时温度高于室内环境的内表面还可向室内提供辅助供能。在完成上述换热过程后，工质随即进入换热流体腔 5 中并形成中间层热量隔绝屏障。最终，在内表面辅助供能屏障、中间层热量隔绝屏障及其两侧物理热量隔绝屏障的共同作用下，轻质彩钢夹芯板构件的热工性能可进一步得到提升，不仅构件的整体厚度可以得到大幅降低，同时由于换热盘管 6 及内侧彩钢板 2 还可直接起到室内空气调节系统的负荷调控作用，因此使用传统室内高性能室内空气调节系统的需求得到大幅下降甚至完全消除。

3）同时具有 16 ～ 26℃的低品位冷热源和 26℃以上的中高品位冷热源时，轻质彩钢夹芯板构件的管道连接方法和使用方式如下：换热盘管 6 的进出口分别与中高品位冷热源系统的进出口连接并形成独立的闭式循环系统，换热流体腔 5 的进出口分别与低品位冷热源系统的进出口连接并形成独立的闭式循环系统。该种管道连接方法下，温度高于室内环境温度的中高品位冷热源流过换热盘管 6 形成内表面虚拟辅助供能屏障，而低品位冷热源流过换热流体腔 5 形成中间层虚拟热量隔绝屏障，最终可以取得与仅具有 26℃以上的中高品位冷热源时相似的应用效果。

与现有技术相比，装配式钢结构建筑用多功能轻质彩钢夹芯板构件的有益效果如下：

① 根据管道连接方法和使用方式的不同，该轻质彩钢夹芯板构件可具备建筑围护、保温隔热和辅助供能等多种功能；

② 该轻质彩钢夹芯板构件具有"热质"调节能力，在安装使用前具有传统轻质彩钢夹芯板构件相似的"热质"，而在安装使用后可通过向换热流体腔注满液态循环工质的方式显著提升自身"热质"大小；

③ 在同等热工性能条件下，由于同时具备物理热量隔绝层、虚拟热量隔绝层以及辅助供能层等多种复合保温隔热手段，该轻质彩钢夹芯板构件的厚度相比传统轻质彩钢夹芯板可以得到大幅降低，构件中的保温材料使用量、建筑使用空间占用以及运输空间占用也更少，并且可以大幅削减甚至完全消除高性能室内空气调节系统的安装容量及其初始投资和运行费用；

④ 该轻质彩钢夹芯板构件还具备便于拆解和循环使用等特点，在需要进行拆解回收时仅需将换热流体腔和换热盘管中液态工质排出即可恢复安装前状态，并且在不同时间或不同地点经过简单的安装连接即可再次投入使用。

参考文献

[1] Prieto A, Knaack U, Auer T, et al. Solar coolfacades : Framework for the integration of solar cooling technologies in the building envelope[J]. Energy, 2017, 137: 353-368.

[2] 杨洋, 聂玮, 陈萨如拉, 等. 固体基热激活建筑外围护结构 [P]. 中国: CN112944432A,2021-06-11.

[3] 陈萨如拉, 聂玮, 杨洋, 等. 装配式钢结构建筑用多功能轻质彩钢夹芯板构件及使用方法 [P]. 中国: CN112922188A, 2021-06-08.

主要符号及缩略语

附录1 主要符号及单位

K	热导率，W/(m·℃)		σ	表面张力，N/m
h	对流换热系数，W/(m²·℃)		h_{fg}	汽化潜热，kJ/kg
h_i	内表面对流换热系数，W/(m²·℃)		μ	动力黏度，N·s/m²
Q	冷/热负荷，W/m²		N	传输因子，W/m²
Q_i	内表面冷/热负荷，W/m²		S_c	管道壁厚，mm
Q_{in}	蒸发器热负荷，W		C	腐蚀裕度，mm
Q_e	蒸发器吸热量，W		D_n	热管内径，mm
Q_t	传递至冷凝器热量，W		$[\sigma]^t$	许用应力，MPa
Q_c	释放至嵌管层热量，W		R_{sy}	系统总热阻，℃/W
R_{ES}	外表面长波辐射换热，W/m²		R_c	冷凝器热阻，℃/W
A	面积，m²		R_e	蒸发器热阻，℃/W
T	温度，℃		R_t	传输热阻，℃/W
T_i	室内空气温度，℃		R_{ht}	注热热阻，℃/W
$T_{i\text{-}avg}$	室内空气平均温度，℃		S	启动速度，℃/s
T_{in}	内表面温度，℃		τ	循环建立时间，s
T_{ex}	外表面温度，℃		δ	不确定度
T_{int}	进口温度，℃		f	摩擦系数
T_o	室外空气温度，℃		L	长度，mm
$T_{o\text{-}avg}$	室外空气平均温度，℃		H	高度，mm
T_{out}	出口温度，℃		G	质量流量，kg/s

T_MRT	内表面平均辐射温度，℃	S_φ	源项
T_g	浅层地温，℃	c	比热容，kJ/(kg·℃)
T_wb	湿球温度，℃	c_p	定压比热容，kJ/(kg·℃)
T_w	水温，℃	ρ	密度，kg/m³
T_pw	嵌管层平均辐射温度，℃	c_a	空气比热容，kJ/(kg·℃)
T_hs	热源温度，℃	I	太阳辐射强度，W/m²
$T_\text{hs-i}$	热源进口温度，℃	P	压力，Pa
$T_\text{hs-o}$	热源出口温度，℃	ΔP	压差，Pa
T_startup	启动温度，℃	t	时间，s
T_0	启动前初始温度，℃	U_d	动态传热系数，W/(m²·℃)
T_pipe	嵌管壁温，℃	U_s	静态传热系数，W/(m²·℃)
$\Delta T_\text{i-max}$	室温最大波动幅度，℃	U_sim	传热系数模拟值，W/(m²·℃)
T_VTII	虚拟温度隔绝界面温度，℃	Z_a	空气流量，m³/s
R	围护结构热阻，(m²·℃)/W	q_w	水流量，m³/s
R_s	静态热阻，℃/W	V	热源流量，m³/h
R_i	气流通道与室内侧热阻，℃/W	ρ_a	空气密度，kg/m³
R_o	气流通道与室外侧热阻，℃/W	ρ_l	液态工质密度，kg/m³
U	传热系数，W/(m²·℃)	ρ_v	气态工质密度，kg/m³
ρ_s	外表面辐射热吸收系数		

附录 2　缩略语

不确定性和敏感性分析相关简称如下。

CA	Correlation Analysis，相关系数
CC	Pearson Correlation Coefficient，皮尔逊相关系数法
CV	Coefficient of Variation，变异系数
FAST	Fourier Amplitude Sensitivity Test Method，傅立叶幅度敏感性检验法
GP	Gaussian Process，高斯过程
GSA	Global Sensitivity Analysis，全局敏感性分析
LHS	Latin Hypercube Sampling，拉丁超立方抽样
LSA	Local Sensitivity Analysis，局部敏感性分析
MARS	Multivariate Adaptive Regression Splines，多元自适应回归样条函数
MC	Monte Carlo Method，蒙特卡洛方法

OAT	One factor At a Time, 一次改变一个输入参数
PCC	Partial Correlation Coefficient, 偏相关系数法
PRCC	Partial Rank Correlation Coeffcient, 偏秩相关系数
R^2	Coefficient of Determination, 决定系数
SA	Sensitivity Analysis, 敏感性分析
SCC	Spearman's Correlation Coeffcient, 斯皮尔曼相关系数
SD	Standard Deviation, 标准差
S_i	First Order Sensitivity Index, 一阶效应指数
SRC	Standardized Regression Coefficient, 标准回归系数法
SRCC	Spearman Rank Correlation Coeffcient, 斯皮尔曼秩相关系数
SRRC	Standardized Rank Regression Coeffcients, 标准化秩回归系数
S_{Ti}	Total Order Sensitivity Index, 全效应指数
SVM	Support Vector Machines, 支持向量机
TGP	Treed Gaussian Process, 树状高斯过程

复合墙体热特性评价指标简称如下。

CSD/COD	Cumulated Subcooling/Overheating Duration, 累计过冷 / 热时长
ED	Energy Density, 能量密度
EHL/ECL	Exterior Heating/Cooling Loss, 内表面热 / 冷负荷
IHL/ICL	Interior Heating/Cooling Load, 内表面热 / 冷负荷
SDD/ODD	Subcooling/Overheating Discomfort Duration, 过冷 / 热不舒适度
TIH/TEH	Total Injected/Extracted Heat, 总注入热 / 冷量

复合墙体热特性输入参数简称如下。

CD	Charging Duration, 注热 / 冷时长
CZ	Climate Zone, 气候区
HT	Heat Source Temperature, 冷热源温度
IS	Indoor Temperature Setting Point, 室内设定温度
Msc	Material Specific Capacity, 嵌管层热容
Mtc	Material Thermal Conductivity, 嵌管层热导率
OT	Orientation, 朝向
PD	Pipe Diameter, 嵌管直径
PL	Pipe Location, 嵌管位置
PS	Pipe Spacing, 嵌管间距
Ptc	Pipe Thermal Conductivity, 嵌管热导率
RA	Radiation Absorption Coefficient, 辐射热吸收系数

其他名称简称如下。

ALEGIS   Active Low Exergy Geothermal Insulation Systems，主动式低㶲地热保温系统
APC   Air Permeable Concrete，空气渗透墙
ASHRAE   American Society of Heating, Refrigerating and Air-Conditioning
                Associations，欧洲暖通空调学会
ASTRW   Active Solar Thermoelectric Radiant Wall，主动式太阳能热点辐射墙系统
A-TABS   Air-based Thermo-activated Building System，空气基热激活建筑系统
AVIP   Active Vacuum Insulation Panel，主动式真空保温板
BFCD   Bi-directional Liquid Convective Diode，双向流体对流热二极管
BIPVTE   Building Integrated Photovoltaic Thermoelectric Envelope，光伏热电围护结构
BW   Breathing Wall，呼吸墙
CC   Heating Capacity，热激活建筑围护结构内表面的供冷能力
CE   Cooling Energy Consumption，建筑制冷能耗
CFD   Computational Fluid Dyanmics，计算流体力学
CFIMs   Closed-cell Foam Insulation Materials，闭孔泡沫保温材料
CLDTI   Closed-Loop DTI System，闭式回路动态保温隔热系统
CNT   Carbon Nanotubue，碳纳米管
COP   Coefficient of Performance，性能系数
DNA   Deoxyribonucleic Acid，脱氧核糖核酸
DTI   Dynamic Thermal Insulation，动态保温隔热
EAF   Exhaust Air Façade，排风立面
                Engineers，美国暖通空调工程师协会
EPBD   Energy Performance of Buildings Directive，建筑能效指令
EPS   Expanded Polystyrene，发泡聚苯乙烯泡沫
ES   Energy Saving，节能量
ESR   Energy Saving Rate，节能率
FCD   Fluid Convective Diode，液体对流二极管
FHP   Flat Heat Pipe，平板热管
GHE   Ground Heat Exchanger，地埋换热器
GHP   Gravity Heat Pipe，重力回流热管
GIMs   Gas-filled insulation materials，充气保温材料
GSHP   Ground-source Heat Pump，地源热泵
GWP   Global Warming Potential，全球变暖潜能值
HC   Heating Capacity，热激活建筑围护结构内表面的供热能力

HDPB	High Density Polybutene Pipe，高密度聚丁烯管
HDPE	High Density Polyethylene Pipe，高密度聚乙烯管
HE	Heating Energy Consumption，建筑供热能耗
HG	Heat Gain，围护结构内表面的得热量 / 冷负荷
HL	Heat Loss，围护结构内表面的热损失 / 热负荷
HLR	Heat Loss Rate，围护结构内表面的热损失率
HLRR	Heat Loss Reduction Rate，围护结构内表面的热损失减少率
HRE	Heat Recovery Efficiency，热回收效率
HVAC	Heating Ventilation and Air Conditioning，供暖通风与空气调节
HVE	Heating and Ventiation Energy Consumption，建筑供热和通风能耗
IEA	International Energy Agency，国际能源署
IL	Infiltration Load，渗透负荷
ISO	International Organization for Standardization，国际标准化组织
LHP	Loop Heat Pipe，环路热管
MEMS	Micro Electro Mechanical System，微机电系统
MRT	Mean Radiant Temperature，平均辐射温度
NIMs	Nano Insulation Materials，纳米保温材料
NZEBs	Nearly-Zero Energy Buildings，近零能耗建筑
ODP	Ozone Depletion Potential，臭氧消耗潜值
OSB	Oriented Strand Board，定向刨花板
PCMs	Phase Change Materials，相变材料
PIR	Polyisocyanurate，聚异氰脲酸酯泡沫
PLVTD	Planar Liquid-Vapour Thermal Diode，平面型气液热二极管
PU/PUR	Polyurethane，聚氨酯泡沫
REHVA	Federation of European Heating, Ventilation and Air Conditioning
RMIMs	Reflective Multi-foiled Insulation Materials，多层反射保温材料
SAF	Supply Air Façade，送风立面
SC	Supplied Cooling，辅助供冷
SH	Supplied Heating，辅助供热
SHGC	Solar Heat Gain Coefficient，太阳辐射得热系数
SIP	Structural Insulated Panel，结构化保温板
SPD	Suspended Particle Device，悬浮颗粒装置
STI	Static Thermal Insulation，静态保温隔热
TABS	Thermo-activated Building System，热激活建筑系统

TB	Thermal Barrier，热屏障
TE	Thermal Efficiency，热效率
TEM	Thermoelectric Module，热电模块
TPTL	Two-Phase Thermosyphon Loop，两相热虹吸回路
TS	Thermal Switch，机械热开关
TtE	Total Energy Consumption of Heating&Cooling，建筑供热和制冷能耗
UDF	User Defined Function，用户自定义函数
UFCD	Uni-directional Fluid Convective Diode，单向液体对流二极管
ULEBs	Ultra-Low Energy Builidngs，超低能耗建筑
VATE	Ventilated Active Thermoelectric Envelope，通风式主动热电墙
VCHP	Variable Conductance Heat Pipe，可变热导率热管
VIMs	Vacuum Insulation Materials，真空保温材料
VIP	Vacuum Insulation Panel，真空保温板
VSDI	Void Space Dynamic Insulation，空隙型动态保温
VTII	Virtual Temperature Isolation Interface，虚拟温度隔绝界面
WIHP	Wall Implanted with Heat Pipe，热管植入式墙体
W-TABS	Water-based Thermo-activated Building System，水基热激活建筑系统
XPS	Extruded Polystyren，挤塑聚苯乙烯泡沫
ZEBs	Zero Energy Buildings，零能耗建筑
ZT	Thermoelectric Figure of Merit，热电优值